移动服务计算支撑技术

张德干　王京辉　王莉　著

科学出版社

北京

内 容 简 介

  移动服务计算是一种以云计算和普适计算为背景,以有线和无线互联网为依托,以移动通信设备为载体的计算形式,是一种分布式服务计算。它对人们生活和工作中的各个方面能够产生重大影响。移动服务计算技术是一个不断演进的过程。其支撑技术涉及计算、通信和数字媒体等技术的各个方面,包括计算机的硬软件、系统体系结构、网络通信、应用系统、人机交互等。本书主要阐述与如下几个方面相关的技术:无缝移动技术、服务发现技术、网络拥塞控制技术、移动通信技术和移动多智能体系统。

  本书可供高年级本科生、研究生及教师学习和参考,也非常方便从事移动服务计算以及相关领域的科研和工程开发技术人员阅读、参考。

图书在版编目(CIP)数据

移动服务计算支撑技术/张德干,王京辉,王莉著.—北京:科学出版社,2010

ISBN 978-7-03-028699-4

Ⅰ.移… Ⅱ.①张…②王…③王… Ⅲ.移动通信-通信网 Ⅳ.TN929.5

中国版本图书馆 CIP 数据核字(2010)第 164147 号

责任编辑:王志欣 潘继敏 张艳芬 / 责任校对:张怡君
责任印制:赵 博 / 封面设计:嘉华永盛

科 学 出 版 社 出版
北京东黄城根北街16号
邮政编码:100717
http://www.sciencep.com

源海印刷有限责任公司 印刷
科学出版社发行 各地新华书店经销
*
2010年8月第 一 版 开本:B5(720×1000)
2010年8月第一次印刷 印张:13 3/4
印数:1—3 000 字数261 000

定价:45.00元
(如有印装质量问题,我社负责调换)

前　　言

移动服务计算是一种以云计算和普适计算为背景,以有线和无线互联网为依托,以移动通信设备为载体的计算形式,是一种分布式服务计算。随着移动通信技术的不断发展,基于移动互联网的应用层出不穷,移动服务计算在各个领域都有着或即将有着广泛的应用,这种应用的普及会提高人们的工作效率和生活质量。

移动服务计算如同云计算和普适计算一样,也是一个不断演进的过程。目前,还有许多不同层面的关键技术需要研究、开发和实现。移动服务计算的支撑技术涉及计算、通信和数字媒体等各个方面,包括计算机的软硬件、系统体系结构、网络通信、应用系统、人机交互等。本书主要阐述与如下几个方面相关的技术:无缝移动技术、服务发现技术、网络拥塞控制技术、移动通信技术和移动多智能体系统。

本书共分 10 章。其中,第 1~4 章由张德干撰写,第 5~7 章由王京辉撰写,第 8~10 章由王莉撰写。全书由张德干统稿。本书得到国家 863 计划项目(No:2007AA01Z188)、国家自然科学基金面上项目(No:60773073)、教育部重点项目(No:208010)、天津市自然科学基金项目(No:10JCYBJC00500)、天津理工大学计算机与通信工程学院"智能计算及软件新技术"天津市重点实验室和"计算机视觉与系统"省部共建教育部重点实验室相关基金的资助。

本书由王怀彬教授和宁红云教授审阅。

本书在撰写过程中,多位教授和专家学者提出了建设性意见,同时,得到了韩静等同事和研究生张小丽、李林青、凌辰、陈绪延、刘微微、李超、王园园等的支持和帮助,在此一并表示衷心的感谢。

书中不当之处,真诚欢迎读者批评指正。

作　者

2010 年 6 月

目　　录

前言

第1章　绪论 ··· 1

1.1　移动服务计算支撑技术概述 ····················· 1

1.2　无缝移动技术 ····································· 2

1.3　服务发现技术 ····································· 4

1.4　网络拥塞控制技术 ································· 6

1.5　移动通信技术 ····································· 9

1.6　移动多智能体系统 ······························ 12

第2章　主动无缝移动技术 ······························ 15

2.1　概述 ·· 15

2.2　服务器推送技术 ································· 17

2.2.1　AJAX 技术 ································· 17

2.2.2　Comet 技术 ································ 19

2.2.3　服务器推送策略 ·························· 20

2.2.4　服务器推送技术的应用模型案例 ·········· 23

2.3　无缝移动技术 ··································· 24

2.3.1　浏览器端视频播放的前端技术 ············ 25

2.3.2　文件迁移的前端技术 ···················· 28

2.3.3　服务器推送技术在主动式无缝移动中的应用 ··· 29

2.3.4　基于 Fiddler 2 的应用测试 ·············· 32

2.4　本章小结 ······································· 34

第3章　P2P 模式的服务发现技术 ························ 35

3.1　P2P 模式的服务发现方法简介 ··················· 35

3.1.1　普适环境中的 P2P 应用 ················· 35

3.1.2　P2P 技术简介 ···························· 37

3.1.3　P2P 模式的网络拓扑类型 ················ 38

3.1.4　基于 P2P 模式的服务发现算法 ··········· 40

3.2　服务发现 Chord 方法分析 ······················ 47

3.2.1　Chord 算法介绍 ························· 47

3.2.2　Chord 发现算法及其不足 ················ 50

　　　3.2.3　Chord 改进算法的研究与分析 ·················· 56

　3.3　NRFChord 算法及实验分析 ·················· 58

　　　3.3.1　Chord 算法的改进方案 ·················· 58

　　　3.3.2　具体改进方法 ·················· 60

　　　3.3.3　P2P 仿真器的设计与实现 ·················· 64

　3.4　本章小结 ·················· 69

第4章　移动服务过程中的网络拥塞控制技术 ·················· 70

　4.1　概述 ·················· 70

　4.2　网络拥塞控制技术 ·················· 72

　4.3　TCP 拥塞控制算法及性能比较 ·················· 74

　　　4.3.1　几种典型的 TCP 拥塞控制算法 ·················· 74

　　　4.3.2　几种典型的 TCP 算法的仿真及性能比较 ·················· 78

　4.4　基于网络带宽的自适应 Freeze-TCP 算法及分析 ·················· 84

　　　4.4.1　Freeze-TCP 算法概述 ·················· 85

　　　4.4.2　Freeze-TCP 算法的不足 ·················· 86

　　　4.4.3　基于带宽预测的自适应 Freeze-TCP 算法 ·················· 87

　　　4.4.4　仿真及性能分析 ·················· 90

　4.5　本章小结 ·················· 92

第5章　扩展频谱通信和基带调制解调理论 ·················· 94

　5.1　扩频通信系统概述 ·················· 94

　5.2　直序扩频系统 ·················· 96

　　　5.2.1　直序扩频系统的组成与原理 ·················· 96

　　　5.2.2　直序扩频信号的波形与频谱 ·················· 99

　　　5.2.3　扩频码序列的相关性 ·················· 100

　　　5.2.4　m 序列 ·················· 102

　　　5.2.5　直序扩频信号的发送与接收 ·················· 102

　　　5.2.6　直序扩频系统的同步 ·················· 106

　5.3　基带调制和解调系统 ·················· 111

　　　5.3.1　基带调制解调技术概述 ·················· 111

　　　5.3.2　BPSK 的基本算法 ·················· 112

　　　5.3.3　QPSK 的基本算法 ·················· 114

　　　5.3.4　BPSK 和 QPSK 的性能分析 ·················· 116

　5.4　数字滤波器设计介绍 ·················· 117

　5.5　基带调制解调的 MATLAB 仿真 ·················· 119

　　　5.5.1　BPSK 算法的 MATLAB 仿真 ·················· 119

5.5.2　QPSK 算法的 MATLAB 仿真 ·················· 123

5.5.3　MATLAB 数字滤波器的设计 ·················· 127

5.5.4　基带调制的 MATLAB 仿真和结果信号分析 ·········· 130

5.6　直序扩频系统的 MATLAB 仿真和信号分析 ············ 135

5.6.1　直序扩频系统的 MATLAB 仿真 ················ 135

5.6.2　直序扩频系统的 MATLAB 仿真信号频谱分析 ········ 137

5.7　本章小结 ···························· 138

第 6 章　通信系统的 TMS320C6711 DSK 实现 ············ 139

6.1　TMS320C6711 DSP 与 DSK 板的概述 ············· 139

6.1.1　DSP 系统的特点 ···················· 139

6.1.2　TMS320C6711 的性能 ················· 140

6.1.3　TMS320C6711 DSK 板的介绍 ············· 140

6.1.4　DSP 软件开发过程 ··················· 141

6.2　TMS320C6711 DSK 板的同步程序 ·············· 142

6.2.1　运行库和源代码 ···················· 142

6.2.2　同步通信程序结构 ··················· 144

6.3　TMS320C6711 DSK 板的测试 ················ 145

6.4　本章小结 ···························· 147

第 7 章　TMS320C6713 DSP 板的应用示例 ············· 148

7.1　TMS320C6713 DSP 板的基本情况 ·············· 148

7.1.1　TMS320C6713 DSP 的概述 ·············· 148

7.1.2　TMS320C6713 DSP 板的基本情况 ··········· 148

7.2　TMS320C6713 DSP 板软件前的配置示例 ··········· 149

7.2.1　TMS320C6713 DSP 板的 JTAG 配置情况 ······· 149

7.2.2　TMS320C6713 DSP 板的寄存器配置 ·········· 149

7.3　TMS320C6713 DSP 板串口（McBSP）程序的实现 ······ 150

7.3.1　McBSP 串口特征 ··················· 150

7.3.2　串口模块的工作原理 ·················· 150

7.3.3　McBSP 的程序实现 ·················· 152

7.4　TMS320C6713 DSP 板同步通信实现 ············· 155

7.4.1　通信调制过程的 DSP 程序 ··············· 155

7.4.2　通信解调过程的 DSP 程序 ··············· 156

7.5　TMS320C6713 DSP 板同步通信调试和结果 ········· 157

7.5.1　核心同步程序调试 ··················· 157

7.5.2　调试信号结果分析 ··················· 158

7.6　TMS320C6713 DSP 板的 Loader 过程 ················ 159

　　7.6.1　Loader 过程 ················ 159

　　7.6.2　Flash 烧写程序 ················ 162

　　7.6.3　Flash 烧写的 C 语言编程 ················ 166

7.7　本章小结 ················ 169

第8章　基于势函数的移动多智能体系统 ················ 170

8.1　概述 ················ 170

8.2　基于势函数的具有多 leader 的移动多智能体系统的运动控制
················ 171

　　8.2.1　模型描述 ················ 171

　　8.2.2　智能体系统的控制律设计及稳定性分析 ················ 171

　　8.2.3　数值仿真与结果分析 ················ 174

8.3　基于势函数的移动多智能体系统的编队控制 ················ 175

　　8.3.1　模型描述 ················ 175

　　8.3.2　控制律的设计及稳定性分析 ················ 177

　　8.3.3　数值仿真与结果分析 ················ 178

8.4　本章小结 ················ 180

第9章　移动多智能体示例系统的相关设计技术 ················ 182

9.1　概述 ················ 182

9.2　带时延的移动多智能体系统有限时间一致协议设计 ················ 183

　　9.2.1　模型描述 ················ 183

　　9.2.2　主要算法设计和分析 ················ 185

　　9.2.3　数值仿真与结果分析 ················ 188

9.3　在干扰环境下的有限时间稳定性分析及编队控制设计 ················ 190

　　9.3.1　预备知识 ················ 190

　　9.3.2　主要算法设计和分析 ················ 191

　　9.3.3　数值仿真与结果分析 ················ 194

9.4　本章小结 ················ 196

第10章　基于卡尔曼滤波的移动多智能体系统协同计算技术 ················ 198

10.1　概述 ················ 198

10.2　leader 智能体的滤波器结构及模型分析 ················ 199

　　10.2.1　滤波器结构 ················ 199

　　10.2.2　模型分析与数学描述 ················ 200

10.3　移动多智能体系统的运动模型 ················ 202

10.4　数值仿真与结果分析 ················ 203

10.5　本章小结 ……………………………………………………… 204

参考文献 ……………………………………………………………… 205

第1章 绪 论

1.1 移动服务计算支撑技术概述

移动服务计算是一种以云计算和普适计算为背景,以有线和无线互联网为依托,以移动通信设备为载体的计算形式,是一种分布式服务计算。它允许设备在运行移动服务计算应用的同时,其位置不断改变,且不影响应用的持续进行。近些年来,随着移动通信技术的不断发展,基于移动互联网的应用层出不穷,如移动 QQ、飞信等。目前,移动服务计算在通信、金融、娱乐等各个领域有着或即将有着广泛的应用,如即时通信、实时信息和移动音频/视频播放等应用。显然,移动服务计算应用的普及将会极大地提高人们的工作效率和生活质量。

近些年来,移动服务计算的发展很好地体现在无线互联网传输速率的提升和移动设备性能的进步上。在传输方面,一方面随着 IEEE802.11n 草案的通过,无线局域网技术的传输能够达到更远的范围、具有更好的抗干扰性和更高的传输带宽;另一方面,随着 3G 的开通,移动设备能够实现远程连接和随时随地无线上网,这样无线网的连接范围就从局域网开始推广到了广域网。在移动设备方面,尤其是移动操作系统方面,以 Apple 和 Google 为代表的开发商推出了 iPhone 和 Android 系统,再加上原来的 Windows Mobile、Symbian S6.0 和 Linux,移动操作系统呈现出多样化的趋势。尤其是 Android 系统,不仅是开源系统,而且 Google 为其制作的软件开发工具包(SDK)也大大方便了开发者。AJAX 技术能够提高网络宽带的利用率,使 Web 服务器能够在单位时间内更加有效地提供服务,AJAX 与移动服务计算技术的结合可以改善无线网带宽不足的情况,从而提升用户的上网体验。

移动服务计算如同云计算和普适计算一样,也是一个不断演进的过程。目前,还有许多不同层面的关键技术需要研究、开发和实现。移动服务计算的支撑技术涉及计算、通信和数字媒体等各个方面,包括计算机的软硬件、系统体系结构、网络通信、应用系统、人机交互等各个领域。这里,我们将主要阐述与如下几个方面相关的技术:无缝移动技术、服务发现技术、网络拥塞控制技术、移动通信技术和移动多智能体系统。

1.2　无缝移动技术

移动服务计算中的无缝迁移技术是20世纪90年代迅速发展起来的一种基于互联网的新型信息交互技术,其包括任务迁移、音频迁移和视频迁移。其目的是将任务或音频/视频在其执行过程中由一个平台转移到另一个平台上,继续完成。例如,对于一个低性能平台上的任务,在初步处理的情况下,将其转移到高性能平台上,进行后续处理或将一个在手机上播放的视频迁移到大屏幕显示器上继续播放。其迁移时不会关闭任务和音频/视频,或者不让使用者明显感觉到任务或音频/视频被关闭或中断。

在无缝迁移技术中,将使用者按自己的预期所安排的任务、所播放的音频/视频迁移到所需平台上,而工作平台主动为这些任务和音频/视频提供支持的技术称为主动伺服技术。主动伺服技术的难点在于对局域网内资源的主动识别,是无缝迁移技术的基础。它的出现使得无缝迁移技术的服务效率得到了极大提升。

对于任务迁移,其应用主要集中在能够将未完成的工作或者工作平台上无法完成的工作平滑地迁移到能够继续工作的平台上。在技术方面,主要采用 Agent 技术。其实现能够极大地帮助使用者自由平稳地在所期望平台上进行任务转移,使得使用者的工作能够随时随地进行,从而提升使用者的工作效率。

在音频/视频迁移方面,局域网中大都使用 FTP 或其他基于 TCP/IP 的协议进行传输,使用 SMIL 作为媒体文件的描述方式,采用客户端/服务器(C/S)方式。它主要应用在教育、会议和家庭娱乐等领域,能够使影音资料按需要从移动终端迁移到服务器端,或者按服务器端的意图从服务器端迁移到移动终端。

但当前的迁移技术只能应用在局域网中,随着 3G 技术的普及,怎样有效地利用无缝迁移技术以及将其推广为远程应用,实现广域网内和广域网与局域网间迁移始终是人们研究的热点。

近些年来,移动服务计算应用集中在更加合理地利用无线网和更加丰富多样的应用类型上。在远程方面,当前的移动互联网技术能够实现在线聊天、在线股票查询分析、飞信等。由于无线网宽带的逐步提升,一些利用 Web 服务网络接口的服务开始普及,比较普遍的是使用 Google Map 的 GPS 应用、豆瓣网手机客户端等。其实现意味着无线互联网应用或移动应用可以与 Web 服务应用相结合,将 PC 上的应用延伸到移动设备上。另外,不同操作系统厂商(Apple、Google)先后开放了适用其手机操作系统的软件开发工具包和应用程序在线商店,大大加速了手机应用程序的普及。当前移动服务计算应用大多是基于单机模式或 C/S 模式,随着 Open API 的提出,C/S 模式的应用越来越广泛,其基本原理是通过暴露本网站中的服务接口,使得应用程序能够使用 HTTP 中的 GET、POST 等方法或应用 SOAP 协议对其服务进行调用。

在无缝迁移的研究方面,国内外学者作了大量的工作。美国麻省理工学院的 Oxygen 研究计划所描述的无缝迁移方案是希望在移动互联网上动态地将多个手持设备和无缝服务连接起来,组成一个动态的网络计算环境,以使它们之间能够相互通信、协同工作,平滑地完成多媒体任务。卡耐基梅隆大学的 Aura 研究计划中,主要是通过在计算环境中嵌入一个代理层的方式,通过 Aura 代理用户去管理、维护分布式计算环境中高度动态变化、松散耦合的多个计算设备资源,最终平滑地完成用户的多媒体迁移任务。Aura 主要强调动态发现设备资源和软件服务的动态组合与分配,并且能够根据用户设备的不同改变用户界面。国内对无缝迁移技术的研究着眼于服务的主动伺服,通过在局域网中部署守护进程进行移动设备的主动发现,使用容器来注册各种设备,最终根据需求在不同设备上进行任务和多媒体技术的无缝迁移。

随着开源操作系统的不断进步,移动设备的操作系统呈现出多样性的局面。其中,既有以 Windows Mobile 和 Symbian 为代表的授权操作系统,也有以 Android 和 Linux 为代表的开源操作系统。多样化的操作系统使得用户有了更多的选择。在开发方面,Windows Mobile 可以使用 C++ 和 C# 进行开发,而 Android 使用 Java 和 C++ 开发,其他的操作系统大都使用 C 或 C++ 开发。由于不同平台的设备不同,所以,若要在不同的平台上部署相同的软件,则需要根据不同的平台进行相应的开发。这样使得不同移动操作系统的跨平台性应用的研究成为手机开发的焦点。

目前,市场上多数移动服务计算应用使用 C/S 模式,不过此模式的缺点也比较明显,在 PC 上使用 C/S 模式时,PC 上的操作系统大都基于 Windows 和 Linux 平台,且都基于 x86 或 x64 平台,虽然不同编程语言的移植性不同,但只需开发两三种客户端版本就可以使绝大多数 PC 能够运行一种应用的客户端。但在移动设备上,由于不同的设备操作系统不同,且每种操作系统都是根据设备本身进行定制的,不同型号设备的指令集并不相同,如果使用 C/S 模式,就需要根据不同的设备型号、不同的操作系统,开发大量适用于不同设备的客户端。例如,移动 QQ 根据不同的手机型号开发了不同的版本,Nokia N-Gage QD 和 Nokia E71 手机就需要下载不同的移动 QQ 客户端,这显然增加了手机应用程序的开发成本,使得多数小型应用程序在移动设备上的应用难以推广,其跨平台性开发问题暴露无遗。

为了解决 C/S 的上述问题,有人提出使用基于 AJAX 技术的浏览器/服务器模式(B/S模式)来代替 C/S 应用,在浏览器上进行购物、留言等应用。这样降低了一部分互联网应用的开发难度,使得购物、留言等简单应用可以随时随地地通过互联网进行；但是对于交互要求较高的聊天应用、音频/视频播放的多媒体应用以及不同用户间音频/视频的共享等应用难以实现。另外，连接方式的限制使得其网络带宽的使用效率比较低。

1.3　服务发现技术

P2P(peer-to-peer)技术一直被认为是未来无线宽带互联网中的四大新技术之一。P2P 之所以受到如此高的关注，是因为人们对在网络上进行资源共享以及资源协同工作的质量要求越来越高。而 P2P 作为一种分布式网络，网络的参与者共享他们所拥有的资源，这些共享资源能被其他节点直接访问而无须经过中间实体。这种网络中的参与者既是资源提供者，又是资源获取者。可见，P2P 打破了传统的 C/S 模式，大大提高了资源共享的速度和效率，避免了 C/S 模式中的单点失效问题。这种资源共享速率和效率的提高，有赖于对网络资源发现策略的研究。

服务发现技术的提出，是为了使网络中的节点可以自动搜索所需要的服务。这里的服务包括网络中的任何节点所提供的能被其他节点利用的(如扫描、打印、存储和处理数据等)任何逻辑功能。服务发现技术使得网络节点能有效地从网络中其他节点寻找并利用这些服务。

随着网络规模的不断扩大，加入网络的计算机迅速增多，而网络上各节点对服务的需求和能提供的服务也越来越多样化。所以，如何从众多的网络服务资源中高效率地寻找可用的服务是服务发现技术的关键。

在过去的几年中，由于 P2P 网络具备分散、高度动态、强容错以及低维护成本等优秀性能，P2P 逐渐成为支撑服务、存储空间等资源共享的一种极具吸引力的网络模型。大部分研究者主要的工作都集中在资源的搜索和存储上，这使得对资源的发现策略的算法研究成为热点。

国外基于 P2P 的资源定位系统采用的算法主要有以下三种。

(1) 集中索引算法：采用集中式的目录服务器机制，将各个节点的地址信息和所保存数据的信息集中保存在目录服务器中，代表系统有 Napster 系统。

(2) 非结构化算法：采用洪泛算法，将每一个用户的查询请求消息以广播的形式发送给与该用户直接相连的其他用户，收到消息的用户也以同样的方法将消息广播给与各自连接的用户，以此类推，直到查询成功或设定的 TTL 值减小为零，代表系统有 Gnutella 系统。

(3) 结构化算法：采用了一种分布式散列表(DHT)的数据结构。DHT 中，用⟨key,data⟩来描述数据信息，⟨key,data⟩在网络上的安放位置决定了搜索效率。每个文件的信息必须安放到预先规定好的 key 空间的某个位置上，在查找时先进行 Hash 过程处理,通过 Hash 过程处理得到的值与实现的节点 Hash 值进行映射,得到关心的信息,典型代表包括 Tapestry、Pastry、CAN 和 Chord。

相对国外而言,国内对基于 P2P 模式下的资源发现策略的理论与应用的研究相对滞后,有创新性的研究成果不多。采用的方法有基于语义的资源发现算法、基于移动代理的资源发现算法等。

在基于语义的资源发现策略中,研究者提出了一个构建于完全分布式 P2P 网络的中间件 TRM。TRM 实现了复杂语义请求的资源搜索(近义词搜索、同义词搜索),通过构建基于本体的覆盖网络 DOverlay,实现了有效资源的自组织和动态聚类,保证了请求的搜索半径。DOverlay 中资源标记既不采用 DHT,也不采用关键字向量,而是采用基于本体概念的属性向量标记。DOverlay 提出了基于复杂语义的资源搜索策略,据此对发现的资源进行有效的评估(TRM_Evaluate)。

在基于移动代理的资源管理策略中,研究者分析了 P2P 网络中资源发现的一般问题及移动代理技术,提出了一种向网络中所有节点发送移动代理以达到资源发现目的的算法,该算法运用 Aglets 实现。与一般 P2P 资源发现算法相比,该算法具有大大减少带宽占用率、提高资源发现效率等优势。

通过对国内外研究现状的分析可以看出,现阶段 P2P 模式下网络资源自组织的核心技术已有了相当大的发展,但是还有很多方面的不足。

在集中索引算法中,采用的机制是基于目录服务器的,各个节点的地址信息和所保存数据的信息集中存储在目录服务器中。这种算法存在单点失效的问题,即目录服务器将成为整个 P2P 系统的瓶颈,一旦目录服务器出现问题,将导致整个系统崩溃。

非结构化算法采用洪泛转发的方式,可靠性差,对网络的资源消耗大。随着网络规模的扩大,通过扩散方式定位对等点及查询信息的方法将造成网络流量急剧增加,从而导致网络拥塞。因此,网络的可扩展性不好,对于大型网络也不适合。另外,其安全性也不高,易遭受恶意攻击,如攻击者发送垃圾查询信息,会造成网络拥塞等。

最新的研究成果体现在采用分布式散列表(DHT)的完全分布式结构化拓扑网络。基于 DHT 的代表性协议有 CAN、Plaxton、Pastry、Tapestry、Chord 等。本书将在第 2 章详细介绍这几种算法。

国内提出的基于语义的资源发现策略中,通过构建基于本体的覆盖网络 DOverlay 既不采用 DHT,也不采用关键字向量,这将不利于精确的资源发现,有可能导致资源发现的不确定性,资源发现的准确性也得不到保证。

在基于移动代理的资源发现策略中,进行查找请求的节点向网络中所有节点发送移动代理以达到资源发现的目的。该算法在进行资源查找前先创建一个移动代理,这个过程存在一定的时间开销和计算开销。

1.4　网络拥塞控制技术

普适计算的网络环境是一个由宽带网、窄带网、无线网等组成的混合式网络环境。这个异常复杂的异构网络包括以下几种：对称的、支持多对多的多播局域网；高带宽、高延迟的卫星网；高丢失率的无线网；只有一个节点可以多播的非对称网等。在这种异构的网络环境中，一个节点上的数据在迁移到另一个不同节点链路上时可能在带宽、延迟等特性上有很大差异，这样势必会造成节点的拥塞。另外，用户终端处理能力也有很大差异，低性能终端在重载下会来不及处理来自网络的数据而形成拥塞。因此，可以看出任务迁移过程中拥塞的产生是不可避免的，网络的异构性（如从宽带网络环境迁移到窄带网、无线网环境）和终端节点的不一致性（如从 PC 环境迁移到 PDA 环境）直接影响任务迁移的重要性，所以拥塞控制成为普适服务有效运行的关键。

拥塞控制算法的分布性、网络的复杂性和对拥塞控制算法的性能要求又使拥塞控制算法的设计具有很高的难度，虽然学术界在拥塞控制领域已经开展了大量的研究工作，但是到目前为止拥塞的问题还没有得到很好的解决。自 1988 年 Jacobson 提出端对端的基于窗口的拥塞控制算法以来，TCP 的流量控制算法已经得到了改进，然而，由于有线网中链路的可靠性前提在无线网中并不成立，传输介质固有的特性差异使得现存的传输控制机制难以同时在两种信道上获得满意的性能，因此，在异构网中数据传输往往导致传统 TCP 的性能急剧下降。国内外的许多研究小组已经致力于异构网络传输控制技术的研究，并提出了各种改进机制。但是，由于这些机制不同程度地存在缺陷，目前仍未得到公认的解决方案。

拥塞控制是网络服务质量体系的一部分，在 ATM 网络中由于采用建立虚通道和采用虚电路交换的方式传输数据，能较好地实现拥塞控制，保证服务质量（quality of service，QoS）。近年来，人们对移动计算和无线服务的需求不断增加，为保障提供高效可靠的网络服务，有线网络和无线网络必须有机融合，以构建一个服务的载体和平台。然而，混合网络具有有线网络的相对可靠数据传输和无线网络随机错误率高、链路不对称、受环境影响大以及高带宽延迟等特点，对现有的网络传输控制体系和拥塞控制机制提出了挑战。目前，国内外研究者主要从以下六个方面进行研究。

（1）拥塞控制理论及数学建模的研究。在拥塞控制理论建模方面，英国剑桥大学 Frank 分别利用对偶理论（duality theory）和微观经济学市场影子价格理论将网络优化问题分解为非线性规划的原问题和对偶问题，对网络的平衡状态和动态行为进行建模，分析了网络性能、公平性和稳定性的特点，为网络优化和拥塞控制提供了理论依据；美国加州理工学院的 Low 利用对偶理论对 TCP/RED 算法采用投影梯度方法探讨了网络最优化问题,针对模型提出了网络优化的算法。已有的理论成果可以为设计新的算法提供参考,而设计新的无线网络的协议和算法要求我们进一步从理论上研究拥塞状态下的网络行为。

(2) TCP 协议的加性增加和乘性减少(AIMD)滑动窗口机制的改进研究。传输控制协议中窗口变化机制有 AIAD、AIMD、MIMD、MIAD 四种模式,还有一类基于公式的拥塞控制方法,其中 AIMD 是当今最主要的拥塞控制机制。TCP 拥塞控制主要分为慢启动、拥塞避免、快速重传与快速恢复四个阶段。TCP Tahoe、TCP Reno 实现了慢启动、拥塞避免、快速重传和快速恢复。TCP SACK 通过应答消息返回发送端更完全的信息,解决一个窗口多个包丢失的问题。TCP Vegas 通过发送端在线测量分组往返时间(round trip time, RTT)的变化情况,推断出网络的拥塞程度,从而调整拥塞窗口(congestion window)大小,具有对网络出现的随机错误的零星丢包不敏感的特点,提高了无线网络的传输效率。慢启动在会话启动和网络拥塞丢包之后的阶段运行,基于窗口指数增长来探测网络可用带宽,慢启动阶段传输效率低,产生了系列改进算法,虽然显著提高了网络性能,然而,在有线/无线混合网络环境下,通信终端具有移动性,带来了连接切换,网络链路质量也随环境的变化而改变,因此,如何在无线网络中设计高效可靠的AIMD 算法还需进一步研究。

(3) 中间节点的分组丢弃/标记策略和显式拥塞通告(explicit congestion notification, ECN)机制。TCP 拥塞控制是基于端到端的控制,无法保证分组在中间节点的有效转发,同时也无法基于全局网络的优化,因此,必须结合网络中间节点(如路由器)分组队列缓存管理才能保证网络的可靠运行。目前主要有 RED(random early detection)及其改进算法 ARED、SRED、gentle-RED、WRED。主动式队列管理(active queue management, AQM)算法采用早期随机分组丢弃策略,克服了一个连接中连续多个丢包现象的发生,一定程度上消除了 TCP 业务流的突发性影响,提高了公平性。其他典型的 AQM 机制有 BLUE、Choke、GREEN、REM 等。在国内,有学者提出了基于滑模变结构的 AQM、LRED 两种具有高鲁棒性的 AQM 算法,在区分服务网络中提出与两色标记器协作的 RED 改进算法及分阶段自适应 RED/ECN 参数模型显式拥塞通告机制等技术。在显式拥塞通告机制中,网络路由上的中间节点或终端节点以显式的方式根据节点感知的网络拥塞状态将相应的控制信息发送给源节点从而调整发送速度,降低丢包率,提高网络性能,同时可以采取前向和后向的方式传递拥塞信息,较 TCP 端到端技术的隐式传递方式更能主动、快捷地实施控制。显式拥塞通告机制通过改进形成了多级通告机制,但这种机制的一个最大弊端是需要在数据包中加入额外的控制信号位,要求源节点对 TCP 改动以识别这些控制信息。组合 RED 算法和 ECN 机制,面向有线/无线混合网络设计新型 TCP 协议,提高网络传输性能以及对算法建模分析将成为新的重要研究领域。

（4）有线/无线混合网络拥塞控制方法。无线网络具有高误码率、传播时延大、链路带宽有限、信道不对称的特点，基于传统 TCP 拥塞控制机制将导致传输效率急剧降低，将链路分成无线和有线两部分分别单独实现传输控制或者改进 TCP 协议以适应无线网络传输成为当前两种主要解决方案，无线网络传输通过在两段上分别使用 TCP 协议，使每一段的性能得到优化，从而整体上优化 TCP 性能，但其最大局限性在于不保证 TCP 端到端语义，且分段技术要求基站保存两段连接的控制信息和缓存的数据包，在基站失效情况下将带来严重后果。而前者保持了 TCP 端到端的语义，但无线网络链路出错率高，TCP 性能显著下降。鉴于这两种方法存在的缺陷，一种混合加强方法应运而生，在链路层通过 Snoop 协议引入针对 TCP 数据包 ARQ(automatic repeat request)机制，来解决无线信道上的随机差错问题，网络层采用组播技术解决移动切换引起的报文丢失问题，本质上链路层分组重传机制作为分段增强技术，保持了 TCP 端到端的语义，但不要求 TCP 协议的实现。研究表明，不同的协议其性能相差很大，考虑到 TCP 已经广泛配置在当今的互联网中，为保持协议的兼容性和易配置性，保持 TCP 端到端的语义，通过改进无线网络 TCP 协议来提高无线网络传输性能将成为一个重要方向。

（5）基于网络测量的拥塞控制技术。网络测量技术已经广泛应用于网络接入控制、网络管理、流量工程等领域，端到端网络测量方法是指 TCP 协议通过在线测量网络带宽来获得网络容量以及可用带宽资源、网络延迟、链路队列长度等网络参数和状态。许多研究者已经将该技术应用于有线网络的拥塞控制之中，一般是将测量网络端到端的容量作为拥塞控制的依据，但是在有线/无线混合网络中网络数据包丢失、网络延迟的大小和变化可能是网络拥塞、无线链路错误、移动主机的移动或基站切换等多重因素中的一个或多个组合，如果这些因素都简单地等同于有线网络中的网络拥塞，将会导致网络性能急剧下降。实际上，有线/无线混合网络中多个网络参数实时变化情况能够反映出网络所处的状态，因此将针对不同的状态，采用适当的拥塞控制策略。将基于实时在线网络测量技术应用到混合网络拥塞控制中，将是非常有前途的方法之一。

（6）拥塞控制中带宽分配的公平性。现有 TCP 协议具有与往返时间成反比而导致的不公平性问题，一般连接的往返时间越长在网络中占有的带宽就越少。RED 等主动队列管理算法和路由器的分组调度算法在一定程度上提高了带宽分配的公平性，同时，由于 TCP 协议本身的固有属性，导致对目前互联网（包括最为广泛使用的 Web 业务的短连接）的不公平带宽分配、传输性能低下，区分服务提高 Web 等不具竞争力传输性能是其中一种解决办法。带宽公平性和传输性能是网络传输中相互矛盾的两方面，如何在无线网络传输控制中考虑公平性与传输效率的折中,找到一个最优的平衡点还有待在设计新算法和协议的过程中进一步深入探讨。

综上所述,目前国内外学者对异构网络拥塞控制的研究已取得了一些成果,形成了链路层技术、分段技术、端到端技术和多层混合技术几个主要方向。考虑TCP已成为互联网事实上的传输控制标准,新的拥塞控制方案保持端到端的语义对于协议的可配置性具有重要意义,将基于 TCP 层、IP 层和链路层的拥塞控制机制有机结合,有效地引入基于 TCP 协议的实时在线网络测量技术,并对测量结果结合混合网络的特点进行科学分析,对无线网络传输中的拥塞和链路错误等其他原因进行区分,正确地反馈多种信息给源节点,以及源节点基于端到端的网络测量与拥塞控制相结合改善有线/无线混合网络的传输性能是非常有意义的研究方向。

1.5 移动通信技术

数字滤波器、扩频通信等技术是移动服务计算过程中的通信支撑技术,我们将有针对性地阐述一些与之相关的技术。

数字滤波器(输入、输出均为数字信号)是通过一定运算关系改变输入信号所含频率成分的相对比例或者滤除某些频率成分的器件。因此,数字滤波器的概念和模拟滤波器相同,只是信号的形式和实现滤波的方法不同。数字滤波器具有比模拟滤波器精度高、稳定、体积小、质量小、灵活、不要求阻抗匹配以及实现模拟滤波器无法实现的特殊滤波功能等优点。要处理模拟信号,可通过 ADC 和 DAC,在信号形式上进行匹配转换,同样可以使用数字滤波器对模拟信号进行滤波。数字滤波器有不同的分类方法,总结起来可以分为两大类,一类称为经典滤波器,特点是输入信号中有用的频率成分和希望滤除的频率成分各占有不同的频带,通过一个合适的选频滤波器达到滤波的目的;另一类是所谓的现代滤波器,可按照随机信号内部的一些统计分布规律,从干扰中最佳地提取信号。

扩频通信技术是一种信息处理传输技术,利用与欲传输数据(信息)无关的编码对被传输信号扩展频谱,使之占有远远超过被传送信息所必需的最小带宽。在接收机中利用同一编码对接收信号进行同步相关处理以解扩和恢复数据。

扩频通信过程中,在发送端输入的信息先经信息调制(也称为信源编码)形成数字信号,然后用扩频码发生器产生的扩频码序列去调制数字信号以展宽信号的频谱。展宽后的信号再调制到射频发送出去。在接收端收到的宽带射频信号变频至中频,然后由本地产生的与发送端相同的扩频码序列去解扩,再经信息解调,恢复成原始信息输出。由此可见,一般的扩频通信系统都要进行三次调制和相应的解调。第一次调制为信息调制,第二次调制为扩频调制,第三次调制为射频载波调制,相应的解调为信息解调、解扩和射频解调。与一般通信系统相比,扩频通信多了扩频调制和解扩两部分。

按照扩展频谱的方式不同,现有的扩频通信系统可以分为以下几种:

(1) 直序扩频(direct sequence spread spectrum)工作方式,简称为直扩(DS)方式。

所谓直序扩频,就是直接用具有高码率的扩频码序列在发送端扩展信号的频谱。而在接收端,用相同的扩频码序列进行解扩,把展宽的扩频信号还原成原始的信息。

(2) 跳变频率(frequency hopping)工作方式,简称为跳频(FH)方式。

跳频是用一定码序列进行选择的多频率频移键控。也就是说,用扩频码序列进行频移键控调制,使载波频率不断跳变。简单的频移键控(如 2FSK)只有两个频率,分别代表传号和空号。而跳频系统则有几个、几十个甚至上千个频率,由所传信息与扩频码的组合进行选择控制,不断跳变。总之,跳频系统占用了比信息带宽要宽得多的频带。

(3) 跳变时间(time hopping)工作方式,简称为跳时(TH)方式。

与跳频相似,跳时是使发射信号在时间轴上跳变。把时间轴分成许多时片,在一帧内哪个时片发射信号由扩频码序列进行控制。也就是用一定码序列进行选择的多时片的时移键控。由于简单的跳时抗干扰性不强,因此很少单独使用。

(4) 宽带线性调频(chirp modulation)工作方式,简称为 Chirp 方式。

如果发射的射频脉冲信号在一个周期内,其载频的频率作线性变化,则称其为线性调频。由于其频率在较宽的频带内变化,信号的频带也被展宽了。

(5) 各种混合方式。

在上述几种基本的扩频方式的基础上,可以组合构成各种混合方式,如 DS/FH、DS/TH、DS/FH/TH 等。采用混合方式看起来在技术上要复杂一些,实现起来也要困难一些。但是,不同方式结合起来的优点是有时能得到只用其中一种方式得不到的特性。例如,DS/FH 系统就是一种中心频率在某一频带内跳变的直序扩频系统。因此,对于需要同时解决诸如抗干扰、多址组网、定时定位、抗多径和远-近问题时,就不得不同时采用多种扩频方式。

由于扩频通信能大大扩展信号的频谱,发送端用扩频码序列进行扩频调制,接收端用相关解调技术,因此其具有许多窄带通信难以替代的优良性能。其特点主要有以下几项。

(1) 易于重复使用频率,提高了无线频谱利用率。

无线频谱十分宝贵,虽然从长波到微波都得到了开发利用,但仍然满足不了社会的需求。在窄带通信中,主要依靠波道划分来防止信道之间发生干扰。扩频通信发送功率极低(1~650MW),采用了相关接收技术,且可工作在信道噪声和热噪声背景中,易于在同一地区重复使用同一频率,也可与现今各种窄道通信共享同一频率资源。

(2) 抗干扰性强,误码率低。

扩频通信在空间传输时所占有的带宽相对较宽,而接收端又采用相关检测的办法来解扩,使有用宽带信号恢复成窄带信号,而把非所需信号扩展成宽带信号,然后通过窄带滤波技术提取有用的信号。这样,对于各种干扰信号,因其在接收端的非相关性,解扩后窄带信号中只有很微弱的成分,信噪比很高,因此抗干扰性强。例如,当 $G=35dB$ 时,抗干扰容限 $M=22dB$,即在负信噪比($-22dB$)条件下,可以将信号从噪声的湮灭中提取出来。扩频通信是唯一能够工作于负信噪比条件下的通信方式。

对于各种形式的人为(如电子对抗中)干扰或其他窄带或宽带(扩频)系统的干扰,只要波形、时间和码元稍有差异,干扰信号解扩后仍然保持其宽带性,而有用信号将被压缩。对于脉冲干扰而言,干扰信号的带宽将被展宽,而有用信号解压缩后,其带宽保证高于干扰,由于扩频系统这一优良性能,因此误码率很低。正常条件下可低到 10^{-10},最差条件下约为 10^{-6},完全能满足一般相关系统对通道传输质量的要求。

(3) 隐蔽性好,对各种窄带通信系统的干扰很小。

由于扩频信号在相对较宽的频带上被扩展了,单位频带内的功率很小,信号湮没在噪声里,一般不容易被发现,而想进一步检测信号的参数(如伪随机编码序列)就更加困难,因此说其隐蔽性好。

(4) 可以实现码分多址。

扩频通信提高了抗干扰性,但付出了占用频带宽的代价。

如果让许多用户共用这一宽频带,则可大大提高频带的利用率。由于在扩频通信中存在扩频码序列的扩频调制,充分利用各种不同码型的扩频码序列之间优良的自相关特性和互相关特性,在接收端利用相关检测技术进行解扩,则在分配给不同用户码型的情况下可以区分不同用户的信号,并提取出有用信号。这样在同一宽频带上许多用户可以同时通话而互不干扰。

(5) 抗多径干扰。

在无线通信的各个频段,长期以来,多径干扰始终是一个难以解决的问题。在以往的窄带通信中,采用以下两种方法来提高抗多径干扰的能力。

① 把最强的有用信号分离出来,排除其他路径的干扰信号,即采用分集/接收技术。

② 设法把来自不同路径、不同延迟、不同相位的信号在接收端从时域上对齐相加,合并成较强的有用信号,即采用梳状滤波器的方法。

这两种技术在扩频通信中都易于实现。利用扩频码的自相关特性,在接收端从多径信号中提取和分离出最强的有用信号,或把来自多个路径的同一码序列的波形相加合成,这相当于梳状滤波器的作用。

(6) 能精确地定时和测距。

电磁波在空间的传播速度是固定不变的,因此,能够精确测量电磁波在两个物体之间传播的时间,也就相当于测量两个物体之间的距离。

在扩频通信中,如果扩展频谱很宽,则意味着所采用的扩频码速率很高,每个码片占用的时间很短。当发射出去的扩频信号遇到被测物体反射回来后,在接收端解调出扩频码序列,然后比较收发两个码序列的相位差,就可以精确测出扩频信号往返的时间差,从而算出两者之间的距离。测量的精度取决于码片的宽度,也就是扩展频谱的宽度。码片越窄,扩展的频谱越宽,精度越高。

(7) 适合数字话音和数据传输,以及开展多种通信业务。

扩频通信一般都采用数字通信、码分多址技术,适用于计算机网络,适合于数据和图像传输。

(8) 安装简便,易于维护。

扩频通信设备是高度集成的,其采用了现代电子科技的尖端技术,因此,十分可靠、小巧,大量运用后成本低、安装便捷、易于推广应用。

1.6　移动多智能体系统

复杂网络是近年来随着网络理论和计算机技术飞速发展而出现的一个新的研究方向。它的出现不仅顺应了现代科技的发展趋势,而且反映了在以信息科学为支柱的新世纪中,各学科理论及应用交叉、渗透和融合的发展趋势。最引人瞩目的是,1998 年 Watts 和 Strogatz 以及 1999 年 Barabasi 和 Albert 的两个重大发现(真实网络具有"小世界"效应和"无标度"特性),开创了复杂网络研究的新纪元,将复杂网络的研究推向了一个全新的领域。目前,复杂网络正以极大的魅力吸引着世界上众多学者进行研究。对复杂网络的研究已经渗透到物理学、化学、信息学、生物学、医学、管理学、社会学以及经济学等不同的领域。对复杂网络的定性特征与定量规律的深入探索、科学研究以及可能的应用,已成为当前学术界的一个前沿课题。建立能够准确反映实际网络系统特性的网络模型是研究复杂网络的基础。因此,建模问题在复杂网络的研究中具有重要意义。

对于复杂网络,希望采取合理的控制以达到系统稳定等目标。反馈强制控制策略是规则网络中用于控制时空混沌的一种常用方法。近年来,该控制策略已经用于控制大规模的动态网络。有学者将该控制策略引入无标度网络中,用以控制无标度网络到达稳态。基于现实世界中许多复杂动力网络的状态不是单纯的连续变量或离散变量,而是两者同时存在与作用的现象。

　　从复杂性科学角度,群体智能是对自然界中简单生物群体涌现现象的具体研究,因而它从属于复杂性研究,属于复杂网络系统的研究范围。有学者提出群体智能应该遵循五条基本原则,分别为:

　　(1) 邻近原则(proximity principle),群体能够进行简单的空间和时间计算。

　　(2) 品质原则(quality principle),群体能够响应环境中的品质因子。

　　(3) 多样性反应原则(principle of diverse response),群体的行动范围不应太窄。

　　(4) 稳定性原则(stability principle),群体不应在每次环境变化时都改变自身的行为。

　　(5) 适应性原则(adaptability principle),在所需代价不太高的情况下,群体能够在适当的时候改变自身的行为。

　　群体智能具有如下特点:

　　(1) 控制是分布式的,不存在中心控制。因而它更能够适应当前网络环境下的工作状态,并且具有较强的鲁棒性,即不会由于某一个或几个个体出现故障而影响群体对整个问题的求解。

　　(2) 群体中的每个个体都能够改变环境,这是个体之间间接通信的一种方式,这种方式被称为“激发工作”(stigmergy)。由于群体智能可以通过非直接通信的方式进行信息的传输与合作,因而随着个体数目的增加,通信开销的增幅较小,因此,它具有较好的可扩充性。

　　(3) 群体中每个个体的能力遵循的行为规则非常简单,因而群体智能的实现比较方便,具有简单性的特点。

　　(4) 群体表现出来的复杂行为是通过简单个体的交互过程突显出来的智能(emergent intelligence),因此,群体具有自组织性。

　　目前,复杂网络的研究,如小世界网络、BA 模型等主要集中于网络的拓扑结构。而智能群体组成的系统等都是有很多独立但又具有相互作用的基本单元组成的,我们称其为智能体。这些智能体自身也是一个系统,有自己的状态演化规律,而且它们之间还存在着相互作用。智能体用节点来表示,如果两个智能体之间存在相互作用,就在表示它们的节点之间连一条线,这样就形成了网络。这样的网络与前面提到的小世界网络和 BA 模型不同,其节点的状态和网络都是动态演化的,节点的状态和网络的拓扑结构之间可能是相互影响的,并且系统在整体层面上会展示出各种各样的集体行为。我们称具有上述结构和性质的系统为动态网络系统。

　　复杂动态网络研究的主要目的之一是要研究网络结构对系统性能及协调控制的影响,进而考虑改善网络的行为,因此需要对具体网络的结构特征有充分的了解,并在此基础上建立合适的网络模型。

近年来,复杂动态网络系统特别是多智能体系统的研究引起了越来越多科研人员的兴趣,从生物学家、计算机图形学家、物理学家、数学家到系统控制工程师等科研人员都试图解释鱼群、鸟群及其他群体动物在没有中央控制的情形下如何达到飞行或游行方向的一致,从而进行各种各样的群体活动。

移动多智能体系统的分布式协同合作控制问题是多智能体系统研究内容中的一个重要分支,这主要归因于多智能体系统在各行各业的广泛应用,其中包括无人驾驶飞行器的合作控制(UAVS)、编队控制(formation control)、群集(swarming)、分布式传感器网络(distributed sensor networks)、卫星的姿态控制(attitude alignment of clusters of satellites)以及通信网络当中的拥塞控制(congestion control)等。

第 2 章　主动无缝移动技术

2.1　概　　述

随着信息技术的发展,高速的信息传递已经渗透到人们的日常生活和工作中,尤其是近些年宽带互联网的普及,使得诸如网络视频、语音电话、大文件下载等基于宽带网络的应用成为人们生活的重要组成部分。高速网络使得人们对信息的传递提出了更高的要求,这样就对资源共享、资源转移提出了更高的要求。传统的共享和转移方式只是对资源文件进行共享和转移,需要传递大量的数据,且实时性比较差。无缝迁移技术的提出提高了资源在共享和转移过程中的实时性,并且使之成为自动化的行为,提升了人们的生活和工作质量。

迁移技术在现实生活和工作中的应用比较普遍。在移动多媒体迁移方面,由于移动设备的局限性,在其上播放的音乐由于解码芯片和扬声器的限制无法和具有高端声卡的 PC 设备相比,这样可以将移动设备上所播放的音乐迁移到具有高端声卡的 PC 设备上,通过扬声器欣赏高音质的音乐。在任务迁移方面,可以将在移动设备上构建的文件应用迁移到具有更多辅助编辑该文件的计算环境中继续编辑。

应用迁移的流程大都是将资源通过移动存储设备保存下来,随后在新的环境中先检查平台的操作系统,检查符合之后再检查新环境中安装的支撑软件或服务应用,将缺少的支撑软件或服务应用添加进来(通常需要查找并下载所需的资源),最后选择相应的软件和服务重新加载迁移前的任务或应用。

在局域网平台上,由于其网络带宽高,客户端服务器模式能够良好地运行其上,高带宽的优势使得局域网中的无缝迁移平台大多使用 Mobile Agent 的方法和多媒体直接传输模式。其主要运行的操作系统包括 Windows 和 Linux 等主流系统,主要使用的网络传输模型是 C/S 模式。大多数局域网平台先使用一个后台进程作为服务器,然后让和局域网连接的每台终端运行一个客户端程序,这个程序在和服务器相连的同时,也作为一种资源,被服务器发现。

对于多媒体文件的迁移,局域网平台使用 SMIL 等类 XML 语言保存多媒体文件的信息,这些信息主要包括文件名、文件大小以及文件播放的进度。在迁移时,在一个局域网平台终端上将多媒体文件和 SMIL 文件同时传送到接收的终端上,这样接收终端先解析 SMIL 文件,读取播放进度,接着初始化播放环境,然后在断点处继续播放文件。

在终端上,由于移动终端系统本身搭载多种操作系统,如 Symbian、Windows Mobile、Linux 等,所以局域网的实现方式不得不根据每一种平台都编写一个客户端,这增加了开发的难度。

远程平台的建立主要是使用 C/S 浏览器模式,将各种多媒体资源放在 Web 服务器或流媒体服务器上,然后使用客户端浏览器进行播放和迁移。在以往,这种平台由于 Web 服务器的连接限制,只能使用轮询方式进行迁移,实现效率比较低。在文件传输方面,需要用户不断地刷新才能确定文件是否已经从远程服务器上迁移到终端,所以其迁移程度和用户体验无法与局域网模式相比。

近年来随着网络应用的发展,人们提出了一种能够在 Web 服务器上保持连接的方法,这使得远程迁移平台的可用性大大提高,本书后面将重点介绍这种连接方式,并在此基础上提出本书所使用的远程迁移方法。

远程无缝迁移平台主要使用中央节点型结构,大量的客户端和浏览器端连接到一台具有国际互联网 IP 地址的主机上,通过主机进行信息和文件中转,最终实现迁移的目的。在移动设备上由于浏览器对 RIA 技术支持不完善,所以当前普遍使用的基于 Flash 平台的 FLA 格式的视频无法在大多数手机浏览器上播放,但最近 Adobe 公司已经宣布将正式发布基于手机浏览器的 Flash Player 版本,这样就为移动设备进行多媒体迁移奠定了基础。

除了浏览器平台之外,也可以使用客户端模式,只要有相应的视频流媒体服务器,就可以实现移动设备的多媒体迁移,只是由于移动设备操作系统的差异性,需要为不同的设备开发不同的客户端平台。

20 世纪 90 年代中期,RealNetworks 公司第一个将流式音频和视频产品引入互联网。它的产品 RealAudio 系统可以使用户按需求浏览、选择和播放音频内容,其方便程度超过了同时期的磁带和 CD。其网络流媒体形式是一套软件应用的组合,其中包括音频服务器、音频/视频解码器和音频播放器。随着这款产品的进一步流行,娱乐、信息和新闻内容提供者能够交付可立即访问和立即播放的按需点播的音频服务。20 世纪 90 年代后期,RealNetworks 公司不断完善其产品线,使其能够支持流式的音频/视频播放。

近些年来,网络音频/视频流已经成为一种流行的网络应用。大大小小的音频/视频网站不断涌现,使得网络用户能够通过上网来观看自己喜欢的视频节目。另外,由于网络带宽的不断提高以及存储设备价格的不断降低,音频/视频播放的音质、流畅程度和清晰度不断提高,甚至有一部分网站能够提供高清晰的视频点播。

2.2　服务器推送技术

近些年来,基于 Web 服务器的传输技术的发展趋向于更高的传输和处理性能和更低的带宽占用以及更加便捷的传输方式。为了追求更高的性能,出现了 AJAX 技术,使得应用的带宽使用率极大提高,服务器的处理性能变得更快。而从 AJAX 技术进化而来的服务器端推送技术(Comet),则改变了传统 Web 应用传输对话只能从客户端发起的模式,为无缝迁移技术的远程实现奠定了技术基础。本节先对 AJAX 技术进行阐述,然后结合对 AJAX 技术缺陷的改进介绍 Comet 技术,并对 AJAX 和 Comet 技术进行比较,从而得出一些阶段性的结论。

2.2.1　AJAX 技术

AJAX 全称为"Asynchronous JavaScript and XML"(异步 JavaScript 和 XML),是一种创建交互式网页应用的网页开发技术。此项技术的实现始于 1998 年,微软公司在 Internet Explorer 浏览器以 ActiveX 对象方式引入 XMLHttpRequest 对象,进而推广到其他的浏览器中,但这种异步请求技术直到 2003 年才在谷歌等技术型企业的支持下开始流行。

传统的 Web 应用允许用户端填写表单(form),当提交(submit)表单时就向 Web 服务器发送一个请求。服务器端接收并处理传来的表单,然后送回一个新的响应页面。由于在前后两个页面中的大部分 HTML 代码往往是相同的,所以这种做法对网络带宽的浪费比较大。在这种情况下,由于每次应用的交互都需要向服务器发送整个页面大小字节的请求,应用的响应时间往往传输的都是和原页面改变不大的数据,再加上服务器本身处理速度的限制,导致了用户界面的响应比本地应用的响应时间慢很多。

与此不同,AJAX 应用可以仅向服务器发送并取回需要更新的数据,它使用 SOAP 或其他一些基于 XML 的页面服务接口,并在客户端采用 JavaScript 处理来自服务器的响应。这意味着 AJAX 应用只是将页面中变化的部分进行回送,而服务器传回变化的更新数据,这样在服务器和浏览器之间交换的数据大量减少,不但减轻了服务器的负担而且极大地提高了应用的响应速度。同时很多的处理工作可以在发出请求的客户端机器上完成,所以 Web 服务器的处理时间也减少了。

图 2-1 是两类 Web 应用模式(传统 Web 应用与 AJAX 应用程序)的对比。

通过图 2-1 中两类 Web 应用的对比,可以看出采用 AJAX 技术实现 Web 程序时,用户的操作与数据的传输和处理同时进行,大大提高了应用程序的性能和互动性。AJAX 技术的优势还包括:只更新部分页面,而不是刷新整个页面;交互

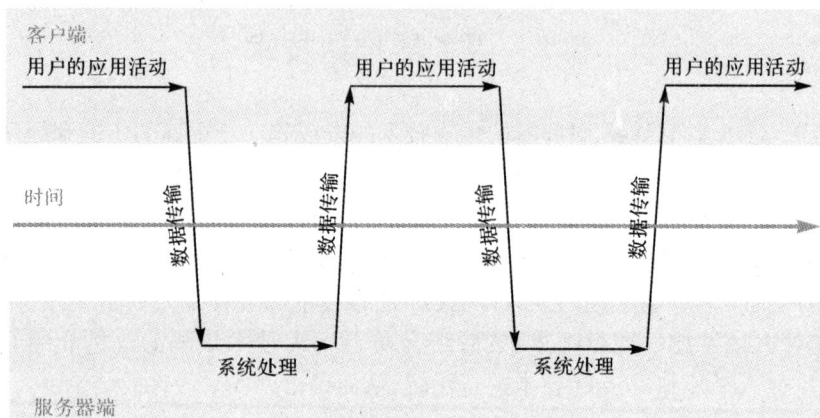

(a) 经典的Web应用模型(同步)

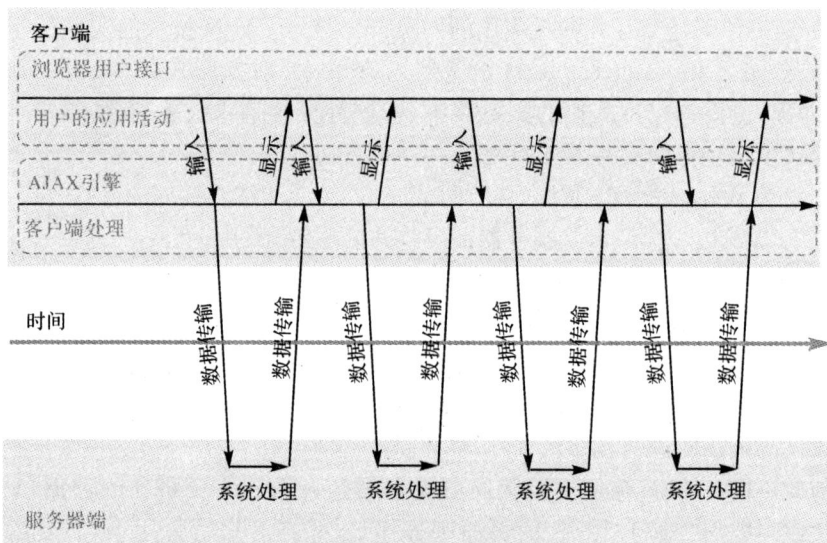

(b) AJAX Web 应用模型(异步)

图 2-1　两类 Web 应用模式的对比

上更多采用鼠标移动、键盘输入的方式,而不是以往的鼠标单击或者使用回车键进行表单的提交。

　　AJAX 主要使用 JavaScript 中的 XMLHttpRequest 对象进行异步请求,XMLHttpRequest对象在大部分浏览器上已经实现而且拥有一个简单的接口允许数据从客户端传递到服务器端,在进行后端请求的同时并不会打断用户当前的操作。使用 XMLHttpRequest 传送的数据可以是任何格式,但主要是 XML 文件格式和 JSON 格式。在数据从 Web 服务器端传输过来之后,JavaScript 使用文档对象模型(DOM)将异步数据显示在页面上。

因为服务器掌握着系统的主要资源,所以能够最先获得系统的状态变化和事件的发生。当这些变化发生时,服务器需要主动地向客户端实时地发送消息,如股票的变化。对于传统的桌面系统,这种需求没有任何问题,因为客户端和服务器之间通常存在着持久的连接,这个连接可以双向传递各种数据,而基于 HTTP 协议的 Web 应用却不行。

虽然 AJAX 技术得到了广泛应用,但是它没有从本质上改变客户端请求和服务器端响应的模式。这种模式在可交互方面比较出色,但是在远程控制等应用中,往往需要使用大量的请求来监督回送的数据。使用 AJAX 技术只是完善了人-浏览器-服务器模式数据的交换和传输模式,但对于人-浏览器-人这样的交互模式的实现效率非常低,并且难以控制。这主要是由于传统的 Web 服务器无法保留请求的连接,从而限制了网络应用的发展。

2.2.2　Comet 技术

浏览器作为 Web 应用的前台,自身的处理功能有限。浏览器的发展需要客户端升级本身的软件系统,同时由于客户端浏览器软件的多样性,在某种意义上,也影响了浏览器新技术的推广。在 Web 应用中,浏览器的主要工作是发送请求、解析服务器返回的信息并以不同的风格显示。AJAX 技术是浏览器技术发展的成果,通过在浏览器端发送异步请求,提高了单用户操作的响应性。由于 Web 本质上是一个多用户的系统,对任何用户来说,都可以认为服务器是另外一个用户。现有的 AJAX 技术并不能解决在一个多用户的 Web 应用中,将更新的信息实时传送给客户端,从而使用户可能在"过时"的信息下进行操作。而如果使用 AJAX 技术,则需要对后台数据进行非常频繁的轮询操作,降低了网络的传输效率。

Comet 就是客户端发送一个请求,服务器接收它,并使用一个无限循环将客户端需要的数据推送到响应(response)中,进行刷新,但是该响应并不关闭,而是继续接收新的数据并刷新,直到客户端断开连接,该循环才结束退出。我们可以认为 AJAX 解决了单用户响应的问题,而 Comet 则解决了在保证性能的前提下进行协同多用户的响应问题。Comet 的优点在于它可以在任何时候向客户端发送数据,而不仅仅只是响应用户的输入请求。由于发送的数据是在一个已有的单链接上进行的,所以可以减少建立连接的开销以及客户端发送请求的等待时间,从而大大降低发送数据的延迟时间。

Comet 架构既不同于传统的 Web 应用,也不同于新兴的 AJAX 应用。在传统的 Web 应用中,通常是客户端主动发出请求,服务器端生成整个 HTML 页面交给客户端去处理。在 AJAX 应用中,同样是客户端主动发出请求,只是服务器通常返回的是 XML 或 JSON 格式的数据,然后客户端使用这些数据来对页面进行局部更新。Comet 架构非常适合事件驱动的 Web 应用和对交互性与实时性要求很强的应用。这样的应用实例包括股票交易行情分析、聊天室和 Web 版在线游戏等。

基于 Comet 架构的 Web 应用利用客户端和服务器端之间的 HTTP 长连接作为数据传输的通道。每当服务器端的数据因为外部事件发生改变时,服务器端就能够及时把相关的数据推送给客户端。这就是指服务器端在响应请求后不断开请求链接,而是将其休眠,待有新的更新信息到来后再唤醒此链接。

2.2.3　服务器推送策略

服务器推送技术主要是通过客户端的套接口或是服务器端的远程调用实现。因为浏览器技术的发展比较缓慢,没有为服务器推送的实现提供很好的支持,在纯浏览器的应用中很难有一个完善的方案去实现服务器推送并用于商业程序。最近几年,随着 AJAX 技术的普及,以及把 IFrame 标签嵌在"htmlfile"的 ActiveX 组件中可以解决 IE 的加载显示问题,一些受欢迎的应用(如 Meebo、gmail＋gtalk)在实现中使用了这些新技术;同时服务器推送在现实应用中确实存在很多需求。因为这些原因,基于纯浏览器的服务器推送技术开始受到较多关注,Alex Russell 称这种基于 HTTP 长连接、无须在浏览器端安装插件的服务器推送技术为 Comet。目前已经出现了一些成熟的 Comet 应用以及各种开源框架;一些 Web 服务器(如 Jetty)也在为支持大量并发的长连接进行了很多改进。关于 Comet 技术最新的发展状况请参考 Comet 的 wiki。

实现长连接的策略有两种方法。

1. HTTP 流(HTTP streaming)

在这种情况下,客户端打开一个单一的套接字(Socket)与服务器端的 HTTP 持久连接。服务器通过此连接把数据发送过来,而客户端增量地处理它们。这就是指,在客户端浏览器与 Web 服务器建立起连接后,Web 服务器发送相应的响应后,然后让连接线程休眠,待有其他数据时再唤醒连接,进行数据传送,直到客户端浏览器关闭连接为止。

这种实现方式的优点是能够不间断地对服务器传送的数据进行接收。但其缺点也比较明显,那就是在 Windows 平台上,由于 Windows 本身只能同时进行两个连接,所以若有两个 HTTP 流应用连接被打开,Windows 将不能再访问其他的网页。

2. HTTP 长轮询(HTTP long polling)

为了改善 HTTP 流的缺陷,有学者提出了 HTTP 长轮询方案。在这种情况下,由客户端向服务器端发出请求并打开一个链接。这个链接只有在收到服务器端的数据之后才会关闭。服务器端发送完数据之后,立即关闭链接。客户端则马上再打开一个新的链接,等待下一次的数据。这种实现方式主要是将 Web 服务器对客户端浏览器的响应时间拉长,直到服务器发送数据且客户端浏览器接收数据后才终止此次链接,但随即再次发起一次链接,再等到响应数据到达客户端浏览器后终止链接;若一段时间内没有数据传输,HTTP 长轮询方式会在超时后结束此次链接并再次发起重连,如此往复,直到浏览器关闭浏览的页面。

这种方案在客户端浏览器接收完数据后,就关闭了此次链接,在这之后 Windows 就可以再次对其他网页发起链接了,这样就避免了 Windows 平台对连接数量的限制。

(1) 基于 AJAX 的长轮询方式。

AJAX 的出现使得 JavaScript 可以调用 XMLHttpRequest 对象发出 HTTP 请求。基于 AJAX 的长轮询模式主要是使用 AJAX 传输方式异步进行长轮询的连接。在使用 AJAX 后台传输之后再异步地发起另一个链接直到页面关闭。JavaScript 响应处理函数根据服务器返回的信息对 HTML 页面的显示进行更新。使用 AJAX 实现服务器推送与传统的 AJAX 应用的不同之处在于,服务器端会阻塞请求直到有数据传递或超时才返回;客户端 JavaScript 响应处理函数会在处理完服务器返回的信息后,再次发出请求,重新建立链接;当客户端处理接收的数据、重新建立链接时,服务器端可能有新的数据到达;这些信息会被服务器端保存直到客户端重新建立链接,客户端会一次把当前服务器端所有的信息取回。

一些应用及示例(如 Meebo、Pushlet Chat)都采用了这种 AJAX 长轮询方式。相对于轮询方式,这种长轮询方式也可以称为"拉"(pull)。这种方案基于 AJAX,具有以下一些优点:请求异步发出;无须安装插件;多浏览器支持,IE、Mozilla FireFox、Opera 等都支持 AJAX。

在这种长轮询方式下,客户端是在 XMLHttpRequest 的 readystate 为 4(即数据传输结束)时调用回调函数,进行信息处理。当 readystate 为 4 时,数据传输结束,连接已经关闭。Mozilla Firefox 提供了对 Streaming AJAX 的支持,即 readystate 为 3 时(数据仍在传输中),客户端可以读取数据,从而无须关闭连接,就能读取处理服务器端返回的信息。IE 在 readystate 为 3 时,不能读取服务器返回的数据,目前 IE 不支持基于 Streaming AJAX 的长轮询过程。

（2）基于 Iframe 及 htmlfile 的流方式。

Iframe（隐藏帧）是一种早已存在的 HTML 标记，通过在 HTML 页面里嵌入一个隐藏帧，然后将这个隐藏帧的 SRC 属性设为对一个长连接的请求，服务器端就能源源不断地往客户端输入数据。例如，在 Java Web 服务器上，这个长连接的请求可以是一个 Servlet，然后由 Servlet 调用 Comet 类对请求进行处理。

提到的 AJAX 方案是在 JavaScript 里处理 XMLHttpRequest 从服务器取回的数据，然后 JavaScript 可以很方便地控制 HTML 页面的显示。同样的思路用在 Iframe 方案的客户端，Iframe 服务器端并不返回直接显示在页面的数据，而是返回对客户端 JavaScript 函数的调用，如〈script type＝"text/javascript"〉js_func（"data from server"）〈/script〉。服务器端将返回的数据作为客户端 JavaScript 函数的参数传递；客户端浏览器的 JavaScript 引擎在收到服务器返回的 JavaScript 调用时就会去执行代码。

每次数据传送不会关闭连接，连接只会在通信出现错误时，或是连接重建时关闭（有一些防火墙被设置为丢弃过长的连接，服务器端可以设置一个超时时间，超时后通知客户端重新建立链接，并关闭原来的链接）。

但是使用 Iframe 请求一个长连接有一个很明显的不足之处：IE、Mozilla Firefox 下端的进度栏都会显示加载没有完成，而且 IE 上方的页面标签图标会不停地转动，表示加载正在进行。Google 采用的方式是使用一个称为"htmlfile"的 ActiveX 解决在 IE 中的加载显示问题，并将这种方法用到了 gmail＋gtalk 产品中。Russell 在 *What Else is Burried Down in the Depth's of Google's Amazing JavaScript?* 文章中介绍了这种方法。Zeitoun 网站提供的 comet-iframe. tar. gz 封装了一个基于 Iframe 和 htmlfile 的 JavaScript Comet 对象，支持 IE、Mozilla Firefox 浏览器，可以作为参考。

服务器推送技术具有如下缺点。

长期占用连接，丧失了无状态高并发的特点；server push 也有一定的副作用，也和 AJAX 一样，在原生状态下会干扰浏览器的后退按钮，基于此，其是否适合每一个项目还要仔细权衡。

服务器推送技术具有如下优点。

实时性好，由于消息的传输时延小，所以传送的消息能够在客户端浏览器上以较快的速度响应；连接性能好，在服务器端虽然保持多个连接，但由于其 Web 服务器的设计，高性能的处理能力得到了很好的展现，所以能够支撑大量的用户连接。

长轮询有以下三个显著的特征。

（1）服务器端会阻塞客户端浏览器请求直到有数据能够传送或连接时间超时才进行响应。

（2）客户端浏览器响应处理函数会在处理完服务器返回的信息后，使用 JavaScript 再次发起请求，并重新建立到 Web 服务器的连接。

（3）当客户端浏览器处理接收到的数据并随后重新建立连接时，服务器端如果有新的数据到达，这些新的信息会保存在 Web 服务器端上，直到客户端浏览器重新建立连接后，服务器端会一次性把当前服务器端存储的所有数据发送到客户端浏览器上，这时浏览器再一次使用 JavaScript 和 DOM 处理与显示数据，如此往复。

2.2.4　服务器推送技术的应用模型案例

为了从应用上解释服务器推送技术，这里构建一个简单聊天模型，用以从传输原理上阐述服务器推送技术。在本例中，选择 SUN 公司的 GlassFish 3 服务器作为 Web 服务器，并在构建时，打开 GlassFish 3 对 Comet 技术的支撑。

此模型的基本原理是使用 Servlet 调用 Java 构建的 Comet 框架下的 Comet 处理器（Comet handler）。在页面中采用 Iframe 标签访问构建的 Servlet，形成持久连接。在保持连接的同时，通过 Comet Handler 中所定义的事件进行数据的服务器推送。所推送的数据使用 JavaScript 函数的形式，调用文档对象模型（DOM），将数据在页面中显示出来。此模型采用 HTTP 流的方式，这种方式由于不需要频繁地打开和关闭连接，因而明显地降低了网络的响应时间。其生命周期为请求→保持连接→数据可用→进行响应→数据可用→进行响应……直到页面被关闭。而采用长轮询方式的生命周期为请求→保持连接→数据可用→进行响应→恢复连接。其与 HTTP 流方式的主要区别在于，每一次数据响应后，长轮询方式都关闭连接，并立即再次发起新连接，以达到恢复连接的目的；而 HTTP 流的方式只需要在数据可用或到来时发送连接即可。另外，在 HTTP 流中可以设置连接保持时间，这样超过一定时限而没有响应后，连接就会自动关闭，而在长轮询方式中，也可以设置超时，但在超时后长轮询会再次发起请求。

这种模型的优点在于：

（1）服务器平台兼容性好。其服务器采用 Java 实现，使得后端平台能够在 Windows、Linux 和 Solaris 等平台上运行，服务器端代码也主要使用 Java，因而其跨平台性非常好。

（2）对浏览器要求低。在采用这种方法的同时，GlassFish 3 还支持 Dojo 框架的客户端 Comet 方案——Cometd。但是由于手机平台的浏览器所支持的 JavaScript 功能不够健全，所以其使用还是受到了一定的限制（如不支持 XMLHttpRequest 对象）。因此，采用 Iframe 标签的后台连接方法能够兼容大多数 HTML 手机浏览器，能够使复杂任务从移动平台上迁移到 PC 平台。但随着手机浏览器的不断升级，未来的应用还是应该尽量采用此架构，因为这样对于连接的处理大部分集中在客户端,能够减轻服务器端的负担。

此外,通道技术是服务器推送技术中用于区分不同用户信息的方式。如果没有此技术,那么一个用户发送的信息能够被所有的用户接收,破坏了用户的隐私性。通道技术就是将每一个用户通过 Comet 引擎建立的连接使用唯一的标识 ID,这样拥有相同 ID 的通道能够接收同样的信息,通道标识不同的则不能互相接收消息。

如果迁移时只是用户自己在两个端点进行,只需要登录自己的用户名,然后将 Comet 通道设置成用户自己的 ID 即可。如果要向其他用户进行迁移,需要设置两个 Comet 引擎,一个用于接收发往自己引擎的 ID,而另一个则设置为其他用户的通道 ID,这样既可以对自己的应用执行迁移,也能够向其他用户执行迁移任务。

2.3 无缝移动技术

在多媒体任务的迁移过程中,Flash Player 平台本身就能够维持一个到服务器的长连接,并且能够通过服务器向客户端发送消息,但是,由于手机浏览器性能的问题,当前的手机 Flash Player 还不能执行复杂的 ActionScript 应用,只能适应一些音频/视频播放的任务,所以这里采用 Comet 技术,进行消息的发送和接收。

首先,采用 Flash/Flex 构建多媒体音频/视频播放应用,然后在页面端导入 SWF 文件,以使 Web 页面能够正常显示需要播放的音频/视频。在页面上设置一个隐藏标签或 JavaScript 脚本全局变量用于保存音频/视频的播放断点。其保存方式是通过 ActionScript 的外部端口直接调用 DOM 进行存储。

随后,在服务器端建立一个调用 Comet 引擎的处理器 CometHandler,其中 Comet 的调用者为 Servlet,然后在 Servlet 的 Post 部分定义 Comet 处理器的传输功能,以便在信息到来时能够将信息传送给浏览器端。在页面内构建一个能够访问调用 Comet 的 Servlet 的 Iframe 标签,以进行 Comet 引擎的初始化,用于接收由服务器传送来的消息。在页面的 JavaScript 标签内使用 Prototype 框架的 AJAX 调用方式对 Servlet 进行 Post 方式的调用,以进行消息的发送。对于发送给不同用户的消息,主要通过 Comet 引擎的通道进行区别,也就是说,不同的用户分配不同的通道,如果需要给另一个用户发送消息,只需要将 Comet 引擎的通道 ID 改为要发送的用户的通道 ID 即可实现不同信道接收和发送不同的消息。

在迁移过程中,对于简单模型的消息和多媒体迁移消息只是在 JavaScript 端的脚本处理时才会有所不同,其传输的消息只会因迁移类型的不同而传输不同的内容。传输时先将多媒体任务的断点传输到迁移端,然后在迁移端使用 JavaScript 和 AcitonScript 的外部调用端口对 Flash Player 播放器进行断点播放控制,在多媒体音频/视频的断点处重新进行播放,由于多媒体音频/视频都采用的是流媒体格式,其断点可以在播放时重新定位,所以其延时比非流媒体传送方式的迁移方法要短。

另外,本程序采用 Comet 作为迁移引擎的原因还在于,Comet 引擎既可以传输数据也可以传输文件,这样本程序的架构可以兼容多个多媒体应用,包括微软公司的 WMA/WMV 格式、苹果公司的 QuickTime 以及 RealNetworks 公司的 Real Player,因此提高了应用的兼容性。

从流程上看,Comet 引擎只是负责消息的传送,对多媒体的播放和断点续播都是使用 Flash Player 中 ActionScript 和 JavaScript 相结合的方式进行控制的。这样实现了播放控制和消息传送的分离,而且区分了其实现语言,播放控制和数据的发送、接收使用的工具分别为 ActionScript 和 JavaScript,而服务器端的传输引擎则使用的是 Java Servlet,这使得编程的结构比较清晰。

另外,采用 Comet 引擎还可以兼容不同的多媒体播放器,所以可以根据流媒体服务器的不同选择不同的流媒体播放器,因此提高了可用性和可推广性。对于多媒体播放器来说,只要通过 Comet 引擎获取断点信息,就可以使用播放控制对多媒体文件进行播放。

在进行多媒体迁移时,先播放音频/视频多媒体文件,执行迁移命令时需要先暂停,将暂停点保存下来,迁移时将暂停点传送到接收端,再执行播放。在进行文件传输迁移时,首先将文件上传到服务器上,然后构建一个下载连接传送到接收端,这样在接收端就可以执行下载了。

2.3.1　浏览器端视频播放的前端技术

浏览器端的应用主要是在页面内实现对多媒体音频/视频的播放和续播,其实现类似于 TCP 连接,但通过 Web 服务器和 FMS 服务器所实现的方式并不相同。通过 FMS 服务器的应用都是先连接到流服务器上,然后使用流连接函数进行调用。对于直接使用 Web 服务器存储多媒体文件的方法,则无须进行流连接,只需要正确地设置音频/视频文件的路径即可。

Flex/Flash 技术对于音频/视频文件的处理方法并不相同。在音频文件的播放中,首先使用 Sound 类实例加载一个音频的 URL 地址,然后绑定一个 COMLETE 动作,在加载完成时进行音频播放。而在视频的播放中,将 NetStream 链接到流媒体服务器上,若使用 Web 服务器存储视频则只需要连接参数为空即可,然后通过其 play 函数进行视频播放。在断点续播方面,使用 seek 函数进行时间查找,然后使用 play 函数播放即可。而使用网络流的方式时,也可以进行音频播放,因为 FMS 本身同时支持音频/视频的流连接方式。

基于 Web 服务器的音频播放器本身是调用 Flex 的用于音乐播放的 Sound 类,其他的辅助类型包括用于音量控制的 SoundChannel 和用于与外部 JavaScript

脚本通信的 ExternanlInterface 类。

其代码的主要功能为

```
sound＝new Sound(new URLRequest(MusicName));//用于加载音频文件
Play.addEventListener(MouseEvent.CLICK,Play_Click);
    //用于绑定播放事件
Stop.addEventListener(MouseEvent.CLICK,Stop_Click);
    //用于绑定停止事件
SoundControl.addEventListener(SliderEvent.CHANGE,VolumeControl_Change);
    //用于绑定音量控制事件
……
ExternalInterface.addCallback("sendToFlexPause",PauseFromJS);
ExternalInterface.addCallback("sendToFlexTransferPlay",
    TransferPlay);
```

以上两个函数用于和外部 JavaScirpt 脚本进行通信和播放控制。

迁移时使用 Pause 函数来暂停正在播放的音频/视频,并将迁移点通过外部接口函数传送到 JavaScript 脚本的一个容器内,然后使用调用 Comet 引擎执行信息的迁移。

外部接口函数中绑定的 TransferPlay 函数用于迁移后在音频文件的断点处执行播放,其核心代码为

```
MusicPosition＝ExternalInterface.call("PlayPositon");//获取迁移点
MusicName＝ExternalInterface.call("PlayMusicName");
    //获取迁移文件的文件名
……
channel.stop();
sound＝new Sound(new URLRequest(MusicName));
channel＝sound.play(MusicPosition);
```

迁移后使用外部接口函数获取迁移音频的名字和断点位置,然后终止当前播放,并新建一个新的音频流执行播放。

视频播放器和音频播放器的区别在于两者使用的接入端口并不相同,但是视频播放器也能够播放音频,但音频播放器却无法播放视频。而且,视频播放的控制断点使用的是播放时间(以秒为单位),而音频播放使用的则是文件播放的位置

（以字节为单位）。视频迁移其他的功能和音频迁移没有本质区别。

其代码的主要组成为

```
nc=new NetConnection();          //建立一个连接
nc.connect(null);                //执行连接
ns=new NetStream(nc);            //初始化网络流
ns.play("1.flv");                //播放文件
vid=new Video();                 //建立视频对象
vid.attachNetStream(ns);         //绑定网络视频流
Test.addChild(vid);              //在 VideoDisplay 控件中加载视频
ExternalInterface.addCallback("PauseJS",PauseByJS);
                                 //初始化外部接口函数 PauseJS
```

在场景中初始化一个 VideoDisplay 控件（本应用中是名称为 Test 的对象），建立到服务器的连接，并初始化网络流。在网络流中，播放指定的视频文件，再将播放的网络流赋给 Video 对象，通过 Video 对象绑定网络流，然后在播放控件 VideoDisplay 对象 Test 中加载视频，保存迁移点的外部脚本，调用接口函数 PauseJS。

在 PauseJS 绑定函数内部的实现为

```
TimeOfVideo=ns.time;
ns.close();
if(ExternalInterface.available)
{
    ExternalInterface.call("PauseFromFlex",TimeOfVideo);
}
```

在暂停状态下，通过网络视频流中的 time 函数保存视频迁移点的时间，其概念类似于音频迁移中的保存位置，然后关闭视频流，并通过 ExternalInterface 将迁移时间点保存到外部脚本变量中。

```
ns.close();
TimeOfVideo=ExternalInterface.call("RePosition");
ns.play("1.flv");
ns.seek(TimeOfVideo);
```

在恢复视频播放状态下,重新将网络视频流定位,并将外部的迁移点通过 ExternalInterface中的 call 函数读回到 ActionScript 脚本中,播放时调用网络视频流的 seek 函数继续从断点处播放。

2.3.2　文件迁移的前端技术

文件迁移的前端实现主要是使用 Iframe 和表单进行提交,异步实现文件的上传,这样就可以在异步结构下使用 Comet 引擎,执行上传响应。使用〈form〉标签,然后将其 Action 属性设为后端执行文件上传的页面,并设置表单的相关属性,以使其支持上传。执行上传提交后,使用上传页面 upload. jsp 处理上传请求,然后将响应的回调函数设置为对 Comet 引擎的调用。这样,只要上传完成,就可以调用 Comet,将上传文件的地址传送到接收端,以便于接收端下载。

```
function callback(msg) {
......
FileTransfer();}
function FileTransfer() {
        par="Message="+FileName+"&&Type=File&&Name=null";
        var url="CometServlet";
        var myAjax=new Ajax. Request(url,{method:'post',parameters:par});}
```

在构建时需要导入一个用于处理文件上传的 jar 文件 SmartUpload,通过此文件进行文件的上传。在上传文件的页面定义一个回调函数,调用用于 Comet 处理的函数。调用处理函数主要是通过 AJAX 技术根据 URL 和所构建的参数异步地调用 Comet 引擎 Servlet,其中传送给 Comet Servlet 的调用参数是文件的文件名和迁移类型。

```
〈form action="upload. jsp" id="form1" name="form1" encType=
   "multipart/form-data" method="Post" target="hidden_frame" 〉
     ……//文件上传标签
     〈iframe name='hidden_frame' id="hidden_frame" style='display:
     none'〉〈/iframe〉
〈/form〉
```

其页面代码通过表单调用后台 jsp 页面处理上传,主要是将 encType 属性设置为 multipart/form-data,以使表单支持文件上传,调用方法设置为 Post,并将调用的页面通过 Iframe 标签显示,这样就隐藏了页面调用,实现了异步方式上传的前端效果。

在后端处理上,主要是进行文件的存储,并将相应的消息通过回调函数在前端页面中显示。由于前端传输页面调用 Comet 引擎,这样如果上传完毕,接收方就可以通过 Comet 引擎所传过来的消息进行接收,其接收函数为

```
var Down=document.createElement("a");
Down.href="File/"+Message;
Down.innerHTML="Download"+Message;
```

其功能主要是根据 Comet 引擎传送过来的文件名,构建一个锚点标签〈a〉,使接收端能够下载刚才上传的文件。

2.3.3　服务器推送技术在主动式无缝移动中的应用

对于数据传送来说,Comet 引擎的构建和 Comet 服务器的选择是多种多样的,但是目前支持 Comet 技术的服务器主要有 GlassFish、Jetty 和 IBM HTTP Server,前两个是免费的而且都集成了 Grizzly Comet 引擎,而 IBM 服务器则属于商业服务器。所以本应用采用的是集成 Grizzly 的 GlassFish v3 服务器。

构建 Comet 应用,主要是调用 GlassFish 服务器中的 Comet 引擎,其调用方式为 Comet 应用构建一个 CometHandler 接口。在 CometHandler 接口中主要是定义其中的 onEvent 事件。

```
public void onEvent(CometEvent event) throws IoException
{if(CometEvent.NOTIFY==event.getType())
    {      int count=counter.get();
        PrintWriter writer = response.getWriter();
        writer.write("〈script type='text/javascript'〉parent.
        updateCount(" + count+","+Message +","+Type+",
        "+Name+ ")〈/script〉\n");
        writer.flush();
    }
}
```

在 onEvent 事件调用函数中,主要是判断事件的类型是否为 NOTIFY,若为 NOTIFY 则进行主动推送,推送的内容是迁移端所发送的信息。其中,count 是

简单模型的计数器,主要用于测试 Comet 连接是否可用,Message 则是连接的主要信息,其中包括网页迁移的 URL、音频迁移的断点位置、视频迁移的断点时间、文件迁移的文件名等信息。Name 是音频/视频迁移时所用到的多媒体文件的名称。Type 是指迁移的类型,主要有 Web、Video 和 Audio,分别对应 Web 页面、视频和音频。而文件迁移由于在上传文件后就执行回调,所以不需要设置其类型信息,其调用方式类似于 Web 页面迁移。发送数据时,将其以一个前端回调函数的方式传送到接收端,这样就可以调用前端的函数以完成任务或多媒体的迁移。

CometHandler 的调用需要使用 Servlet 的 Post 方法,所以在 Servlet 中不仅需要定义 Comet 接口的实现,还需要实现 doPost 方法。

```
request. setCharacterEncoding("gb2312");
Message=(String) request. getParameter("Message");
Type=(String)request. getParameter("Type");
Name=(String)request. getParameter("Name");
counter. incrementAndGet();
CometEngine engine=CometEngine. getEngine();
CometContext⟨?⟩ context=engine. getCometContext (contextPath);
CometSelector cometSelector=new CometSelector(engine);
context. notify(null);
```

doPost 方法首先接收前端发送回来的数据 Message、Type 和 Name,然后初始化 Comet 引擎和链接选择器,最后执行通知,这样 Comet 引擎就能够将这些数据通过刚才定义的 onEvent 事件发送到接收端了。

对多媒体任务进行迁移,其基本迁移模式是相同的,只是迁移对象的数据内容和传输方式不同。主要表现在前端所封装的参数不同;参数类型不同;但其后端由于都使用 Comet 引擎,所以其作用只在于传递参数,多媒体的控制只需要使用前端函数就可以了,因为前端函数封装了能够对音频/视频控制的接口函数。

迁移的过程描述为首先播放音乐,然后执行暂停,这样就能够获得迁移的音频断点和音频文件。

执行迁移后,本应用将断点(图 2-2 中为 40861 的数据)和音乐文件(图 2-3 中为 3. mp3)一起传送,接收端就可以依据此断点和文件的信息进行迁移了。在数据传送过后,接收端前端处理函数读取播放文件和断点信息,最后执行断点播放。

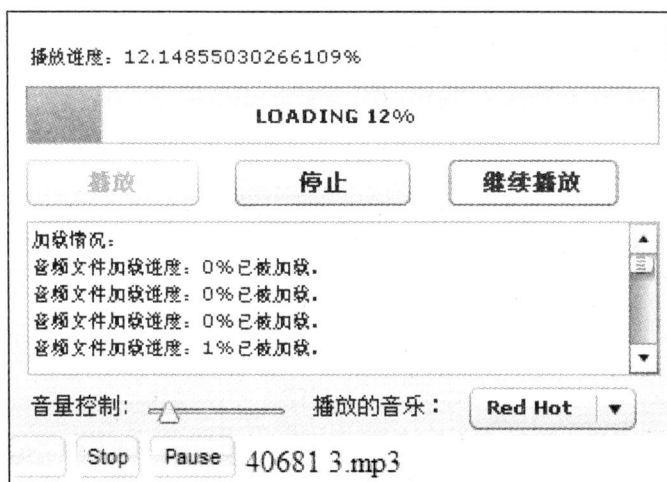

图 2-2　发送端迁移前

图 2-3　接收端接收后

```
function updateCount(c,Message,Type,Name)
{if(HasView!＝true)
    {if(Type＝＝"Audio")
    {＄("Position").value＝Message;
```

```
$("Position").innerHTML＝Message;
$("MusicName").value＝Name;
$("MusicName").innerHTML＝Name;
TranferPlay(); }
    else
{ $("WebPage").src="http://"＋Message; }
} HasView＝false;}
```

在迁移后,可以看到其迁移的断点信息已经传送到接收端了。要迁移不同的文件,只要文件名不同即可。对于迁移的规则,可以在迁移后打断当期播放的文件进行播放,也可以设置队列进行等待。

在视频迁移时,其原理大致和音频迁移相同,只是迁移类型为视频,迁移的内容为断点时间,而不是音频迁移中文件的播放点。

另外,由于图 2-4 和图 2-5 可能无法使读者识别出是否为在两个终端上的截图,但由于 IE 浏览器属于多进程程序,其两个窗口(非标签)间无法通信,故本应用也可以使用两个 IE 浏览器窗口在一台机器上执行,但本程序均在多台终端连接的情况下调试成功。

图 2-4　发送端迁移点

图 2-5　接收端恢复点

2.3.4　基于 Fiddler 2 的应用测试

Fiddler 是微软公司开发的一款用于 HTTP 调试的工具。其本身是一个 Web 调试代理,能够记录所有客户端和服务器端间的 HTTP 和 HTTPS 请求,允许使用者对连接请求和响应情况进行监视,设置断点,甚至修改输入输出数据。

Fiddler包含了一个基于事件脚本的子系统,并且能够使用.NET框架语言进行扩展。

微软公司的 Fiddler 包含一个简单却功能出众的基于 JavaScript 的.NET 事件脚本子系统,其特点是高灵活性和高可用性,可以支持众多的 HTTP 和 HTTPS 调试任务。Fiddler是用 C♯ 编写的。它还是一个 HTTP 调试代理,能够记录所有的用户计算机和互联网之间的 HTTP 或 HTTPS 通信,Fiddler 也允许用户检查所有的 HTTP 通信,设置断点,以及 Fiddler 所有的发送和响应数据(主要指 cookie、html、js、css 等文件,这些都可以由用户随意定制和修改)。Fiddler 相对于其他网络调试器更加简单,因为它仅仅暴露 HTTP 和 HTTPS 的通信信息,并且其格式是一个用户友好的格式。

Fiddler 支持断点调试概念,当用户在软件菜单——rules-automatic breakpoints 选项选择 beforerequest 时,或者当这些请求或响应属性能够跟目标的标准相匹配时,Fiddler 就能够暂停 HTTP 信息,期间允许修改请求和响应。这种功能对于安全测试是非常有用的,当然也可以用来作一般的功能测试,因为所有的代码路径都可以用来演示。

用户可以加入一个 Inspector 插件对象,并使用.NET 下的任何语言来编写Fiddler 扩展。其中,RequestInspectors 和 ResponseInspectors 提供一个格式规范的 HTTP 信息监控器,也能够使用户自定义 HTTP 请求和响应视图。

通过显示所有的 HTTP 信息,Fiddler 可以方便地演示哪些响应用来生成一个页面,通过统计页面,用户可以轻松地使用多选来得到一个 Web 页面的文本的总体大小(页面生成文件 html 以及相关 js、css 等总和),用户也可以看到所请求的某个页面总共请求了多少次、多少字节被转化等常用的信息。

另外,通过暴露 HTTP 头,用户可以看见哪些页面被允许在客户端或者是代理端进行缓存。如果一个响应没有包含 Cache-Control 头,那么就不会被缓存在客户端。

对于本章所描述的程序,其主要优点在于发起的链接数较 AJAX 局部刷新方式要少很多,只是在采用长连接方式时能够每 10～30s 发起一个链接,而不间断连接方式只有一个连接,但其持续时间较长。

测试表明,在 AJAX 局部刷新方式下,Fiddler 每秒钟进行一次连接,主要是由于超过 1s 的连接会使用户感觉实时性不好,需要等待一小会儿才能够刷新信息;而小于 1s 连接数会急剧上升,导致无用信息量的传输和响应上升,严重地降低网络的使用效率。使用 Comet 方式的连接无需大量地发送查询信息,而是有新的消息时就发送,没有时只是保持连接,可以看出其对网络使用效率的提升是很明显的。

2.4　本 章 小 结

本章中讨论了使用 Comet 技术进行 HTTP 的长连接,进而使用服务器推送技术进行通信,这样使得普适计算中的无缝移动不再局限于局域网,而能够使用远程方式进行文本和多媒体等信息的迁移。本应用开发的主要目的在于,在使用一个应用的同时,不间断其使用状态,而且平滑地将其迁移到目标应用平台上,继而使用户能够更加合理地利用时间,提升用户的工作和学习效率。随着 3G 技术的发展、3G 无线上网的普及和移动设备 HTTP 浏览器性能的不断提升,以及其对浏览器多媒体资源的支持,应用于移动网的 HTTP 持久化连接迁移方式能够使用户随时随地地进行文本和多媒体文件的迁移与共享。

第 3 章　P2P 模式的服务发现技术

3.1　P2P 模式的服务发现方法简介

3.1.1　普适环境中的 P2P 应用

传统的 C/S 网络模式已经无法满足普适环境中参与普适计算的节点需求。而 P2P 技术具有的无可比拟的优势及其广阔的应用前景,为普适计算的一系列研究提供了必要的技术支持。目前 P2P 技术的应用主要有文件内容的共享、分布式计算、协同工作、搜索引擎、即时通信、基于 Internet 的文件存储系统、电子商务等。我们有必要对这些应用进行研究,进一步了解 P2P 网络技术,从这些已有的应用中得到启发,并将其作为研究普适环境中 P2P 技术应用的基础。

（1）文件内容的共享。

在我们熟知的 Web 方式中实现文件内容共享时,首先要求有 Web 服务器的参与,文件先被上传到服务器中,用户到该服务器所提供的网站上搜索文件,在网站上查找到需要的文件后才能向服务器请求下载。所以,当网络中的节点大规模地访问 Web 服务器时,Web 服务器的性能将成为瓶颈,服务提供者只能通过不断地投入服务器来解决该问题。

P2P 技术的出现,解决了 Web 方式中服务器的瓶颈问题,用户在确定拥有其所需资源的节点信息后,直接与该节点通信进行文件交换,这个文件交换的过程无须经过任何中央服务器。P2P 技术在文件共享方面的应用实例主要有 Napster、Gnutella、eDonkey、eMule、Maze、BT 和迅雷等。

（2）分布式计算。

分布式计算有时也被称为"网格计算"（grid computing）,即是指协调 P2P 网络中的计算机完成同一计算任务。计算机工作者长期以来一直在研究如何通过众多计算机的加入和组合来完成超级计算机的功能。经过长期研究,终于在 1999 年完成了一个范例:SETI@HOME 项目。在该项目中,为了搜索射电天文望远镜信号中的外星文明迹象,将分布在世界各地的 200 多万台个人计算机组合起来形成计算机阵列。一台计算机需要 345000 年才能完成的工作采用分布式计算的方法来完成仅仅需要不到两年的时间。

类似的项目还有 Popular Power 和 Avaki 等。它们都是通过收集闲散的计算和存储能力,采用集群技术得到拥有超级计算能力的计算机,用于天气预报、基因组研究、电力网络运行规划等需要高强度计算工作的领域。

　　(3) 协同与服务共享平台。

　　位于网络中的多个用户为了共同完成某项任务,需要为网络设置一个协同计算平台,这样这些用户就可以进行协同工作、共享资源等。协同工作允许用户按自己的方式和其他人共享信息,它使得用户在网络中的活动更具个性。越来越多的企业采用分散机构的方式进行办公,员工和客户可能位于不同的地方,并且这些地方常常因为工作需求而变化不定,还有可能这些地方相隔很远。显然,当前常用于局域网中的以服务器为中心的 C/S 结构已经不能适应这种办公环境的变化。P2P 技术使得在不同的地方进行协同工作成为可能,员工和客户不必拘泥于某个地点进行办公,办公内容可以直接存储在个人计算机上,工作人员将其带入 P2P 网络中的不同地方进行工作。JXTA、Magi、Groove 等平台的开发就是用于在 P2P 网络中协同服务与共享信息的。

　　(4) 搜索引擎。

　　P2P 网络具有高度的动态性和自组织性,搜索直接在各节点之间实时进行,这样既保证了搜索内容的实时性,又对传统的目录式搜索引擎在深度、速度和幅度方面有所超越。传统目录式搜索引擎只能搜索到 20%～30%的网络资源,当用户使用 P2P 技术进行深度文档搜索时,不用再通过服务器,不用再受信息文档格式和计算机设备的种种限制,达到的搜索深度理论上将包括网络上所有的信息资源。著名的搜索引擎公司 Google 宣称将采用 P2P 技术来改进其对信息的搜索能力。P2P 技术在搜索引擎方面的应用实例有 InfraSearch、Pointera 等。

　　(5) 即时通信。

　　提到即时通信软件,不得不提国内即时通信领域的一枝独秀——QQ。QQ 作为一款在线聊天工具,有着 TRC、BBS 和 Web 聊天室无法比拟的优势。因为 QQ 是基于 P2P 技术的,虽然腾讯公司需要一个中心服务器来运作该软件,但是这个中心服务器只是用来控制用户的认证信息,帮助完成节点之间的初始连接。当用户通过中心服务器连接上以后,便可以进行完全的点对点交流,在交流过程中不再依赖服务器的性能和带宽。除了 QQ,P2P 技术在即时通信领域的应用实例还有 ICQ、MSN 等。

　　(6) 用于 Internet 的文件存储系统。

　　网络中的节点,除了有闲散的计算资源,当然还有闲散的存储能力。随着网络规模的扩大,人们开始考虑改变传统的局域存储方式,以解决随文件增加导致的局域网内存储能力降低的问题。Oceanstore、Farsite 等采用 P2P 技术来组织和存储文件,解决了这一问题。这些项目为全球提供文件存储服务。

（7）电子商务。

P2P 技术在电子商务方面的典型应用主要体现在以下三个方面。

① 提供金融服务：全球 35 个国家的 eBay 用户使用 P2P 的电子商务付费办法，直接在网上用彼此的信用卡进行交易而不必经过第三方认证。这是因为在 P2P 网络中进行通信时，通信是在双方之间直接进行的，不会有第三者知道双方通信的信息，所以 P2P 网络非常适合发展在线的金融服务。

② 对购物行为进行分析：Amazon 在分析网民的购物行为时，采用的是对等的"合作过滤"功能。通过与一些合作商的对等"合作过滤"，对网民的购买兴趣进行挖掘，再向他们推荐其可能会购买的产品。

③ 电子商务集市：Lightshare 公司提供的服务让电子商务用户不再经过 eBay 或 Amazon 的中央服务器，而是直接通过自己的个人计算机来销售数字产品。用户们交换的任何内容都不在 Lightshare 公司的服务器上，Lightshare 只是负责加速产品信息的交换过程。该技术使得交换直接在买卖双方的个人计算机之间进行，就像用 Napster 互换音乐文件不必经过 Napster 的服务器一样。

（8）网络电视。

沸点、PPStream、PPLive、QQLive、SopCast 等由于采用了 P2P 技术，使得这些产品拥有使用该软件播放的人越多速度就越快的特点。因为除了服务器，各 P2P 节点也在为其他节点提供播放内容。

P2P 技术除了以上介绍的各主要应用方面，它还有很多其他方面的应用，这里不再赘述。

3.1.2　P2P 技术简介

P2P 技术之所以有如此广泛的应用，完全得益于 P2P 网络独特的架构模式和特性。在 P2P 网络中，每一台计算机既充当网络服务的提供者，又充当网络服务的请求者，P2P 网络中的每台计算机所拥有的权利都是平等的。所以，P2P 网络的特性可总结如下。

（1）分散性。

P2P 网络中的网络服务分散在各节点上，节点之间直接进行服务的共享，这样可以避免因为使用服务器而造成的瓶颈。P2P 网络的这一分散特性，使得 P2P 网络同时兼具可扩展性和稳定性。

（2）可扩展性。

P2P 网络随着节点的加入和退出而不断变化着。服务需求随着用户的加入而增加，而系统所能提供的资源和服务也在增加，使用户的需求更容易得到满足。因此，P2P 网络有很强的可扩展性。

（3）健壮性。

前面提到的 P2P 网络的分散性，保证了 P2P 网络具有耐攻击、高容错的优点。由于服务分散在各节点上，服务发现和服务共享直接在各节点间进行，所以即使有部分节点遭到攻击，其他部分的节点也很少会受到影响。而且在部分节点失效后，P2P 网络能自动调整拓扑结构，重新构建 P2P 网络满足服务共享的需求。

（4）高性能。

P2P 所具有的性能优势让 P2P 技术备受关注。使用 P2P 的网络模式可以将网络上所分布节点的闲置计算能力和存储空间集合起来，将计算任务和存储任务分配到持有这些计算和存储能力的节点上。

（5）负载均衡。

P2P 网络减少了对传统 C/S 结构服务器计算能力、存储能力的要求，在该环境下由于每个节点既是服务器又是客户机，同时因为资源分布在多个节点，所以更好地实现了整个网络的负载均衡。

（6）自组织性。

P2P 网络中的节点具有高度的动态加入和退出的特点。通过对 P2P 网络的拓扑构建，设计节点加入和退出算法，保证了 P2P 网络的自组织性。

3.1.3　P2P 模式的网络拓扑类型

图 3-1 显示的是第一代 P2P 模式——集中式 P2P 网络。一个专门用于服务注册的节点部署在集中式 P2P 网络中，各普通节点向该服务器注册所能提供的服务，服务器负责记录这些共享信息以及回答各节点对这些信息的查询。P2P 节点

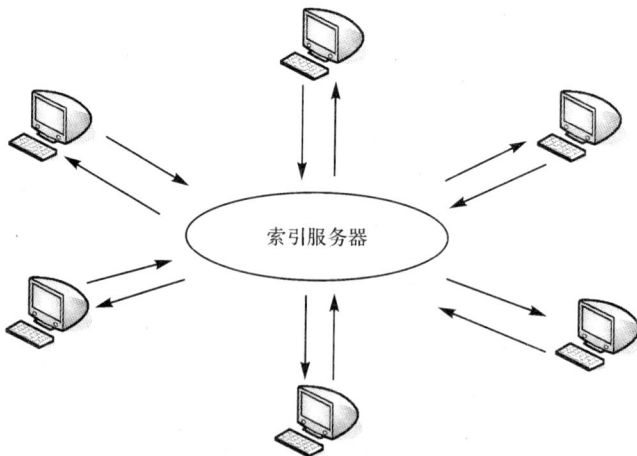

图 3-1　集中式 P2P 网络

向中央目录服务器注册的是关于自身信息(如 IP 地址、端口等)以及所提供的服务信息(如服务名称等),服务的实际内容依然存储在各节点中而不是服务器上,这样就解决了 C/S 模式中服务器在存储和传输服务时存在的瓶颈问题。在该模式中,节点首先在索引服务器中进行查询,根据索引服务器提供的持有该服务和内容的节点信息(如 IP 地址、端口、网络流量、物理位置等)进行选择,最终和索引服务器提供的节点进行连接,直接从该节点上下载所需资源,下载的过程是在两个普通节点之间直接进行,无须经过索引服务器。

完全分布式 P2P 网络也称为纯 P2P 网络。该网络结构没有中央索引服务器,每个处于 P2P 网络中的节点与自己相邻的节点构成一个虚拟的逻辑覆盖网络。这种没有中央索引服务器的完全分布式 P2P 网络根据逻辑覆盖网络的不同分为非结构化 P2P 网络和结构化 P2P 网络。

如图 3-2 所示,完全分布式非结构化 P2P 网络中,不存在中央索引服务器,每个节点的地位是平等的,权利是均衡的。在节点之间进行资源查询和共享时,采用广播的方式,并在广播过程中引入生存时间(time to live,TTL)来防止查询环路的产生和无止境地传递造成的网络带宽等资源的浪费。相邻节点之间以接力的方式进行广播,并记录查询线路。

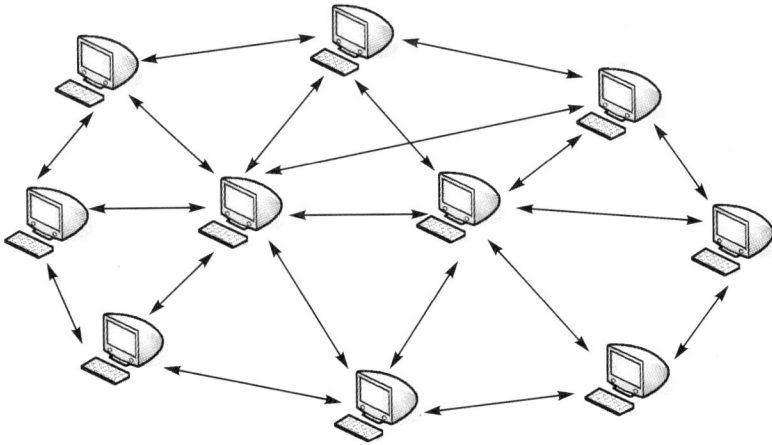

图 3-2　完全分布式非结构化 P2P 网络

完全分布式非结构化 P2P 网络解决了使用索引服务器时存在的单点失效问题,由于不需要任何服务器的支持,当网络规模不是很大时,在该网络中进行查询的效率是很高的。但是,随着网络节点的不断加入,网络规模逐渐扩大,采用这种洪泛查询方式的缺点就暴露无遗,网络带宽会因为广播而被大量占用,而且网络中没有任何节点知道整个网络的拓扑结构,对路由表的创建和维护会很复杂,由于盲目地大量发送查询消息,系统经常会遭到病毒的恶意攻击和收到大量垃圾信息。

　　完全分布式 P2P 网络的另一种模式为结构化 P2P 网络,在这种具有一定拓扑结构的 P2P 网络中,研究的重点在于建立一层虚拟网络,该层网络根据特定的拓扑结构(如环形、树形等)来建立。在完全分布式结构化 P2P 网络中,资源信息被均匀地分配给网络中的节点进行存放,保证了网络的负载均衡,解决了非结构化网络中的网络负载问题。

　　混合式 P2P 网络拓扑结构如图 3-3 所示,网络按用户节点的能力不同(如计算能力、内存大小、连接带宽、网络滞留时间等)进行分类,使能力最强的节点担任特殊的任务——目录服务器,其他节点作为提供服务和索取服务的普通节点。这种混合模式结合了完全分布式 P2P 网络去中心化和集中式 P2P 网络快速查找的优势。作为目录服务器的节点和与该节点邻近的若干普通节点之间构成一个自治的基于中心目录式的 P2P 网络模式,各个中心目录服务器又以完全分布式 P2P 网络模式构建在一起。查询先在各自的区域内进行,将查询消息发送给目录服务器,如果目录服务器中没有此资源,则目录服务器作为查询节点将查询消息转发到其他目录服务器,依次向外扩散。这种方式有中心式查询具备的高效的优点,而且在某个服务器节点出现故障时,影响的只是那个区域,其他区域仍然可以正常进行资源查找和交换。

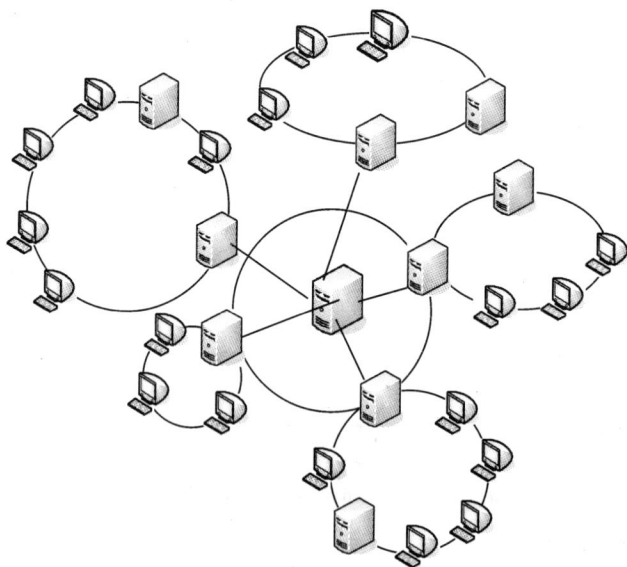

图 3-3　混合式 P2P 网络拓扑结构

3.1.4　基于 P2P 模式的服务发现算法

　　由于 P2P 网络有不同的拓扑结构,所以基于 P2P 模式的服务发现算法也因为拓扑结构不同而不同,分为中心式服务发现算法、完全分布式非结构化服务发现算法、完全分布式结构化服务发现算法和混合式服务发现算法。

1. 中心式服务发现算法

中心式服务发现算法的代表是 Napster。在 Napster 模型中,网络中其他节点共享目录服务器保存着的目录信息。当需要查找某个服务时,节点会向目录服务器发出服务的查询请求。目录服务器进行相应的检索后,会返回符合查询要求的节点地址信息列表。发起查询的节点接到应答后,根据网络流量和延迟等信息选择合适的节点建立连接。Napster 的结构如图 3-4 所示。

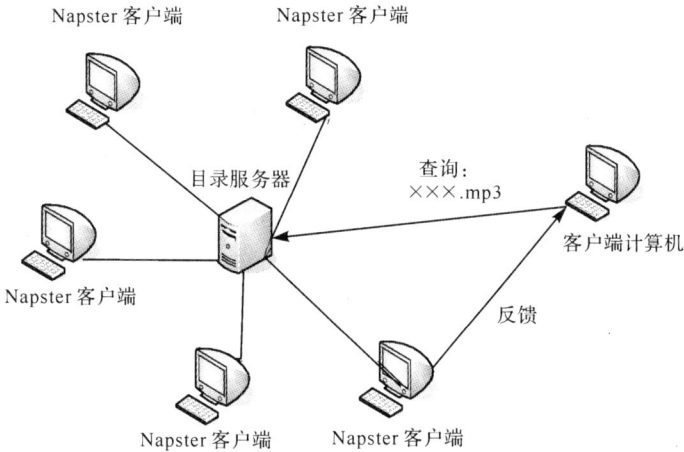

图 3-4　Napster 结构

作为中心式服务发现的代表,Napster 将各节点的资源信息存放在一个中心目录服务器上。这样的结构优点是维护简单、发现效率高。

但是,由于服务的发现依赖于目录服务器,与传统 C/S 结构类似,使用目录服务器存在单点失效的缺点。若目录服务器瘫痪,则会导致整个网络的崩溃。随着节点的不断加入,对目录服务器进行维护和更新的成本会增加,查询速度会下降。

2. 完全分布式非结构化服务发现算法

非结构化的分布式 P2P 网络是一种纯 P2P 网络,其典型代表是 Gnutella。这种网络完全不需要目录服务器提供目录查询服务。网络中每一个节点自身就可以充当目录服务器的角色,当节点提供目录查询时就充当服务器,当节点进行资源查询时就充当客户端,所以它们拥有相同的能力。完全分布式非结构化服务发现算法以 Flooding 算法为核心。

　　Flooding 算法的服务发现过程为:当某个节点在网络中进行资源查找时,首先向它的所有邻居节点发出查询信息。如果与它相邻的某个节点拥有这个资源,则告诉发起查询的节点自己拥有这个资源;如果所有的邻居节点都没有所查资源,则每个邻居节点再向与它们各自连接的邻居节点发出查询该资源的信息,直至查找到资源或 TTL＝0 为止。如图 3-5 所示,假设生存时间为 4,节点每进行一次转发广播,生存时间就减少 1。在图 3-5 中,节点 1 需要查找某个资源 A,此时节点 1 拥有的邻居节点是节点 2,那么节点 1 把查询消息发送给节点 2。节点 2 收到了节点 1 发来的查询资源 A 的请求后,先检查自己有没有节点 1 需要查询的资源,假如有,就告诉节点 1 该资源存储在本机上,并把必要的信息告知节点 1;假如节点 2 上没有资源 A,它会将节点 1 发来的查询信息发给它的邻居节点 3、7、8,依次进行下去,直到 TTL＝0 或查找成功为止。如果 TTL＝0,则停止此次查找;如果查找成功,则沿着查找消息的发送路径原路返回给节点 1。

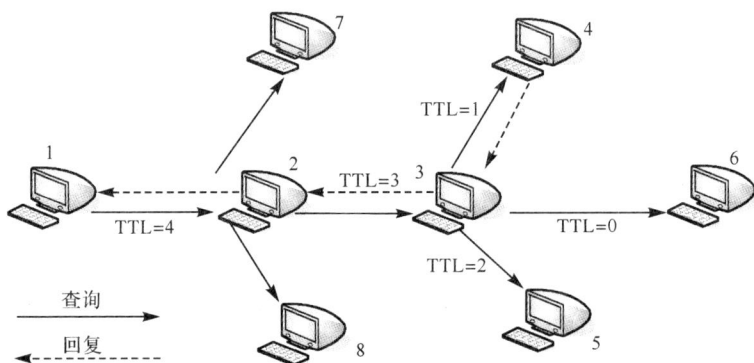

图 3-5　Flooding 查找过程

　　在使用 Flooding 算法进行资源查找时,路由的构建和维护比较简单。但是我们注意到,每个节点在进行资源搜索时都向自己的邻居节点发送消息,以发起查询的节点为中心向全网进行消息发送,这样导致网络的负载增大,如果某个节点的查找信息带有病毒等有害数据,整个网络有可能都会受到影响。

3. 完全分布式结构化服务发现算法

　　完全分布式结构化服务发现算法主要研究的是基于分布式散列表(DHT)的结构化拓扑网络。分布式散列表的主要方法是将每个资源及其存放的节点位置表示成一个$\langle ID_k, Value\rangle$对,$ID_k$是文件名(或与文件相关的描述信息)的哈希值,将其称为文件的关键字,Value 是存储文件的实际节点的 IP 地址。所有$\langle ID_k, Value\rangle$对组成一张大的$\langle ID_k, Value\rangle$哈希表,只要输入需要查询的目标内容的$ID_k$值,就能从这张表中查出所有存储了该目标内容的节点地址。为了构建 P2P 网络,将上面的大⟨ID_k,Value⟩哈希表按照特定的方式平均分割成很多小块,再按照一定的方法把这些小块分布到系统中的所有参与该 P2P 网络计算的节点上,让参与网络的每个节点维护其中的一块。在对哈希表进行均匀分配以后,需要查询服务的节点只须根据设定的算法,把查询内容路由到相应的节点,该节点维护的哈希表中拥有要查找的⟨ID_k,Value⟩对。在以上提到的方法中,如何将这张大的哈希表合理地分配给各节点,并且能保证有一个准确高效的查询结果,是目前基于DHT 的结构化 P2P 网络的重要研究方向。基于 DHT 的代表性算法有 CAN(content-addressable network)、Pastry、Tapestry、Chord 等。

1) CAN 算法

伯克利大学和 AT&T 中心的 CAN 算法采用多维的标识符空间来实现分布式散列算法。它的设计过程是:首先将网络构造为一个 d 维笛卡儿坐标空间(该空间是虚拟的),将坐标空间采用动态的方式分布给网络中的所有节点,每个节点将其 IP 地址哈希后,将哈希后的结果映射到笛卡儿空间中不与其他空间相交的一块区域。图 3-6 是一个[0,1.0]×[0,1.0]的笛卡儿坐标空间,将该空间划分为5 个互不相交的节点区域。将网络中节点所持有的资源使用哈希函数哈希后,将其映射到坐标空间某一节点所在的区域上。每个处于 CAN 网络中的节点都保存一张坐标指针表,指针表中包括与它在笛卡儿空间中相邻的节点的 IP 地址和坐标区域信息。每条在网络上发送的 CAN 消息都包括目的节点的笛卡儿空间坐标。进行查找时,节点只须朝着目标节点的方向把查询请求转发给与自己在笛卡儿空间上相邻的节点就可以了。

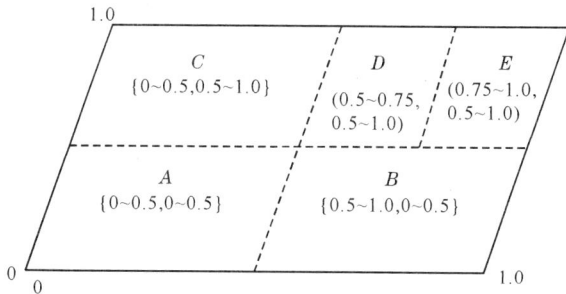

图 3-6　CAN 坐标空间示意图

2) Pastry 算法

Pastry 算法继承了 Plaxton 算法的思想。在该算法中,每个节点的 IP 地址通过哈希函数(如 SHA-1)映射为一个 128 位的数作为节点号,用于在虚拟网络中为每个节点安排相应的位置,而且在节点加入系统时,这些节点号是随机均匀分布的。在对资源进行查找时,只需给出需要查找的资源的关键字,节点就可以按照相应的路由算法将查询消息路由到节点号与资源关键字最接近的那个节点。Pastry 中每个节点的任务是对叶子节点集合、邻居节点集合以及路由表进行维护。如图 3-7 所示,每个节点负责维护的部分有 Leaf set(叶子节点集合)、Routing table(路由表)和 Neighborhood set(邻居节点集合)。在 Routing table 中,每行包括 m 行路由节点信息,其中 m 为对 $\log_B N$ 向上取整后得到的数据,$B=2^b$,b 视网络构建情况而定,N 为网络空间的大小。每行由 $B-1$ 条表项组成;Leaf set 存储了最接近于当前节点数的节点信息;Neighborhood set 则负责维护在实际的物理拓扑上距离此节点较近的节点信息集合。

Node ID 10233102			
Leaf set			
	SMALLER	LARGER	
10233033	10233021	10233120	10233122
10233001	10233000	10233230	10233232
Routing table			
-0-2212102	1	-2-2301203	-3-1203203
0	1-1-301233	1-2-230203	1-3-021022
10-0-31203	10-1-32102	2	10-3-23302
102-0-0230	102-1-1302	102-2-2302	3
1023-0-322	1023-1-000	1023-2-121	3
10233-0-01	1	1023-2-32	
0		102332-2-0	
		2	
Neighborhood set			
13021022	10200230	11301233	31301233
02212102	22301203	31203203	33213321

图 3-7　Pastry 节点示意图

Pastry 的查找过程主要经历了以下 3 个步骤。

(1) 节点收到查询某个关键字等于 ID_k 的查询消息后,看自己维护的 Leaf set 检查是否持有 ID_k,如果有,将该信息转发给 $ID_n=ID_k$ 的节点,否则进入第(2)步。

(2) 如果节点在 Leaf set 中没有找到相应节点,则开始从 Routing table 中进行选择,选择方式为针对现有节点 ID_n,找一个节点 $ID_n{}'$,使该节点与 ID_n 有最多的相同前缀,找到后将查询消息转发给 $ID_n{}'$,并回到第(1)步,重新在 $ID_n{}'$ 上进行查询,如果 Routing table 为空,或者节点 $ID_n{}'$ 目前是一个不可达的节点,则转到第(3)步。

(3) 在 Leaf set 中,找到前缀长度相同且数值最接近 ID_k 的节点 $ID_n{}'$,转到第

（1）步，重新查询。

3）Tapestry 算法

伯克利大学的 Kubiatowicz、Joseph 和 Zhao 针对 OceanStore 系统提出了 Tapestry 算法，用于在 OceanStore 中进行资源的查找和查找过程中的路由工作。同 Pastry 算法一样，它继承并改进了 Plaxton 算法。但是与传统的 Plaxton 算法不同的是，它具有自我优化和自适应以及高容错的特点。在 Tapestry 算法中，每个节点维护的信息量较大，主要有以下内容。

（1）指针表：指针表主要记录了网络中与本节点最近的节点，而且这些节点 IP 哈希以后得到的 ID_n 的相应个后缀与本节点的相同，也就是指针表中第 i 列维护的节点 ID_n 要有 i 个后缀与该节点的 i 个后缀相同。

（2）反向指针表：用于生成节点的指针表。

（3）对象位置指针：采用〈对象 ID，节点 ID〉的形式存储，用于帮助节点向服务器发送路由时提供必要的帮助。

（4）热点监视信息：采用〈对象 ID，节点 ID，频率〉的形式存储，这些信息由缓冲路由决定。

Tapestry 算法的查找过程主要采用递归的方式。具体做法是：当前节点计算自己的 ID_n 与想要查找的 ID_k 的相同后缀数目 i；从指针表中的 $i+1$ 列选择一个中间节点，使该中间节点的 ID_n 与当前节点的 ID_n 的相同后缀数目大于或等于 $i+1$；把查询消息转发给这个中间节点，中间节点采用相同的方法继续查找。

图 3-8 是节点 5230 查找 $ID_k=42AD$ 的过程。按照上面的查找方式，查找路线是 5230→400F→4227→42A2→42AD。

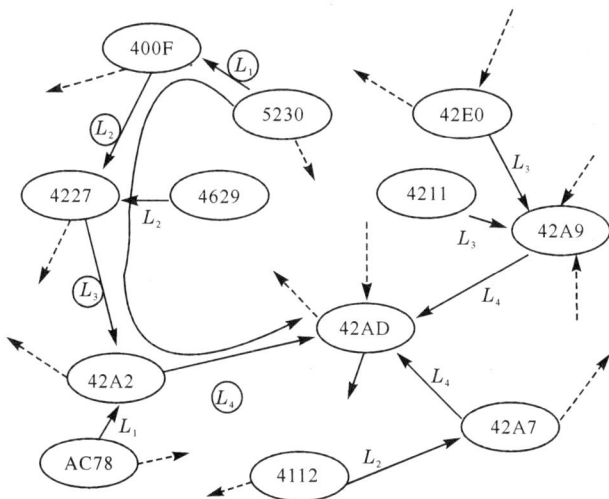

图 3-8　Tapestry 网络中的路由过程

4）Chord 算法

Chord 算法是麻省理工学院提出的，该算法应用在基于 DHT 的完全分布式结构化资源发现的协议。在 Chord 网络中，每个节点只需要维护 $m\in[1,\infty]$ 个长度的指针表，其中 2^m 为 Chord 网络的规模。与以上介绍的 CAN 算法、Pastry 算法、Tapestry 算法一样，Chord 算法采用将关键字映射到网络中的某个节点的方式来进行资源定位。但是 Chord 算法有以上 3 种算法所不具有的优点，在查找性能方面比 CAN 算法优秀，在节点加入和离开时对指针表的维护开销少于 Pastry 算法和 Tapestry 算法。

4. 混合式服务发现算法

混合式结构吸取了中心化结构和完全分布式非结构化拓扑的优点，选择性能较高（处理、存储、带宽等方面性能）的节点作为超级节点（super nodes），以超级节点为中心，叶子节点在超级节点上注册信息，形成一个中心化结构的 P2P 网络。各个超级节点之间又以完全分布式的拓扑形式组成 P2P 网络，所以查找消息仅在各超级节点之间进行转发。这种网络模式的典型案例是 KaZaa。如图 3-9 所示，在 KaZaa 中，以超级节点为中心，再加上超级节点连接的各个叶子节点形成一个簇，这个簇采用的是 Napster 方式构建，而各个超级节点之间又采用了 Gnutella 来构建，这样从一定程度上解决了 Napster 的单点失效问题，又降低了全网使用 Gnutella 时造成的网络拥塞。据统计，由于 KaZaa 的良好性能，全球已经有超过

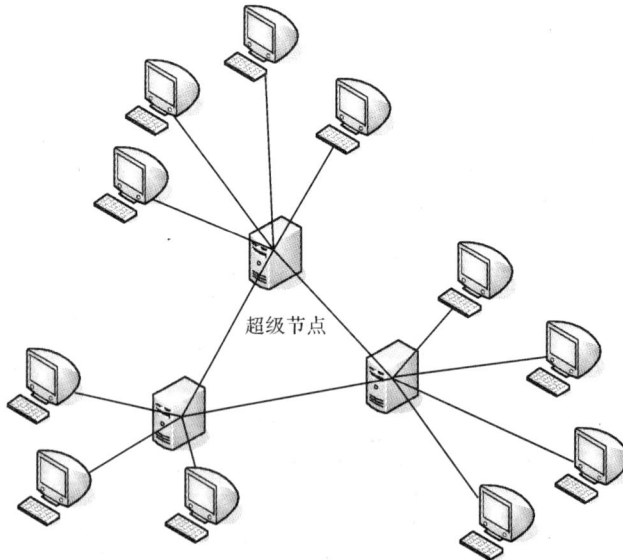

图 3-9　基于混合式发现算法的 KaZaa 结构

2.5 亿人在使用 KaZaa。

3.2　服务发现 Chord 方法分析

3.2.1　Chord 算法介绍

3.1 节介绍了几个典型的完全分布式结构化 P2P 网络,它们之间最大的不同之处在于各自组成的虚拟网络层拓扑结构不同,这也就决定了 CAN、Pastry、Tapestry 和 Chord 算法的查找效率、构建复杂度、路由维护开销的不同。经过研究和实验发现,在这几种算法中,Chord 算法的综合性能是最高的,所以我们基于 Chord 算法来研究如何将这种 P2P 资源发现的方法应用到普适计算中,并对其进行改进,使之更适合于普适环境。

Chord 算法是基于 DHT 的查找算法。在 Chord 算法中进行网络构建、节点添加和资源查找时,都要用到哈希函数对节点和资源信息进行加工。通过哈希函数,可将目标(节点信息、资源信息)变换成固定长度的输出。

哈希函数 $H(x)$ 具备以下性质。

(1) $H(x)$ 可以作用于一个任意长度的数据。

(2) $H(x)$ 能产生一个固定长度的输出,如 160 位。

(3) 易实现性。对任何给定的 $x,H(x)$ 计算相对容易,无论是用硬件或者软件都能实现。

(4) 单向性。对任何给定的码 h,不可能找到 x 满足 $H(x)=h$。

(5) 弱抗冲突(weak collision resistance)。对任何给定的数据块,寻找不等于 x 的 y,使得 $H(y)=H(x)$ 在计算上是不可行的。

(6) 强抗冲突(strong collision resistance)。寻找任何的 (x,y) 对满足 $H(x)=H(y)$ 在计算上是不可行的。

由以上性质可以知道,Hash 函数可以保证数据的唯一性。因此,用 Hash 节点信息和资源时,可以避免重复值,保证查询结果的正确性。

我们对资源的名称或描述、节点的 IP 地址进行 Hash 后,分别记为 $ID_k=$ Hash(资源名称或描述),$ID_n=$Hash(IP)。

Chord 算法应用在基于 DHT 的完全分布式结构化资源发现的协议中。它的资源查询思想是:给定一个将要查找的资源关键字,Chord 就可以把关键字映射到网络中的某个对等点,该对等点保存了 $\langle ID_k, Value \rangle$ 对,ID_k 就是要查找资源的 Hash 值,Value 是要查找资源的实际存储位置。

Chord 算法采用 SHA-1 将每个加入 Chord 网络中的节点及资源进行哈希,哈希结果是一个 M 位的二进制标识符 ID_k。为了保证两个节点或关键字哈希值相同的概率小到可以忽略不计,M 必须足够长,一般取 160 位。节点 ID(用 ID_n 表示)一般使用节点的 IP 地址哈希运算得出,关键字 ID(用 ID_k 表示)通过哈希资源名称运算。这样,ID_n 的取值范围为 $[0,2^m-1]$。将这些属于 $0\sim2^m-1$ 的 ID_n 按照从大到小的顺序排列成一个圆圈,形成 Chord 环。

图 3-10 是一个基于传统的 Chord 算法的 $m=3$ 的 Chord 环。此环允许的最大节点数为 $2^3=8$ 个。

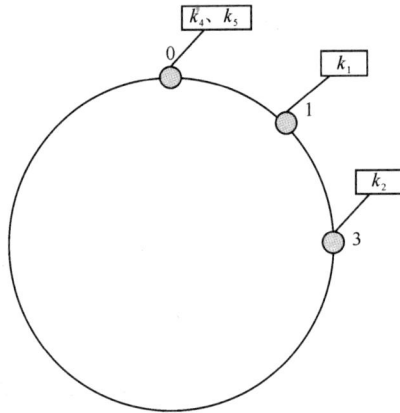

图 3-10　$m=3$ 的 Chord 环

构造过程为:首先加入网络的所有节点按照该节点哈希后得到的关键字 ID_k 按从小到大顺时针排列起来,这样就构成了一个地址空间为 $0\sim2^3-1$ 的一个环。环中实心点表示有具体的节点对应。在图 3-10 中,加入该网络的节点为 0、1、3,资源的关键字为 1、2、4、5。资源的关键字值 ID_k 被指定到环中等于 ID_k 的节点或顺时针方向第一个遇到的具体节点,这个节点被称为 ID_k 的后继节点,可表示为 successor(k)。也就是说,successor(k)就是在地址空间为 $0\sim2^3-1$ 的环上从 ID_n 小于或等于 ID_k 的节点出发,沿着顺时针方向排在该节点后的第一个节点。如图 3-10 所示,资源 1、2、4、5 的信息放在它的后继节点上。资源 1 的信息放在节点 successor(1)=1 上,资源 2 的信息放在节点 successor(2)=3 上,资源 4 和 5 的信息放在 successor(4)=successor(5)=0 上。

按照 3.1 节中的方法将 Chord 环构建出来之后,为实际加入 Chord 环的每个节点存储一个后继节点的节点信息。如图 3-11 中,$m=6$,所以该 Chord 网络的规模是 $2^6=64$,实际加入该网络的节点是 10 个,分别为图中标出的 0,8,14,…。这些节点都持有各自的后继节点的信息,如节点 8 持有其后继 14 的信息,节点 14 持有其后继 21 的信息,以此类推。

在 Chord 环构建完成以及节点信息更新完成后,查找过程沿着各自节点及其后继节点进行。算法流程图如图 3-12 所示。

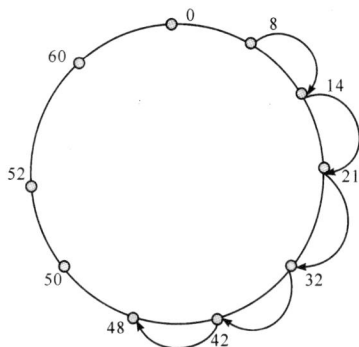

图 3-11　原始 Chord 中节点 8 查找 $ID_k = 45$ 的过程

根据流程图 3-12,用语言表述 Chord 算法的资源发现具体过程如下:

当节点 n 收到查询某个资源 ID_k 的请求后,先在本节点上查看 ID_k 是否等于本节点的 ID_n 值或属于 $(ID_n, successor(n))$,如果属于则返回信息给发起查询的节点,否则将查询消息转发给 $successor(n)$,重复执行此过程直到查找成功或查询消息又发回给发起查询的节点(查找失败)。

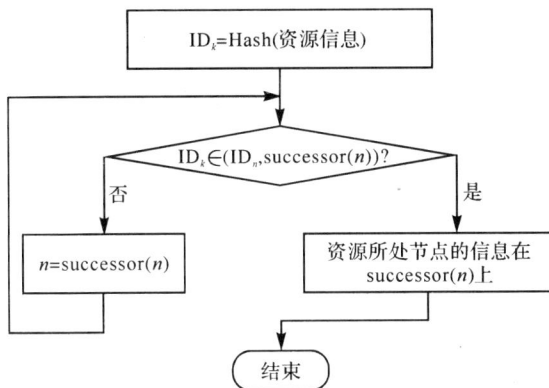

图 3-12　传统 Chord 发现算法流程图

图 3-11 中,显示了节点 8 查找 $ID_k = 45$ 的过程。

当节点 8 想要查找一个 Hash(资源)=45 的资源时,首先看 45 是否属于 $(8, successor(8)) = (8,14)$,不属于则将查询消息发送给 $successor(8) = 14$,节点 14 进行同样的查找步骤,直到发现 45 属于 $(42,48)$ 时,可以确定资源 45 的信息存储在节点 48 上,并将查找结果返回给节点 8,至此查找成功并结束。

可见,节点 8 想要查找 $ID_k = 45$ 的资源时,采用一步一步逼近 $successor(45)$ 的方法,这个过程中,节点 8 到 $successor(45)$ 之间有多少个节点,就要经过多少跳,在图 3-11 中,查找跳数是 5,效率很低。

上面的查找算法是原始 Chord 的简单查找算法,这种查找算法效率不高,要经过很多次跳跃才能找到目标节点,最差情况下是 $n-1$ 次。研究者们对原始的 Chord 算法进行修改后,提出了现在广泛运用的经典的 Chord 发现算法,该算法为每个参与 Chord 网络的节点增加了一张一定长度的指针表用于路由,减少了查询跳数。

3.2.2 Chord 发现算法及其不足

在介绍 Chord 算法前,首先给出 Chord 算法中用到的相关术语。

(1) ID_k:资源信息的 Hash 值。

(2) ID_n:节点信息(IP 地址、端口)的 Hash 值。

(3) $\langle ID_k, Value \rangle$:$ID_k$ 是 m 位的资源 Hash 值,Value 是要查找资源的实际存储位置(IP 地址)。

(4) successor(ID_k):资源 ID_k 的后继节点,ID_n 大于或等于关键字 ID_k 的第一个节点。

(5) finger table:指针表:是指存储在每个节点之上的用于维护 m 条节点信息的指针表,详细内容在表 3-1 中进行介绍。

(6) predecessor(ID_k):表示前驱节点,是指这个值的后继节点在 Chord 环中逆时针方向上的第一个节点,用于节点加入网络时指针表的更新。

鉴于原始 Chord 算法在服务发现过程中效率较低的问题,国内外专家提出了每个节点维护一个定长指针表的 Chord 算法。在这种算法中,每个节点要维护一个 m 项的指针表。m 为资源和节点标识的位数,第 i 个表项的内容为 successor($(n+2^i-1) \bmod 2^m$)(n 为节点标识符),$0 \leqslant i < m$,我们用 finger[i] 表示。

该指针表包含的内容见表 3-1。

表 3-1　指针表

符号	定义
finger[i]. start	$(n+2^i) \bmod 2^m, 0 \leqslant i \leqslant m$
finger[i]. interval	$[finger[i]. start, finger[i+1]. start)$
successor	标识符环中的下一个节点

以一个 $m=3$ 的 Chord 环为例。如图 3-13 所示,因为 $m=3$,所以各个节点的指针表维护的表项数为 3。已经与网络连接的节点为 0,1,3。节点 0 的指针表的表项分别指向标识符$(0+2^0) \bmod 2^3 = 1$,$(0+2^1) \bmod 2^3 = 2$,$(0+2^2) \bmod 2^3 = 4$。假设节点 3 要查找关键字为 1 的服务。由于 1 属于弦环区间$[7,3)$,它属于节点 3 的 finger[3]. interval,此弦环区间所在的指针表项存储的后继节点信息为节点 0,

因此节点 3 将要求节点 0 去寻找关键字 1 的后继节点。以此类推,节点 0 将查找它的指针表并发现 1 的后继节点是 1 本身,于是节点 0 将告诉节点 3,1 是它要找的节点。

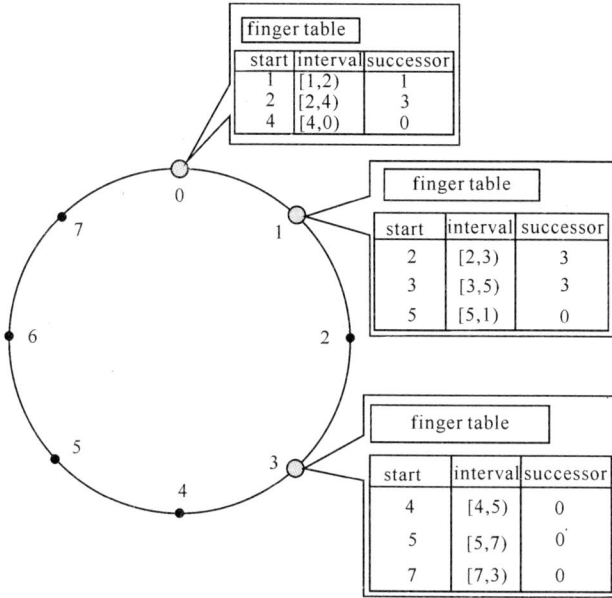

finger table		
start	interval	successor
1	[1,2)	1
2	[2,4)	3
4	[4,0)	0

finger table		
start	interval	successor
2	[2,3)	3
3	[3,5)	3
5	[5,1)	0

finger table		
start	interval	successor
4	[4,5)	0
5	[5,7)	0
7	[7,3)	0

图 3-13　$m=3$ 的 Chord 环

节点加入 Chord 环时需要一个加入算法来设置每个节点保存的指针表。P2P 网络具有高度的动态性,节点在任何时刻都有可能加入和退出,在这种高度变化的网络环境中,仍然需要能够准确地查找到每个资源。这除了要求 Chord 网络中每个节点的后继始终是正确的,而且要求节点 $successor(ID_k)$ 中维护的信息始终是与 ID_k 相关的。

所以,当某个节点加入 Chord 网络时,Chord 网络必须完成以下 3 个任务。

(1) 对新加入的节点 n 的前驱节点和指针表进行初始化。

(2) 更新网络其他节点的前驱节点和指针表。

(3) 告诉节点 n 的后继节点,将应该由 n 负责的 ID_k 索引信息发送给 n。

Chord 节点 n 加入网络的这 3 个步骤的算法流程如图 3-14 所示。

若某个节点 n 想要加入 Chord 网络,首先通过广播探测网络中是否已经存在引导节点 n',如果 n' 存在,则借用 n' 来初始化自己的指针表等信息,这时需要调用 init_finger_table()函数,至此完成了上述 3 个任务的任务(1)。在对自己的指针表进行初始化完成后,调用 update_others()函数更新网络中其他节点的指针表,至此完成了上述 3 个任务的任务(2)。最后联系 n 的后继节点 $successor(n)$,将

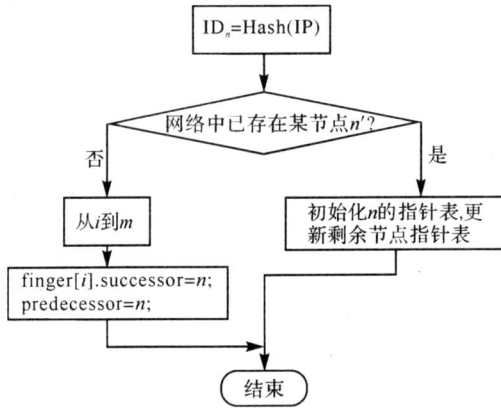

图 3-14　节点加入流程图

successor(n)中应该由 n 负责的关键字资源交由 n 负责维护,至此完成上述 3 个任务的任务(3)。

如果 n 是第一个加入网络的节点,那么它只需要将自己的指针表中的后继和前驱设置为自身即可。

图 3-14 中涉及的初始化 n 的指针表算法通过函数 init_finger_table()完成,算法如下所示

```
finger[1].successor=n'.find_successor(finger[1].start);
    //请求 n'调用 find_successor()函数找到 finger[1]的后继
predecessor=successor.predecessor;//设置 n 的前驱
successor.predecessor=n;//更新 n 和 n'的前驱
for i=1 to m-1//更新 n 的剩余指针表表项
    if(finger[i+1].start∈[n,finger[i].successor))
        finger[i+1].successor=finger[i].successor;
    else
        finger[i+1].successor=n'.find_successor(finger[i+1].
start)
```

在函数 init_finger_table()中,节点 n 首先请求节点 n' 调用 find_successor()函数,为其查找 finger[1]维护的后继节点,并更新自己的前趋节点和 n' 的前趋节点。然后重复地调用 find_successor()函数更新指针表的第 2 条到最后一条。

图 3-14 中涉及的更新剩余节点的指针表算法通过函数 update_other()完成。在对其他节点(如节点 p)进行指针表更新时,只需更新由于 n 的加入而受到影响

的节点,也即节点 n 是否会成为节点 p 的指针表中的第 i 项。判断节点 p 的指针表的第 i 项是否用 n 替换的依据是:①节点 p 位于节点 n 之前至少 2^i-1,也就是说,节点 p 应该是节点$(n-2^i+1)$ 的前驱。②节点 p 的指针表中,第 i 项的信息在 n 之后。满足这两个条件的节点 p 通过调用函数 update_finger_table(n,i) 来更新自身指针表中第 i 条的信息。update_other() 算法如下所示。

```
for i=1 to m
    p=find_predecessor(n-2ⁱ-1);//节点 p 在节点 n 之前至少 2ⁱ-1
p.update_finger_table(n,i);
```

节点 p 调用 update_finger_table(n,i) 是一个递归的过程,它必须在 Chord 上逆时针地对各个需要更新指针表的节点运行,也就是说,如果节点 p 更新了它的指针表中第 i 项,那么 p 的前趋节点也需要更新。update_finger_table(n,i) 的算法如下所示。

```
p.update_finger_table(n,i)//如果 n 是节点 p 的指针表中第 i 项,用 n 更新
                         //p 的 finger 表
if(n∈[p,finger[i].successor))
finger[i].successor=n;
p=predecessor;
p.update_finger_table(n,i);
```

带有 finger 表的 Chord 查找算法如下所示。

```
n.find_successor(IDₖ) //节点 n 查找与 IDₖ 匹配的后继节点
n'=find_predecessor(IDₖ);
return n'.successor;
```

该函数需要调用 find_predecessor(ID_k) 查找关键字 ID_k 的前驱节点 n,然后获得节点 n' 的后继节点,也就得到了 ID_k 的后继节点。

```
n.find_predecessor(IDₖ) //节点 n 查找与 IDₖ 匹配的前驱节点
n'=n;
while(IDₖ∈[n',n'.successor])
n'=closest.preceding_finger(IDₖ);
```

return n';

该函数通过调用 closest. preceding_finger() 函数，在 Chord 环上越来越逼近 $ID_n = ID_k$ 的节点，最终可以得到 ID_k 的前驱节点 predecessor(ID_k)。

n.closest.preceding_finger(ID_k) //返回指针表中与 ID_k 最接近的节点
for i＝m down to 1
if(finger[i].node ∈ (n, ID_k])
return finger[i].node;
return n;

函数 closest. preceding_finger() 在资源查找过程中被多次调用。在节点自己的指针表中，从第 $m-1$ 项指针表开始往前找，直至找到 predecessor(ID_k) 且与 ID_k 最近的节点，返回给调用它的 find_predecessor(ID_k) 函数。

基于以上 3 个主要函数，Chord 算法的查找过程如图 3-15 所示。

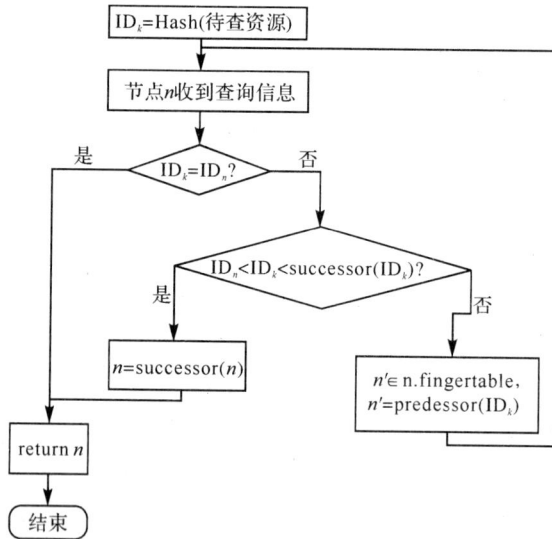

图 3-15　Chord 算法的查找流程图

图 3-16 是对图 3-11 添加了指针表后的 Chord 环。

节点 8 收到查询资源 ID_k＝45 的请求后，先在自己的指针表中进行查询，找到与 45 最接近的节点是 42，将查询信息转发给节点 42；同样的过程，节点 42 在其指针表中进行查找，节点 42 发现目标 45 属于该指针表中的弦环区间[44,46)，该条

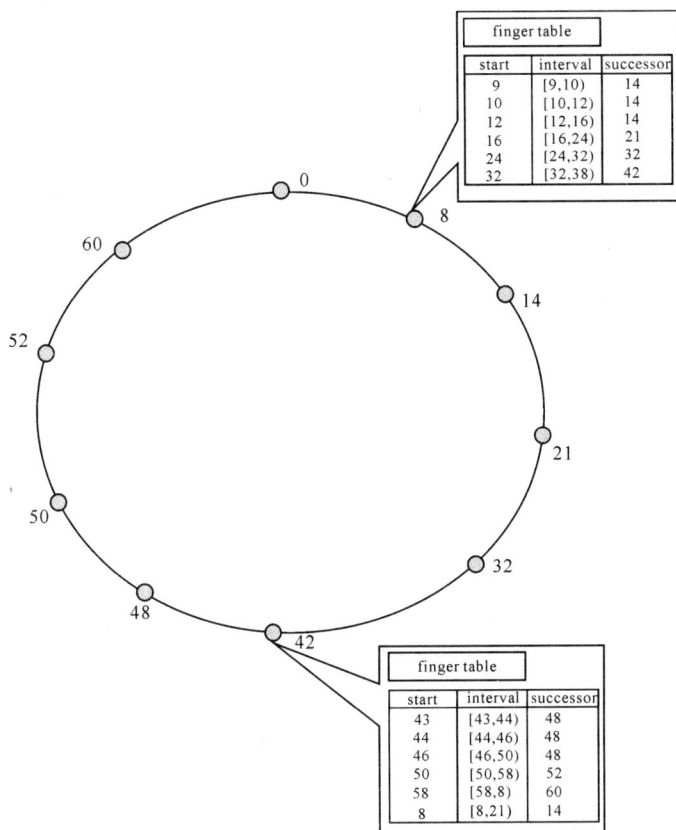

finger table		
start	interval	successor
9	[9,10)	14
10	[10,12)	14
12	[12,16)	14
16	[16,24)	21
24	[24,32)	32
32	[32,38)	42

finger table		
start	interval	successor
43	[43,44)	48
44	[44,46)	48
46	[46,50)	48
50	[50,58)	52
58	[58,8)	60
8	[8,21)	14

图 3-16　添加了新的指针表后的 Chord 环

successor 信息为节点 48；由此可以断定〈45,Value〉存储在节点 48 上，表示查找成功，并发送请求给节点 48。

在图 3-11 中的原始 Chord 网络中查找 $ID_k=45$ 时，需要经过节点 14,21,32,42，最终共需要 5 跳才能找到〈45,Value〉存储的实际位置，在一个只有 10 个节点的网络中，这样的查找时延证明了查找算法性能的低下。而在图 3-16 中带指针表的 Chord 中查找 45，只需要经过节点 8,42 就可以得到结果。显然，Chord 算法比原始 Chord 算法在查询路径和速度上提升了很多。

Chord 算法的特点是：

（1）Chord 网络中的每个节点的指针表保存着网络中部分其他节点的信息，这些节点多是邻近节点。

（2）每个节点的指针表长度为 m（m 可用来度量网络的规模），所以一个节点通常没有足够的信息表项来存储所有网络的节点信息，导致经常不能直接在本地节点找到资源〈ID_k,Value〉对。

3.2.3　Chord 改进算法的研究与分析

虽然 Chord 算法大大提高了原始 Chord 网络算法的查询效率,但是它仍然存在一些需要完善的地方。例如,在路由过程中,虽然从源对等点到目标对等点的路由跳数能有效地控制在某一范围内,但却不能保证每一跳之间距离的合理性;指针表最大只能路由到 Chord 环的一半;指针表存在不必要的冗余等。所以,国内外学者开始将解决这些问题的方法作为对 Chord 算法的研究方向。

1. DyChord 算法

完全分布式结构化 P2P 网络中,节点在虚拟空间中的部署方式是通过对 IP 地址哈希映射后按一定规则进行的,并没有考虑网络中各个节点的实际传输延迟。

所以,DyChord(dynamic Chord)算法通过对 ID_n 进行调整,使得资源和节点在虚拟空间中重新部署,提高了路由的效率。为了达到这一目的,DyChord 算法除了保留原始的指针表,又增加了一张邻居表(neighbor table),表中保存的是 $ID_n \in [0, 2^m - 1]$ 的节点。其中,m 可根据实际网络进行调整。

指针表和邻居表构建好以后,需要计算邻居表中每个节点在网络传输中的延迟优化率,并且算法中设有一个阈值,当节点的延迟优化率大于阈值时,则指针表中的节点与邻居表中的该节点进行交换。交换后,双方要同时交换 ID_n,更新指针表、邻居表等。

2. RR-Chord 算法

RR-Chord 系统中的节点分为路由节点(RP)和非路由节点(NRP),路由节点上保存了较多的资源和路由信息,并随着自己计算和存储能力的大小来动态地改变指针表大小。

在 RR-Chord 系统中,每个新加入的节点都是非路由节点,并在一段时间后根据自己的能力选择是否成为路由节点。每个路由节点的指针表维护的内容与传统的 Chord 算法一样,而非路由节点的指针表则维护了该节点到该节点的后继节点之间存在的非路由节点。这样,在进行资源查找时,除了能查找到路由节点提供的资源外,还能查找到非路由节点提供的资源,而且允许网络中的节点根据自身能力大小选择是否作为路由节点参与网络中的消息转发,可以保护一些能力较弱的节点。

图 3-17 是 RR-Chord 的系统实例图。图中显示了节点 2 的路由节点指针表(图中简称路由表)和非路由节点指针表(图中简称非路由表)信息。其中,路由节点指针表每一项都指向一个路由节点,而非路由节点指针表指向了节点 2 和节点

2 的后继节点 9 之间的所有非路由节点。

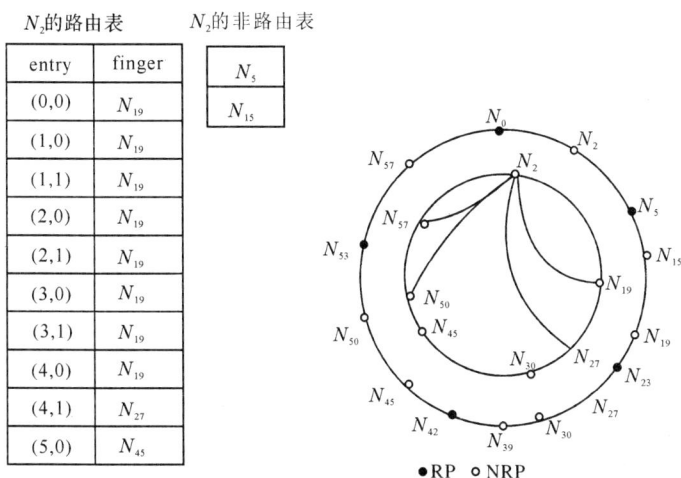

entry	finger
(0,0)	N_{19}
(1,0)	N_{19}
(1,1)	N_{19}
(2,0)	N_{19}
(2,1)	N_{19}
(3,0)	N_{19}
(3,1)	N_{19}
(4,0)	N_{19}
(4,1)	N_{27}
(5,0)	N_{45}

N_2 的路由表　　　N_2 的非路由表

N_5

N_{15}

图 3-17　RR-Chord 系统实例图

3. DR-Chord 算法

DR-Chord 算法提出了双环结构的思想,但是与以往多环结构不同,DR-Chord 的两个环是平等的,没有层次等级的高低划分,将一个原本是顺时针的环扩展生成两个虚拟环:一个顺时针环(clockwise ring),一个逆时针环(counterclockwise ring)。节点存储数据的数据结构由原来的一张长度为 m 的指针表扩展为两张长度为 $m-1$ 的指针表,两张指针表一张用于顺时针查找,另一张用于逆时针查找。

在传统的 Chord 发现算法中,查询时是单向顺时针进行的;而 DR-Chord 则是两个方向同时执行查找,如果某一方向查找成功,相反方向的查询停止,并返回结果,查询结束。

其查找过程步骤如下:

第一步,先检查所需查找的资源是否在本节点上,如果在,查找结束并返回结果;否则转向第二步。

第二步,判断所需查找的资源 ID_k 属于顺时针环范围还是逆时针环范围,如果属于顺时针环转向第三步;否则转向第五步。

第三步,查看 Cw_Finger 表(顺时针表),找到与 ID_k 所在区间最近的邻近节点 N_1,并在 N_1 节点继续顺时针查找(第四步)。

第四步,查看本节点上是否有所需资源,如果有则返回发现并结束;否则转向第三步。

第五步,查看 Cw_Finger 表(逆时针表),找到与 ID_k 所在区间中最近的邻近节点 N_1,在 N_1 节点继续逆时针查找(第六步)。

第六步,查看本节点是否有所需资源,如果有则返回发现并结束;否则转向第五步。

DR-Chord 通过在覆盖层结构的双环上同时执行查找,来使性能得到提高,从而达到提高资源的发现效率和减少网络中数据流量的目的。

4. 改进算法小结

以上提到的各种对 Chord 算法的改进算法,从不同的方面来提高 Chord 网络中的服务发现效率。DR-Chord 算法通过对 ID_n 进行调整,使得资源和节点在虚拟空间中重新部署,提高路由的效率。但是节点的交换条件过于单薄,应该考虑节点的其他性质,这样既增加了网络活动中的计算时间和难度,又消耗了节点的一部分宝贵的计算资源。RR-Chord 系统允许节点根据自身的能力贡献资源,选择在网络中承担的任务。这样在不降低路由性能的情况下,可以降低一些计算能力弱的节点的开销。但是如果一个网络中的节点大部分计算能力都不强,那么参与路由的节点将会很少,查询消息将大量地转发到非路由节点中,使得路由性能降低。DR-Chord 提出了双环结构的思想,通过覆盖层结构上双环的并行,来使性能得到提高。但是节点存储数据的数据结构由一张长度为 m 的指针表扩展为两张长度为 $m-1$ 的指针表,增加了原本就有冗余的指针表的冗余度,而且指针表的维护开销也因为正反环的特性而增加。我们将针对 Chord 算法及基于它的改进算法的不足,并借鉴这几种改进算法的优点,提出 NRFChord 算法。

3.3　NRFChord 算法及实验分析

3.3.1　Chord 算法的改进方案

在很多对 Chord 进行改进的算法中,为了提高查询效率,都采用了增加额外指针表的方法。我们在对 Chord 算法中的指针表进行分析后,发现指针表存在冗余问题,也就是说,消除冗余后得到的多余指针表空间可以利用起来,以提高查询效率。我们将通过在多余的指针表空间中增加远端节点的链接来构建 Chord 中的 Small-World 网络,这样既可以提高查询效率,又不用增加额外的指针表。

1. 对 Chord 算法中指针表的分析

根据 Chord 算法中指针表的构造,指针表中存放 $\langle ID_k, Value \rangle$ 的原则是以公

式 $successor((n+2^k-1)\bmod 2^m)$ 来计算的，所以每一次节点进行查询时，发出查询请求信息所需跳转的节点距离基于 2 的若个次幂，由于指针表的长度为 m，所以节点维护的指针表只覆盖了整个 Chord 环的一半。如果目标节点落在所持指针表的另外一半，则必须通过某个或多个中间节点才能找到。

由于指针表中记录的是 $successor((n+2^k-1)\bmod 2^m)$，而 ID_k 是以 $1,2,4,8,16$ 递增的，刚开始时增幅较小，它们的后继通常是同一个节点。表 3-2 给出了在图 3-16 中节点 8 维护的指针表。

表 3-2　Chord 算法中节点 8 维护的指针表

start	interval	successor
9	[9,10)	14
10	[10,12)	14
12	[12,16)	14
16	[16,24)	21
24	[24,32)	32
32	[32,38)	42

节点 8 递增 $1,2,4$ 后，它们的后继节点都是 14，使得表中有大量的表项浪费。产生这种指针表项冗余的原因是节点的 ID_n 是经过相容散列函数计算以后得到的，在地址空间中基本是均匀分布的。地址空间是 m 位的二进制数，如果网络中的实际节点有 2^n 个，地址空间就会被分成 2^n 段，所以每两个相邻节点的 ID_k 之间相差 $2^m/2^n = 2^{m-n}$，即大约前 $m-n$ 个表项都有相同的后继节点。也就是说，整个指针表的重复率将大于 $(m-n)/m$。由于为了避免在对节点或资源进行哈希时产生碰撞，m 的值通常比较大，那么，重复率 $(m-n)/m$ 就会比较大。例如，一个 $m=32$，$n=20$ 的 Chord 环中各节点的指针表重复率大概为 0.625。如果实际加入网络的节点数量少，重复率将会更大。

所以我们可以考虑将重复的信息去掉，而添加一些有用的信息。这些有用信息的选定灵感来源于 Small-World 理论。

2. Small-World 理论

20 世纪 60 年代，著名的 Stanley Milgram 实验引起了人们对 Small-World 现象的广泛关注。通过这一社会学实验人们发现，通过平均 6 人次的熟人传递就可以把社会中任意两个人联系起来，这种现象称为 Small-World 现象，又称为六度分割理论。通过 Stanley Milgram 实验，人们得出两个结论：①短链效应普遍存在。②人们可以找到短链。结论 2 表明，当网络呈现某种拓扑结构时，可以有效地找到短链并利用此短链来进行网络中的消息传递，以缩短消息传递的时间和距离。这个结论为分布式信息搜索提供了契机。

Watts 和 Strogatz 针对现有网络的拓扑结构,提出了 Small-World 理论应用于网络中的必要性。我们通常讨论的网络拓扑结构主要有两种,即规则的和随机的。在规则的网络中,每个网络节点与其他节点相连的数目基本是一致的,网络中节点之间的路径平均长度 L 也是基本一致的,$L \sim N/(2k)$,其中 N 是网络的节点个数,k 是每个节点与其他节点的连接数,L 随着网络规模的扩大而扩大。而在随机网络中,网络路径平均长度 L 比较小。Watts 在实验中对规则网络进行变化,为某些节点以概率 p 随机挑选了若干个没有连接到该节点上的节点进行连接,这样便得到了 Small-World 网络。事实上,现实生活中很多网络都是 Small-World 网络,如社会中人与人之间的关系网络、蠕虫的神经网络、电力供应网络等,而现在的 Internet 也是 Small-World 网络。

经过以概率 p 的选择来进行重新连线后,节点之间依旧和规则网络一样保持比较高的连通性,而网络中的平均路径长度 L 则变小了,变得和随机网络差不多,即网络中任何一个节点只需要通过为数不多的几个节点就可以到达目的节点。

3.3.2 具体改进方法

在 Chord 网络中,节点的指针表维护的范围最大达到半个 Chord 环,指针表中维护的节点被看成近邻节点。如果我们能从指针表没有维护到的另一半 Chord 环中选择适当的节点添加到指针表中,Chord 网络将呈现 Small-World 特性,从而降低搜索跳数。

下面先从理论上证明加入远程节点后,搜索跳数将有所减少的结论。

定理 1 假设任意节点 u 与最近两个节点存在连接,并与节点 v 存在一个远程连接,u 与 v 之间的最短距离为 $D(u,v)$。u 与 v 之间建立连接的概率等于 $\dfrac{D(u,v)^{-1}}{\sum\limits_{v \neq u} D(u,v)^{-1}}$,则存在搜索算法使得搜索路径的平均长度为 $O(\log_2 N)$。

此定理借鉴了 Kleinberg 模型:对于一个 k 维网络,节点 u 以正比于 $[D(u, v)]^{-r}$ 的概率与节点 v 建立连接(其中,v 为任意非 u 节点,$D(u,v)$ 为 u、v 的距离,r 是一个常数)。当且仅当 $r=k$ 时,存在一种 P2P 搜索算法,使搜索路径长度等于 $\log_2 N$ 的多项式规模。因为 Chord 网络是一个一维的网络,故 u、v 之间建立连接的概率为 $D(u,v)^{-1}$ 时,搜索路径长度为 $\log_2 N$ 的多项式规模。

仿照相关文献中二维 Lattice Network 的证明,下面证明为 Chord 网络建立远程连接后的搜索路径长度期望值为 $O(\log_2 N)$。

证明 由已知得,对于节点 u 与 v 之间的远程连接,由

$$\sum_{v \neq u} D(u,v)^{-1} = \sum_{i=1}^{N-1} 2i^{-1} \leqslant 2[1 + \ln(N-1)] \leqslant 2\ln(3N)$$

可得

$$\frac{D\left(u,v\right)^{-1}}{\sum\limits_{v\neq u} D\left(u,v\right)^{-1}} \geqslant \frac{1}{2\ln(3N)D\left(u,v\right)}$$

搜索时采用贪婪算法的原则,即每次发送查询消息时,选择最接近目标节点的节点作为下一个发送查询消息的节点,这样,每次接收查询消息的节点将离目标节点越来越近。按照与目标节点相距的长度,将搜索过程中搜索消息所处的节点到目标节点的距离分为若干阶段。阶段 j 表示消息所处的当前节点到目标节点的距离处于 $(2^j, 2^{j+1}]$, $j \in [0, \log_2 N + 1)$。下面考虑从阶段 j 进入更低阶段所需要的步数。考虑处于更低阶段的节点的集合 B_j,B_j 中节点距离目标节点最多 2^j 步。B_j 的元素个数为

$$|B_j| = 2^j \times 2 + 1 > 2^{j+1}$$

对于 $\forall v \in B_j$,假设目标节点为 t,有

$$D(u,v) \leqslant D(u,t) + D(t,v) = 2^{j+1} + 2^j < 2^{j+2}$$

所以,u 与 v 之间建立连接的概率为

$$\frac{D\left(u,v\right)^{-1}}{\sum\limits_{v\neq u} D\left(u,v\right)^{-1}} \geqslant \frac{1}{2\ln(3N)D\left(u,v\right)} > \frac{1}{2\ln(3N)2^{j+2}}$$

因此,u 与 B_j 中节点建立连接的概率至少为

$$\frac{2^{j+1}}{2\ln(3N)2^{j+2}} = \frac{1}{4\ln(3N)}$$

令 X_j 表示搜索在阶段 j 所需要的步数,有

$$EX_j = \sum_{i=1}^{\infty} \Pr\left(X_j \geqslant i\right) \leqslant \sum_{i=1}^{\infty} \left(1 - \frac{1}{4\ln(3N)}\right)^{i-1} = 4\ln(3N)$$

令 X 表示搜索算法的总步数,有

$$EX = \sum_{j=0}^{\log_2 N} EX_j \leqslant (1 + \log_2 N) \times 4\ln(3N) = O(\log_2 N)$$

证毕。

可见,通过在 Chord 网络中加入远程链接来构造 Small-World 网络,可以减少搜索跳数、提高搜索效率。

目前,构造 Small-World 网络的方式主要是采取以概率 p 选择远程节点连接的方式。例如,在 Chord 网络中,为了加入远程节点,需要构建两张指针表,即近邻指针表和远程指针表。其中,近邻指针表的构建采用 Chord 算法的指针表构建方式,指针表各项数据依然以表 3-1 来进行计算。构建远程指针表时,需要以概率 p 来选择远程节点,也就是说,那些不处于邻近指针表的节点,将以概率 p 被选中作为某个节点的远程节点。

但是,如果以概率 p 来选择远程节点,我们不得不面临以下问题。

（1）$p=?$。我们知道，p 是介于 $0\sim1$ 的值，当 $p=0$ 时，网络是一个具有规则拓扑的结构化网络，而当 $p=1$ 时，网络呈现为完全的无规则状态。那么，在 $0\sim1$ 的这些取值中，我们选取哪一个将最适合构建 Small-World 网络？

（2）p 是一个固定值吗？如果我们解决了问题（1），即找到了一个 p 值，以该值选取远程节点后，使得当前 Chord 网络成为一个 Small-World 网络。但是众所周知，P2P 网络具有高度动态性的特点，节点频繁地加入和退出网络，那么此时的最优 p 值并不能保证是下一刻的最优 p 值。

（3）如果我们能得到一个计算公式，如采用上面 Kleinberg 模型中提到的 $\dfrac{D(u,v)^{-1}}{\sum\limits_{v\neq u}D(u,v)^{-1}}$，随着节点的加入和退出来计算最优 p 值，也就是说，p 值是不断变化的，那么可想而知，在这种情况下，指针表的维护是复杂的，节点的计算任务将增加很多，指针表的更新也显得比原来复杂。

鉴于上面提到的 p 值选择带来的问题，我们将不再使用传统的通过 p 值来选取远程节点去构建 Small-World 的方法，而是在对指针表进行分析后，消除指针表冗余，依然利用指针表构建公式在表尾添加远程节点。

通过对指针表的观察可以发现，前几项的节点的跳转跨度不大，这样就造成了冗余区间的存在，因此重复的表项几乎都在指针表的前几项中。可以考虑去掉重复的冗余表项，在指针表的尾部添加新的表项。

消去冗余的表项后，我们从指针表未覆盖的另一半区域通过计算选取相应表项添加到原指针表的尾部，这样指针表便可以覆盖整个 Chord 环，提高了指针表的利用率，进而提高了搜索速度。而且从另一半区域选取的节点，可以使网络具有 Small-World 特性。

为了消除指针表的冗余和构建 Small-World 网络，当新节点 n 加入时 Chord 要完成一个新的任务，即检查指针表项的冗余项并删除，然后添加远程节点信息，添加时选择策略如下：

（1）由于重复信息只会出现在指针表的前几项，所以第一步是合并前几项，将后继节点相同的指针表项处理为一条。

（2）按照表 3-1 的计算方法来添加表项，i 重新计数，添加的表项中，finger$[i]$.start 等于原指针表中最后一项的 successor。如表 3-2 所示，节点 8 维护的指针表在删除冗余后，只剩下 4 条指针表项，这时需要对其添加第 5 条和第 6 条指针表项作为远程链接信息，按照添加策略，第 5 条指针表项内容为 finger$[5]$.start$=42$，finger$[5+1]$.start$=42+2^4=58$，所以 inteval$=[42,58)$。

算法流程如图 3-18 所示。

所以，节点加入网络时，NRFChord 网络将完成以下 5 个任务。

（1）对新加入的节点 n 的前趋节点和指针表进行初始化。

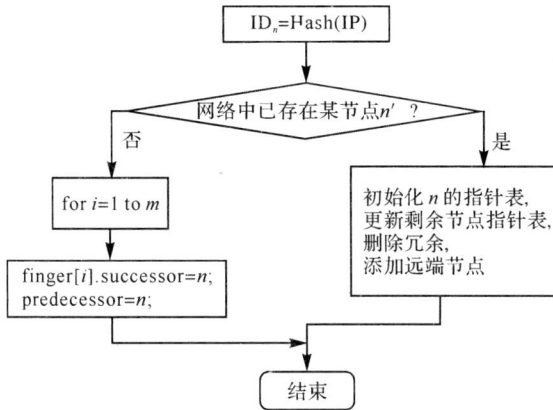

图 3-18　NRFChord 节点加入网络流程图

（2）更新网络其他节点的前趋节点和指针表。

（3）告诉节点 n 的后继节点，将应该由节点 n 负责的 ID_k 索引信息发送给节点 n。

（4）消除本节点中冗余的指针表项。

（5）在指针表末端添加 $m-\log_2 n$ 条远程链接。

其中，前三个任务与 Chord 中节点加入网络的方式一样，消除冗余和添加远程链接通过调用 dele_Redundancy() 和 add_LF() 完成。算法如下所示。

```
dele_Redundancy(n)//检查并删除冗余表项
    for(i＝0 to i＝m－log₂n)
    {
        if(finger[i].successor＝finger[i+1].successor)
        finger[i].Integer＝[finger[i].start,finger[i+2].start)
    }
add_LF(n)//添加远程节点信息
    for(i＝m－log₂n to m)
        init_finger_table(n');
```

利用该策略进行指针表重新构建后，表 3-2 中指针表的冗余信息将被消除，并添加了相应数量的远程节点信息，通过新的算法得到的节点 8 的指针表如表 3-3 所示。

表 3-3　　NRFChord 算法中节点 8 维护的指针表

start	inteval	successor
9	[9,16)	14
16	[16,24)	21
24	[24,32)	32
32	[32,38)	42
42	[42,58)	48
48	[48,16)	50

NRFChord 信息如图 3-19 所示。

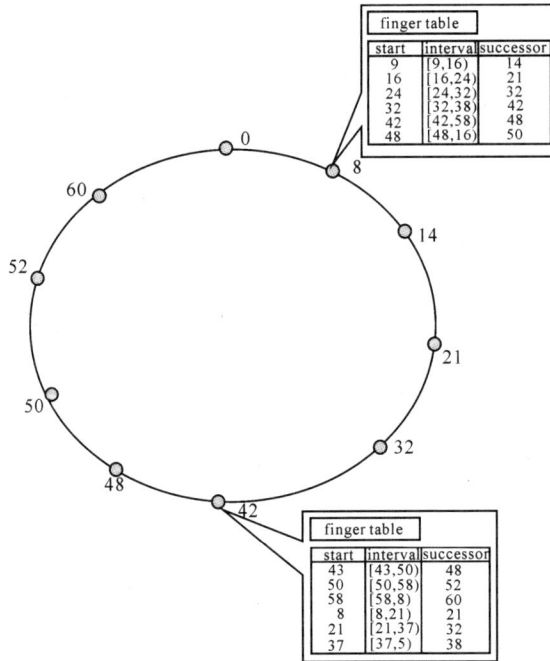

图 3-19　NRFChord 算法查找过程

节点 8 收到查询 $ID_k = 45$ 的请求,节点 8 在其指针表中直接找到了 successor(45)＝48,因此断定 45 的存储信息存储在节点 48 上,查找成功。该查找过程在本机就完成了,可见查找效率较 Chord 算法有所提高。

3.3.3　P2P 仿真器的设计与实现

由于 P2P 网络具有大规模性、高度动态性等特点,要真实地构建一个多节点的 P2P 网络是不可能的,所以在对 P2P 相关算法进行研究时,大多采用的是仿真验证的方式。我们设计了一个专门用于 Chord 算法的仿真器来验证 NRFChord 算法的正确性;并通过对原始 Chord 算法、加入指针表后的 Chord 算法及 NRF-

Chord 算法的实现,比较了这三种算法在查找性能上的不同。

1. Chord 模拟器——P2PSim 的设计

我们设计的 Chord 算法的仿真器 P2PSim 实现了原始的 Chord 算法,加了指针表后的 Chord 算法(为了方便描述,在实验中将其简称为 Chord 算法)和我们研究的 NRFChord 算法,分别模拟了这 3 种算法的网络构建、节点加入和查找,并输出在不同查找算法下所需的跳数,输出结果证明了 NRFChord 算法的有效性。

本系统采用面向对象的设计方法,基于 VC++6.0 开发环境。针对系统功能需要,在设计时将系统分为 4 个部分共 10 个类。

1) 主界面(图 3-20)

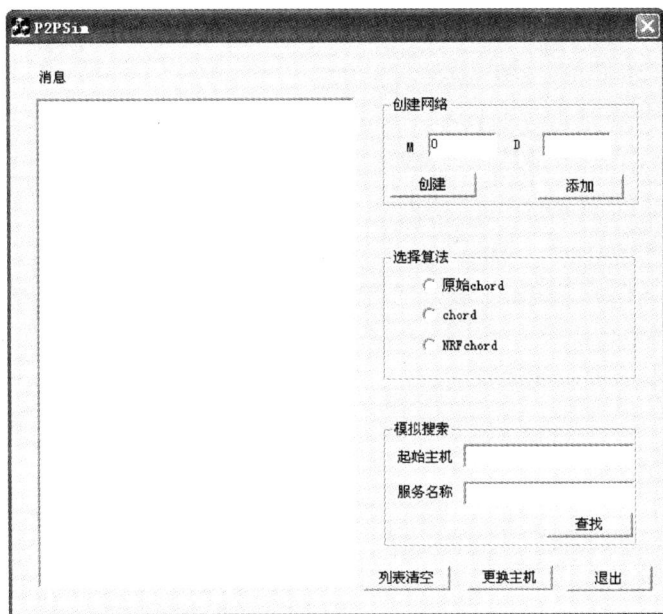

图 3-20　P2PSim 的主界面

CP2PSimDlg:通过继承 MFC 中的 Dialog 类,完成了一个可视化操作界面、输入和各项参数的设置,主要包含以下 5 方面。

(1) 构建网络:参数 m。

(2) 算法选择:提供原始 Chord 算法、Chord 算法和 NRFChord 算法的选择。

(3) 模拟搜索:引导节点的 IP 地址、搜索服务的名称。

(4) 接收命令的主机更改:改变当前接收添加和查询命令的主机。

(5) 信息显示:显示搜索服务的目标位置和所经过的条数。

2) 节点和资源添加界面

（1）节点添加：在已经建立起的 Chord 环上添加节点。

（2）资源添加：在当前接收命令的主机上添加资源。

3) 搜索算法部分

（1）CChord：封装原始的 Chord 算法。

（2）CFChord：封装 Chord 算法。

（3）CNRFChord：封装我们提出的 NRFChord 算法。

4) 网络构建部分

该部分包含的类有 CCommon、CCircle、CFinger、CHash、CNetwork、CNode 等，这些类实现了 Chord 环的构建、指针表的构建、节点的加入、资源的添加以及对节点和资源的数列值处理。

Common 类的功能是实现了在原始 Chord 算法、Chord 算法和 NRFChord 算法中最初构建网络时都要用到的函数。

Circle 类主要用来实现节点的添加和已存在节点的检测，并正式生成 Chord 环。Network 类实现服务的添加，并实现当前接收命令（引导节点、服务添加、服务发现）节点的设置，可以通过 Network 中的方法 set_center 实现更改接收命令节点的功能。

Node 类实现了该仿真系统的大部分功能，如指针表构建、更新、服务的查找、指针表冗余的消除、远程节点的添加等。

5) 节点和资源添加部分

CADDPCRS 类为用户提供可视化模拟节点的加入和资源的添加。

2. 实验与分析

仿真器 P2PSim 设计完成后，我们对 3 种算法进行了两种主要实验：①节点数固定，网络规模变化时。②网络规模固定，实际加入的节点数变化时。并将实际结果和预期结果进行了比较和分析。

我们在节点数固定、网络规模变化时，对每种算法做 3 组实验，每组实验采用 3 个不同的 m 值来构建 Chord 网络。第一组为 $n=10,m=4,m=5,m=6$；第二组为 $n=50,m=7,m=8,m=9$；第三组为 $n=100,m=10,m=11,m=12$。每次实际存在的节点所持有的资源数均为 5 个。

由实验结果可知，当 Chord 环规模较小时（如第一组实验），Chord 算法和 NRFChord 算法在查询跳数上的差别不大，见表 3-4。原因是 Chord 网络规模较小时，指针表项的冗余度不高，Small-World 效应并不明显。表 3-4 中也显示了一个现象：当网络规模逐渐增加，但是规模不大时，Chord 算法和 NRFChord 算法的查询平均跳数在减少，那是因为此时网络规模不大，实际节点数不多，所以在

Chord 环中,随着 m 值增加而扩大的指针表信息减少了查询跳转次数。

表 3-4　第一组仿真器实验数据

算法	$m=4$	$m=5$	$m=6$
原始 Chord	3.2	3.7	4.2
Chord	1.7	1.5	1.2
NRFChord	1.7	1.5	1.2

随着 Chord 环规模的增加,指针表冗余度开始增加,NRFChord 算法中大部分节点的指针表都持有了远端节点信息,网络呈现 Small-World 效应,NRFChord 算法的优势逐渐显现,网络规模越大,NRFChord 算法较其他两种算法的优势越明显,见表 3-5 和表 3-6。

表 3-5　第二组仿真器实验数据

算法	$m=6$	$m=7$	$m=8$
原始 Chord	6.2	7.0	8.4
Chord	2.6	3.1	4.2
NRFChord	2.3	2.7	3.5

表 3-6　第三组仿真器实验数据

算法	$m=10$	$m=11$	$m=12$
原始 Chord	13.4	17.5	21
Chord	3.1	4.2	5.9
NRFChord	2.3	3.1	4.2

我们通过对以上三组实验数据进行分析可知,当网络规模较小时,Chord 算法和 NRFChord 算法在查询所需跳数上的区别并不明显,那是因为在节点数较少的情况下,Small-World 现象并不明显,两种算法维护的指针表内容几乎相同。随着网络规模的增加,Small-World 现象逐渐显现,指针表冗余逐渐增加,NRFChord 算法在查询跳数上的优势显现出来。

我们在网络规模固定 $m=11$(即网络允许的最大节点数为 2^{11}),实际加入的节点数为 $50,100,200,400,800$ 时,用 P2PSim 进行实验,观察 3 种算法在不同节点数量的网络中进行资源搜索时所需平均跳数的增加情况,结果如图 3-21 所示。

从图中 3-21 可以看出,当网络规模固定、节点数不同时,NRFChord 算法的平均查找跳数比原始 Chord 算法和 Chord 算法有所降低。

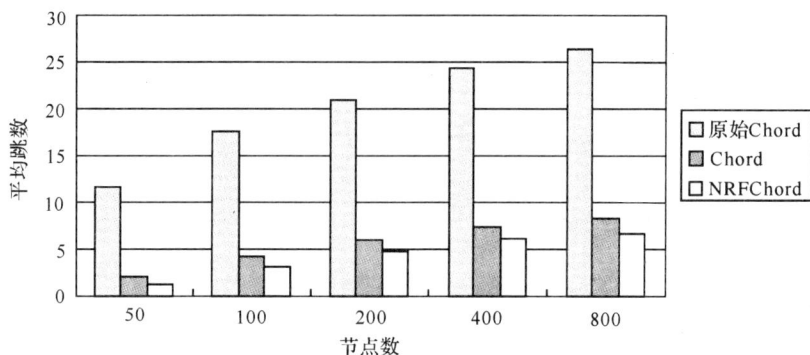

图 3-21　3 种算法的平均查找跳数比较

图 3-22 显示的是随着节点增加,3 种算法在资源搜索时平均跳数的增加幅度。

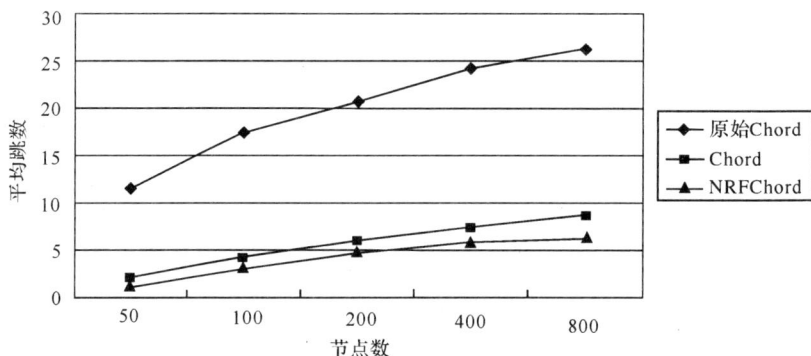

图 3-22　3 种算法的平均查找跳数增幅比较

从图 3-22 中可以看出,当网络规模一定、节点数不同时,3 种算法的平均查找跳数会随着节点的增加而增加,但是 NRFChord 算法的增幅是最小的,这得益于 Small-World 模型的短链效应,由于添加了远端节点,虽然节点的增加使得 NRF-Chord 算法的查询跳数有所增加,但是增幅是趋于平缓的。

模拟实验表明,NRFChord 算法能有效降低平均查询路径长度。降低查询路径长度的原因主要有:①增加了指针表后,节点在进行资源查找时,直接在本机的指针表中进行查询,所用的时间要比在单纯的没有指针表的 Chord 环中进行查找要小得多。通过指针表,可以直接跨越很多节点而到达目标节点或是离目标节点较近的节点。②我们改进了指针表,Chord 算法中的指针表只能覆盖到全环的一半,改进后,指针表去掉了冗余,增加了以前没有覆盖的那一半环上的节点信息。在查询时,本节点的计算量增加了,但查询时间却缩短了。

3.4　本 章 小 结

由于 Small-World 理论对提高 Chord 网络的搜索效率有很大帮助，所以一些学者也提出了将 Small-World 理论应用于 Chord 网络的 Chord 改进算法。而这些算法多是通过添加额外的指针表来维护所添加的远程节点信息，这种做法增加了节点对指针表的计算和维护开销。而本章则是利用删除冗余的指针表项后，向空出来的指针表项添加远端节点的方法来使网络具备 Small-World 效应。在添加了额外指针表的这些 Chord 改进算法中，远端节点的选取方法是通过概率 p 来判断该节点是否符合构建 Small-World 的要求，我们考虑到选用这种方式所带来的一系列问题，提出了新的选取远端节点的策略。

本章首先对 Chord 算法的不足进行了详细分析，指出了 Chord 算法的指针表冗余问题。针对原始 Chord 算法和 Chord 算法的不足，提出了 NRFChord 算法，并介绍了 NRFChord 算法借鉴的 Small-World 理论的思想。然后详细介绍了我们开发的针对 Chord 算法的 P2P 仿真器——P2PSim。最后利用 P2PSim 进行了仿真实验，证明了在进行服务发现时，NRFChord 算法所需节点跳转次数较原来的两种 Chord 算法有所减少。

第4章　移动服务过程中的网络拥塞控制技术

4.1　概　　述

随着互联网规模的不断扩大和互联网应用的快速增长,网络拥塞和数据冲突问题已经引起了人们的密切关注。拥塞控制技术针对网络中的拥塞和数据冲突而成为网络领域的核心技术。拥塞控制的对象是网络环境,目的是使负载不超过网络的传送能力。

当网络中存在过多的数据包时,网络的性能就会下降,这种现象称为拥塞。网络的拥塞导致了分组丢失率的增加,同时增加了端到端的延迟,严重时甚至使整个网络系统发生崩溃(congestion collapse)。1986 年 10 月,由于拥塞崩溃的发生,美国劳伦斯伯克利实验室到加利福尼亚大学伯克利分校的数据吞吐量从32kbit/s 跌落到 40bit/s。当网络处于拥塞崩溃状态时,微小的负载增量都将使网络的有效吞吐量(throughput)急剧下降。Floyd 总结出拥塞崩溃主要包括以下几种:传统的崩溃、未传送数据包导致的崩溃、由于数据包分段造成的崩溃、日益增长的控制信息流造成的崩溃等。

对于拥塞现象可以通过图来进行描述,图 4-1 中显示了网络负载和吞吐量之间的关系。当网络负载较小时,吞吐量基本上随着负载的增长而增长,呈线性关系。当负载达到网络容量时,吞吐量呈现出缓慢增长,而响应时间急剧增加,这一点称为 Knee(膝点)。如果负载继续增加,路由器开始丢包,当负载超过一定量时吞吐量开始急剧下降,这一点称为 Cliff(崖点)。通常将 Knee 附近称为拥塞避免区间,Knee 和 Cliff 之间是拥塞恢复区间,Cliff 之外是拥塞崩溃区间。为了最大限度地利用资源,网络工作在轻度拥塞状态时应该是较为理想的,但这也增加了滑向拥塞崩溃的可能性,因此需要一定的拥塞控制机制来加以约束和限制。

拥塞控制机制包括两种策略,即拥塞避免和拥塞控制。拥塞避免是由网络节点采取措施避免拥塞的发生或者对拥塞的发生作出反应,使网络运行在 Knee 附近,使网络能够传输较大的有效吞吐量,避免发生拥塞现象;拥塞控制是使网络运行在 Cliff 的左侧区域。拥塞避免是一种"预防"措施,使网络保持在高吞吐量、低延迟的状态,避免拥塞发生;拥塞控制是一种"恢复"措施,使网络从拥塞中恢复过来,进入正常的工作状态。但是在现实网络中,由于网络的复杂性,不能及时掌握

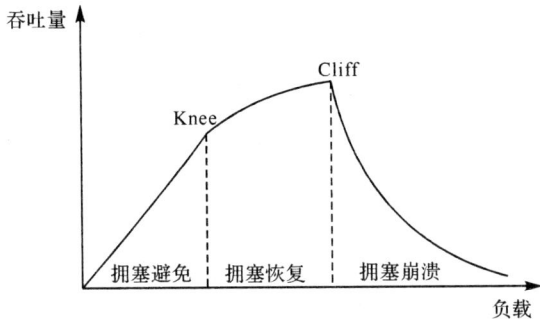

图 4-1　网络负载与吞吐量之间的关系曲线图

网络的状态,所以拥塞的发生是不可避免的,因此我们主要研究了网络拥塞控制机制。

拥塞是网络中的一种中间状态。当用户所期望占有的网络资源与对应的网络资源接近,甚至超过网络所能提供的资源时,则出现网络拥塞,主要表现为数据包延时增大、丢弃率增加、上层应用系统性能下降等。拥塞产生的直接原因有以下 3 种。

(1) 路由器缓存空间不足。当多个分组突然从不同输入线路涌入路由器时,这些分组就要在路由器进行排队。如果路由器没有足够的缓存存储分组,就会使一些分组被丢弃,对突发的数据流更是如此。虽然增加存储空间在一定程度上可以缓解这一问题,但是研究表明,过大的缓存反而会导致拥塞的恶化。因为网络里数据包经过长时间排队后才通过路由器完成转发,会浪费网络资源,加重网络拥塞。

(2) 链路带宽容量不足。高速链路和低速链路不匹配情况一般在异构网络中出现,或者多条输入带宽总和大于带宽容量,都会使路由器中数据到达率远远大于发送速率,从而导致缓冲区容量有限,引起网络拥塞。

(3) 处理器处理能力弱、速度慢。如果路由器的 CPU 在执行排队缓存、更新路由器等功能时处理速度跟不上高速链路,也会发生网络拥塞。同样,低速链路对高速 CPU 也会产生拥塞。

因此,网络中拥塞现象发生的原因是需求大于供给。网络中有限的资源由多个用户共享使用。由于没有"接纳控制"策略,网络无法根据资源的情况限制用户的数量。同时,互联网络是一个分散控制系统,由于缺乏中央集成控制,网络无法控制用户使用资源的数量。

4.2　网络拥塞控制技术

根据网络协议的层次结构以及控制策略实现的位置,网络拥塞控制策略可以分为两类,即基于端主机的拥塞控制策略和基于通信子网的拥塞控制策略,源端算法在主机和网络边缘设备中执行,作用是根据反馈信息调整发送速率。拥塞控制算法设计的关键问题是如何产生反馈信息和如何对反馈信息进行响应。IP 链路算法在网络设备中实行,作用是检测网络拥塞的发生,产生拥塞反馈信息。两种策略相互影响、相互作用。

基于端主机的拥塞控制策略是基于 TCP 层的,拥塞状态检测点和拥塞控制点是在源点(主机)上,所形成的拥塞控制算法称为源算法(source algorithm)。该拥塞控制是发送端基于窗口的端到端的闭环控制。拥塞状态信息是超时重传(RTO)或从接收端反馈的重复的确认(ACK);拥塞控制作用是控制发送端的 TCP 窗口尺寸(发送的数据包数)。系统控制模型如图 4-2 所示,从图 4-2 中可以看出源端的速率调节算法是系统的控制器,系统的广义对象为路由器和链路组成的网络系统。它适用于设计和分析源端的速率控制算法,目前最为熟悉的是 TCP 拥塞控制策略。

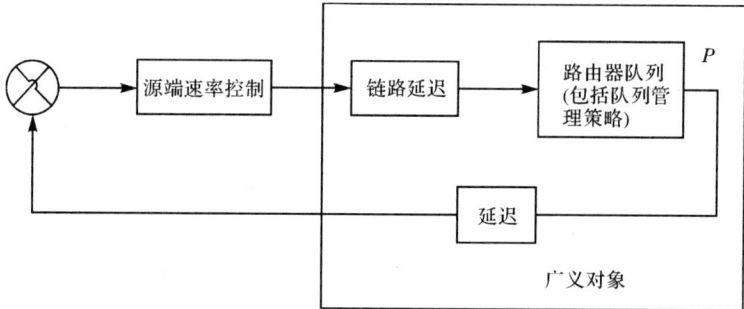

图 4-2　基于端主机的拥塞控制模型

基于通信子网的拥塞控制策略是基于 IP 层的,拥塞状态检测点和拥塞控制点是在链接节点(路由器)上,所形成的拥塞控制算法称为链路算法(link algorithm)。队列管理策略是主要的拥塞控制策略。路由器的主动队列管理策略(AQM)根据队列长度的变化情况,在队列缓存溢出之前,对到达的分组数据以概率 P 丢弃/标记,分组的丢弃/标记概率经过一些延迟后被源端检测到,源端由此判断网络的状态,根据控制算法调节发送速率,从而使路由器队列缓存的队列长度得到控制。从这个角度看,AQM 才是系统的控制器,其输出 P 为系统的控制信号,而源端的速率控制算法是系统的执行器,它和路由器的队列长度特性以及链路延迟一起,组成系统的广义对象。这种结构适合用来设计和分析路由器的队列管理策略。

由于 TCP 应用占 Internet 上流量总字节数的 95% 和总报文数的 90%,基于端主机拥塞控制的研究一开始主要集中在 TCP 的拥塞控制上。随着新兴的非TCP 应用(特别是实时多媒体应用和多播)的不断增多,针对 UDP 和多播的TCP 友好的拥塞控制算法的研究,现在已经成为拥塞控制研究的一个热点。基于通信子网的拥塞控制策略包括数据包调度策略和队列管理算法,后者是主要的研究方向。数据包调度策略通过数据流的排队方式(单队列或多队列)决定哪些包可以传输进而分配带宽。队列管理算法通常通过分组丢弃策略来维护队列长度的大小,实现网络控制,同时丢包的信息可以反馈到端主机的上层进行拥塞控制。

基于端主机的拥塞控制策略可以改善源端发送速率的抖动性和平滑性,以及提高效率。但是这种机制也有以下不足:第一,它利用网络层协议来传送反馈,利用传输层协议来减少拥塞,这些层上多种协议共存会造成数据流之间资源享用的不公平。第二,某些策略中反馈需要在网络中增加额外的反馈分组。但这些缺点是可以解决的,如可以研究基于 RTP/RTCP 协议的 TCP 友好的拥塞控制策略,它是利用已有的协议,不会产生额外的反馈分组,还可以保证资源之间的公平性。

基于通信子网的拥塞控制策略不必依赖信源来均匀分配资源,所以不存在公平性问题。主要问题在于增加共享资源(主要是路由器)的复杂性。当网络发生拥塞时,可以改进路由器的队列管理策略以提高网络的性能,如增加网络带宽、进行资源预留,但这种方法需要网络中的所有节点给予支持,实现起来比较困难。

相比之下,采用基于端主机的拥塞控制策略通过调节发送速率应对网络拥塞这种方法更为可行。在设计和比较网络拥塞控制算法时,需要一定的评价方法和评价标准来分析一个算法的可行性、可靠性以及效率等。其中,端系统的吞吐率、连接的丢失率和传输时的延迟等指标都是拥塞控制算法的重要评价指标,而且这些指标正是用户所关注的。但是拥塞控制算法主要是针对整个网络系统的,因此在评价拥塞控制算法时,更应该从整个系统的角度出发进行考虑。下面的一些标准是学者们一致认同的端到端的拥塞控制协议的评价标准。

(1) 平稳性(stability):也称为速率的平滑性,是指当拥塞发生以后,经过拥塞协议调节后的发送速率应保持相对稳定。这一要求对多媒体应用更为重要。

(2) 兼容性(compatibility):因为普适计算环境是一个异常复杂的网络环境,所以要求拥塞控制协议能够在各种网络状况下以及在各种异质网络中保持其所具有的性能。

（3）公平性（fairness）：协议应该与其他流尤其是 TCP 流公平竞争。这一点是决定该协议能否实现的关键。

（4）快速响应（rapid response）：对网络状况的改变能快速及时地作出响应。即当网络发生拥塞时，发送端要快速地减少发送速率；当有可用带宽时，应能及时地增加发送速率，有效利用可用带宽。

（5）资源利用率（resource utilization）：是指不能因为加上拥塞控制机制而使得网络资源的利用率有很大程度的降低，这样虽然起到了拥塞控制的效果，但是网络性能大大降低了。

但是在现有的网络拥塞控制协议中，并不是所有这些特点都能获得，稳定性和快速响应之间就要作出折中。发送速率越稳定，它对网络状况改变所作的响应就越迟钝。同样的折中也存在于其他的性能当中。因此，在研究拥塞控制算法时，应综合考虑以上性能要求，设计一个相对稳定又能快速响应的拥塞控制机制，以满足现在日趋复杂的网络环境。

4.3　TCP 拥塞控制算法及性能比较

TCP 端到端拥塞控制是目前 Internet 的一个研究热点，其本质上是端到端的控制机制。在最初的 TCP 协议中只有流控制没有拥塞控制，接收端利用 TCP 报头将接收能力通知发送端。这样的控制机制只考虑了接收端的接收能力，而没有考虑网络的传输能力，可能会导致网络崩溃的发生。而拥塞控制算法可以较好地保证 Internet 的稳定。研究 TCP 层拥塞控制对于网络来说具有非常重要的意义，因为在互联网中，拥塞控制的大部分工作是由 TCP 层来完成的，IP 层起的作用相对较小。研究 TCP 层的拥塞控制能提高资源的利用率从而避免网络的崩溃，同时也是为了适应 Internet 不断扩大和日益复杂的要求。

4.3.1　几种典型的 TCP 拥塞控制算法

TCP 从 1988 年被提出到现在，通过不断完善和改进算法中存在的缺陷，相继产生了 5 个主要版本的 TCP 拥塞控制算法，它们分别是 TCP Tahoe、TCP Reno、TCP NewReno、TCP Sack 和 TCP Vegas，下面对其进行简单的概述。

1. TCP Tahoe

1988 年，Jacobson 在早期 TCP 版本的基础上提出了 Tahoe 版本。Tahoe 最明显的特点就是加入了慢启动（slow start，SS）、拥塞避免（congestion avoidance，CA）和快速重传（fast retransmission，FR）算法，并改进了 RTT 的估计算法，通过

对网络可用带宽的探测,在拥塞发生时可以迅速地降低数据的发送速率。

1) 慢启动

TCP 中使用的发送窗口越大,TCP 实体可以发送的报文段就越多。正常情况下,TCP 的自同步特性会为 TCP 确定适当的发送速度。然而,当一个连接刚刚初始化时,根本就不存在这样的同步机制。理想的方法是尝试性地不断扩大窗口,从而慢慢到达窗口的最大值。慢启动就是这样一种算法。

慢启动中,TCP 使用了拥塞窗口(cwnd),此窗口以报文段而不是以字节来计算大小。在刚刚建立连接的时候,TCP 将 cwnd 初始化为 1,也就是说,只允许发送一个报文段,然后等待确认之后再去传输第二个报文,每收到一个确认,cwnd 就将其值增加 1,一直到达慢启动门限 ssthresh。在此过程中,cwnd 是呈指数级增长的。

2) 拥塞避免

慢启动在初始化的时候表现得很有效,但是当出现拥塞的时候慢启动指数增加 cwnd 的方法表现得过于激进。Jacobson 曾经指出:“网络进入饱和状态很容易,但是网络从饱和状态恢复却非常难”。也就是说,一旦拥塞发生,要想将其消除就要花费很长的时间,因此,有效的方法是避免拥塞的发生。相比于慢启动,拥塞避免是一种相对缓慢的窗口增加方案,它在每一个 RTT 内让 cwnd增加 1,而不是针对于慢启动的每一个应答,此时 cwnd 会呈线性增长。具体的实施步骤为:

(1) 探测到拥塞,则 ssthresh 降为目前拥塞窗口的一半,即 ssthresh＝cwnd/2。

(2) 设置 cwnd＝1,开始执行慢启动直到 cwnd＝ssthresh。此为慢启动,每一个 ACK 都将使 cwnd 增加 1。

(3) 当 cwnd≥ssthresh 时,每一个 RTT 对 cwnd 加 1。

3) 快速重传

如果一个 TCP 实体收到了一个失序的报文段,它必须立即发出一个针对最后一个收到的按序报文段的 ACK。对于每一个到来的报文段,TCP 将会重复发送这个 ACK,直到丢失的报文段到达并且填补了缓冲中的空隙。此后,TCP 会对所有按序收到的报文段发送一个累积的 ACK。当源端收到一个重复 ACK 时,可能是报文段丢失造成的,也可能是由于延迟失序所造成的,但是 TCP 源端是无法得知的。Jacobson 建议 TCP 的发送方要等待 3 个重复的 ACK,确定数据包已经丢失,需要重传,而不再等待 RTO 超时。

由于网络可能会发生时延波动,目的端也可能发生波动,并且目的端可能不是对每一个报文段都发送 ACK,而是累积 ACK,这些因素都会引起 RTT 的波动,从而导致 RTO 通常要比报文段 ACK 到达发送端所花的实际 RTT 长许多。那么,如果一个报文段丢失了,TCP 可能来不及及时重传。快速重传可以在某种程度上缓解这个问题。

2. TCP Reno

TCP Reno 应用包括了 TCP Tahoe 中的所有机制,同时修改了快速重传,把快速恢复加入协议中。快速恢复假设每一个收到的重复应答都代表一个数据包已经离开了通信管道,从而使得快速恢复阶段,TCP 可以对应答的数据包作出估计。基于此项机制,快速恢复可以避免在单包丢失时快速重传之后通信管道变为空的情况,从而也就消除了不必要的慢启动。

在收到一定数量的重复 ACK 时,快速恢复就启动。这个数量通常设定为 3,称为快速重传阈值(tcprexmtthresh)。一旦重复 ACK 达到这个数量,发送端就重传一个分组,并且将拥塞窗口减小一半。但是同 Tahoe 不同之处在于,TCP Reno 并不启动慢启动过程,而是利用到来的重复应答控制数据包的发送。

在 TCP Reno 中发送端的可用窗口为 min(awin, cwnd + ndup),其中 awin 是接收端通知的窗口,cwnd 是发送端的拥塞窗口,ndup 就是接收到的重复应答的数量,最开始为 0,一直可以增加到 tcprexmtthresh,然后开始对重复应答的数目进行记录跟踪。由于每一个 ACK 的到来都表明有数据包已经离开了通信管道并在接收端缓存,所以在快速恢复阶段,发送端会利用重复应答的个数来控制其发送窗口。在进入快速恢复并重传了一个数据包以后,发送方开始等待,直至收到一半窗口大小的重复应答,然后对应每个额外的重复应答都会传出一个新的数据包。最终,在收到新数据的应答时,发送方才退出快速恢复并设置 ndup 为 0。

Reno 的快速恢复算法在单个分组丢失的情况下是最优处理。每个 Reno 发送端重传最多一个丢失的分组在每个 RTT 内。它很大程度上改进了 Tahoe 的行为,在一个分组丢失的情况下,其性能影响较小。但是当一个窗口中有多个分组丢失时,其性能会受到较大程度的影响。

3. TCP NewReno

虽然 TCP NewReno 对 TCP Reno 仅有一个很简单的改进,但却在性能上得到很大提高。在 TCP NewReno 中,如果有多个分组丢失,它不必等待重传时钟的超时。TCP NewReno 的改进主要是在快速恢复阶段为了更好地处理多包丢失的情形,提出了一个部分应答的概念。部分应答是对某些分组进行确认,而不是对所有分组进行确认。在 Reno 中,部分应答让 TCP 通过把可用的窗口退回到拥塞窗口的方式退出快速恢复阶段。在 TCP NewReno 中不会出现这种情况。当收到部分应答时,它认为在部分应答后的一个分组丢失了而应该重传。于是,当多个分组在一个窗口丢失时,TCP NewReno 仍然能够从丢失中恢复,而不是等待超时重传。

4. TCP Sack

在应对单个数据包丢失时,TCP Reno、TCP NewReno 表现得都不错,但是同一个窗口之内出现多个数据包同时丢失时,表现不是太尽如人意。选择性应答(Sack)则比较好地解决了多包丢失的问题,并且为无线网络的 TCP 提供了一种可供选择的解决方案。在 Sack 中,有一个被称为选择域(option)的数据段,这个域包含一系列的 Sack 块。第一个 Sack 块报告接收方最近接收到的数据,其他的则重复报告最新的 Sack 块。通常,每一个选择域会包含3 个Sack 块。

TCP Sack 对于 TCP Reno 的改进非常保守,最大的不同就是在一个窗口出现多包丢失时。Sack 在源端接收到 tcprexmtthresh 应答时,进入快速恢复阶段,这时每重传一个数据包就会把拥塞窗口减小一半。在此阶段,Sack 将会维护一个管道变量,用它来记录链路上尚未成功发送的数据包。当估计的数据包的尺寸小于拥塞窗口的尺寸时,发送方仅仅发送新的数据包或者重传。每发送一个新的数据包或者重传一个旧的数据包,管道变量就增加 1;反之,当收到一个新数据的应答包时将管道变量减去 1。

Sack 对于部分应答的处理有自己的方案,针对每一个部分应答,Sack 会将管道减小两个包而不是正常情况下的一个包。为什么减小两个包呢?虽然对于第一个部分应答,这有些牵强,但是对于后续的部分应答,则是有道理的。因为对于部分应答而言,紧随它的数据包是假定已经丢失的,但是管道并没有因此而递减,同时,重传的数据包进入管道时,管道却递增了。所以,后续的部分应答的到来意味着假定已经丢失的数据包和重传的数据包都离开了管道,所以减小两个包是合理的,也正因为如此,Sack 发送方是不可能比慢启动更慢的。

5. TCP Vegas

前面所描述的几个版本在拥塞控制机制上比较相似,不同之处在于对丢包的反应不同,而 TCP Vegas 版本是一种截然不同的解决方案。TCP Vegas 是由 Brakmo 和 Peterson 在 1994 年提出的一种新的拥塞控制策略,它采用了一种更为巧妙的带宽估计策略,依据期望的流量速率与实际速率的差来估计网络瓶颈处的可用带宽。

Vegas 对于每一个发送的分组都设置了一个时戳,然后根据 ACK 的到达时间来计算 RTT。如果 Vegas 收到了一个重复的 ACK,它会把分组的时戳和收到 ACK 的时间间隔同超时值相比较,如果时间间隔大于超时值,Vegas 就会重传该分组而不是等待第三个重复的 ACK。这个方案比 Reno 的重传机制更为合理,因为大多数情况下拥塞窗口很小,不能够收到三个复制的 ACK 或者 ACK 在传输过程中丢失了。如果收到的不是重复 ACK,比如说可能是自重传开始的第一个或者第二个确认,Vegas 会检查分组的时戳和收到 ACK 的时间间隔是否大于超时的值,如果时间间隔大于超时值则会重传该分组。如果有分组在重传之后丢失了,Vegas 将不等待重复的 ACK 到来而直接重传。

Vegas 采用了一种独特的拥塞避免方法,它将实际的吞吐量和期望的吞吐量相比较得到其差值。期望的吞吐量定义为测量的所有吞吐量中最小的数值,即

$$Expected = cwnd/BaseRTT$$

而实际的吞吐量则是从分组重传收到该分组的 ACK 期间传送的分组数目除以该分组的 RTT 所得到的数值,即

$$Actual = cwnd/RTT$$

那么其差值就是

$$diff = (Expected - Actual) \cdot BaseRTT$$

Vegas 将此差值同门限 α 和 β 相比较,如果差值小于 α,拥塞窗口就会线性增加;而差值如果大于 β,拥塞窗口则线性减小,即

$$cwnd = \begin{cases} cwnd+1, & diff < \alpha \\ cwnd-1, & diff > \beta \\ cwnd, & 其他 \end{cases}$$

每个 TCP Vegas 的 cwnd 尽量将其队列的数据包保持在 α,β 之间,通过调整数据源的发送速度来避免拥塞的发生。

4.3.2　几种典型的 TCP 算法的仿真及性能比较

我们的目标是研究现有的 TCP 拥塞控制算法在普适计算环境中的工作性能,所以我们通过 NS2 仿真各种 TCP 拥塞控制算法(TCP Tahoe、TCP Reno、TCP NewReno、TCP Sack 和 TCP Vegas)的性能,仿真分别在两种场景中来模拟数据包在有线网络中传输和数据包在异构网络中传输。

1. 有线网络环境模拟及性能分析

场景 1:数据包在有线网络中传输。其中,n_0 和 n_1 是发送端,n_3 是接收端,假设 n_0 到 n_2 的传输带宽为 2Mbit/s,n_1 到 n_2 的传输带宽为 2Mbit/s,传输延迟为 10ms,n_2 与 n_3 之间的链路为瓶颈链路,传输带宽为 1.7Mbit/s,传输延迟为 10ms,数据包大小为 1KB,发送端的速率为 12Mbit/s。n_0 和 n_1 上发送 TCP 数据流,应用为 FTP。设定模拟时间为 5ms,n_0 从 0.0s 开始发送数据,n_1 从 1.0s 开始发送数据,实验网络拓扑图如图 4-3 所示。

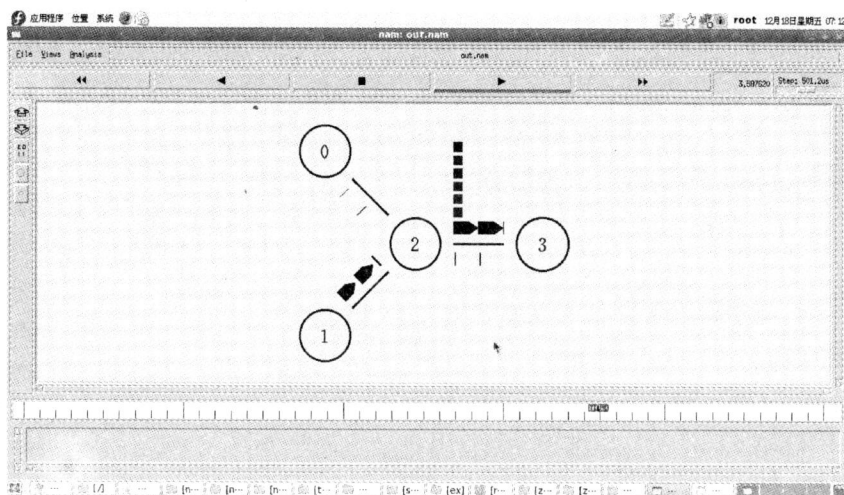

图 4-3　有线网络仿真拓扑图

在有线链路中两个 TCP 流共存的实验环境下，模拟脚本 wired. tcl 如下：

```
set ns [new Simulator]
＃针对不同的数据流定义不同的颜色,这是 nam 显示时使用的
$ ns color 1 blue
＃打开一个 nam Trace 文件
set nf [open tcpvegas. nam w]
$ ns namtrace-all $ nf
＃打开一个 Trace 文件,用来记录分组传送的过程
set nd [open tcpvegas. tr w]
$ ns trace-all $ nd
＃定义一个结束的程序
proc finish {} {
global ns nf nd
$ ns flush-trace
close $ nf
close $ nd
exec nam tcpvegas. nam &
exit 0
}
＃创建四个网络节点
```

```
set n0 [ $ ns node]
set n1 [ $ ns node]
set n2 [ $ ns node]
set n3 [ $ ns node]
#创建双向链路,把节点连接起来
$ ns duplex-link $ n0 $ n2 2Mb 10ms DropTail
$ ns duplex-link $ n1 $ n2 2Mb 10ms DropTail
$ ns duplex-link $ n2 $ n3 1.7Mb 10ms DropTail
#设定 n1 到 n2 之间的队列大小为 10 个分组大小
$ ns queue-limit $ n2 $ n3 10
#设定节点的位置,这是要给 nam 用的
$ ns duplex-link-op $ n0 $ n2 orient right-down
$ ns duplex-link-op $ n1 $ n2 orient right-up
$ ns duplex-link-op $ n2 $ n3 orient right
#观测 n2 到 n3 之间队列的变化,这是要给 nam 用的
$ ns duplex-link-op $ n2 $ n3 queuePos 0.5
#建立一条 TCP 连接
set src1 [ $ ns create-connection TCP $ n0 TCPSink $ n3 1]
set src2 [ $ ns create-connection TCP $ n1 TCPSink $ n3 2]
# 在每个节点处建立 FTP 源端
set ftp1 [ $ src1 attach-app FTP]
set ftp2 [ $ src2 attach-app FTP]
set tcp [new Agent/TCP/Vegas]
$ tcp set class_2
#在 nam 中,TCP 的连接会以蓝色表示
$ tcp set fid_1
#在 TCP 连接之上建立 FTP 应用程序
set ftp [new Application/FTP]
$ ftp attach-agent $ tcp
$ ftp set type_FTP
#设定 FTP 数据传送开始和结束时间
$ ns at 0.0 " $ ftp1 start"
$ ns at 1.0 " $ ftp2 start"
#在模拟环境中,5s 后调用 finish 函数来结束模拟
$ ns at 5.0 "finish"
```

＃执行模拟

$ ns run

　　经过实验,在有线网络环境下应用不同的 TCP 拥塞控制算法,我们重点观察了瓶颈链路节点 n_2 到节点 n_3 之间网络的吞吐量随时间的变化。

　　从实验结果图上可以看出,在 0～0.6s 之前网络的吞吐量保持在一个快速增长的状态,此时发送端不断增加发送窗口的大小;在 0.6～1.0s,由于发送端不断增加发送速率,有线的瓶颈链路会来不及转发数据包,产生网络拥塞,造成数据包的丢失。发送端减小发送窗口,网络的吞吐量也有所下降,然后再慢慢恢复。在 1.0s 时,由于 n_1 也同时开始发送数据,随着发送窗口的增加,数据的发送量又超过了数据包的转送速率,网络又一次进入拥塞,从图上可以看出,传统的 TCP Tahoe 对网络拥塞的处理性能较差,TCP Reno、TCP NewReno 因为增加了快速恢复,算法的性能得到了改进,因为 TCP Sack 和 TCP Vegas 算法增加了一些网络反馈机制,对网络拥塞能作出快速反应,作出控制,网络的吞吐量一直保持在一个稳定且较高的水平,表现出了较好的性能。

　　2. 无线网络环境及性能分析

　　场景 2:数据包在无线网络中传输,其中,n_0 和 n_1 是两个无线节点,刚开始时两个节点的位置比较靠近,当 3.0s 时,n_1 和 n_0 分别以 25m/s 和 5m/s 的速度相互靠近;在 20s 时,n_1 分别以 30m/s 的速度离开 n_0,并且从 3.0s 开始 n_0 向 n_1 发送数据包,拓扑结构如图 4-4 所示。

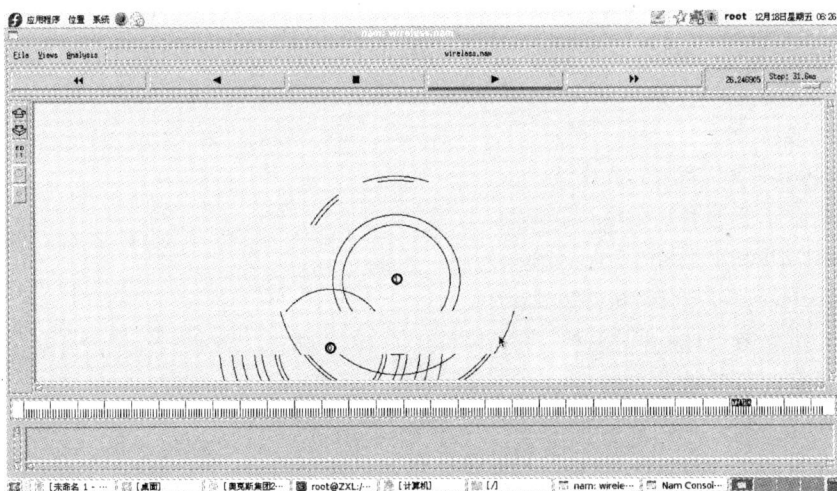

图 4-4　无线网络仿真拓扑图

在无线链路中发送 TCP 流的实验环境下,模拟脚本 wireless. tcl 如下:

```
set val(chan)            Channel/WirelessChannel
set val(prop)            Propagation/TwoRayGround
set val(netif)           Phy/WirelessPhy
set val(mac)             Mac/802_11
set val(ifq)             Queue/DropTail/PriQueue
set val(ll)              LL
set val(ant)             Antenna/OmniAntenna
set val(ifqlen)          50
set val(nn)              2
set val(rp)              DSDV
set val(rp)              DSR
set val(x)               500
set val(y)               500
set ns_[new Simulator]
#ns 中应用新跟踪命令
set tracefd  [open wirelessvegas. tr w]
$ ns_trace-all $ tracefd
set namtrace [open wirelessvegas. nam w]
$ ns_namtrace-all-wireless $ namtrace $ val(x) $ val(y)
#建立拓扑对象
set topo  [new Topography]
$ topo load_flatgrid $ val(x) $ val(y)
#建立 god
create-god $ val(nn)
#建立通道#1 和#2
set chan_1_[new $ val(chan)]
set chan_2_[new $ val(chan)]
#建立节点(0)并关联到通道#1
#配置各参数及参数值
$ ns_node-config-adhocRouting $ val(rp) \
        - llType $ val(ll) \
        - macType $ val(mac) \
        - ifqType $ val(ifq) \
```

```
          -ifqLen $ val(ifqlen) \
          -antType $ val(ant) \
          -propType $ val(prop) \
          -phyType $ val(netif) \
          -topoInstance $ topo \
          -agentTrace ON \
          -routerTrace ON \
          -macTrace ON \
          -movementTrace OFF \
          -channel $ chan_1_
set node_(0) [ $ ns_node]
set node_(1) [ $ ns_node]
$ node_(0) random-motion 0
$ node_(1) random-motion 0
for {set i 0} { $ i< $ val(nn)} {incr i} {
    $ ns_initial_node_pos $ node_( $ i) 20
}
$ node_(0) set X_5.0
$ node_(0) set Y_2.0
$ node_(0) set Z_0.0
$ node_(1) set X_8.0
$ node_(1) set Y_5.0
$ node_(1) set Z_0.0
#现在让一些节点开始移动
#节点(1)开始移动到节点(0)
$ ns_at 3.0 " $ node_(1) setdest 50.0 40.0 25.0"
$ ns_at 3.0 " $ node_(0) setdest 48.0 38.0 5.0"
#节点(1)开始移离节点(0)
$ ns_at 20.0 " $ node_(1) setdest 490.0 480.0 30.0"
#在节点间建立信息流
#在节点(0)和节点(1)之间建立 TCP 链接
set tcp [new Agent/TCP/Vegas]
$ tcp set class_2
set sink [new Agent/TCPSink]
$ ns_attach-agent $ node_(0) $ tcp
```

```
$ ns_attach-agent $ node_(1) $ sink
$ ns_connect $ tcp $ sink
set ftp [new Application/FTP]
$ ftp attach-agent $ tcp
$ ns_at 3.0 " $ ftp start"
for {set i 0} { $ i< $ val(nn) } {incr i} {
    $ ns_at 30.0 " $ node_( $ i) reset";
}
$ ns_at 30.0 "stop"
$ ns_at 30.01 "puts \"NS EXITING…\" ; $ ns_halt"
proc stop {} {
    global ns_tracefd
    $ ns_flush-trace
    close $ tracefd
}
puts "Starting Simulation…"
$ ns_run
```

经过实验,可以得出无线网络环境下应用不同的 TCP 拥塞控制算法,网络的吞吐量随时间的变化情况。在 0~3s 之前网络的吞吐量保持为 0,在 3.0s 时,n_0 开始向 n_1 发送数据,此时,因为彼此靠得很近,无线网络的连接状态比较好,网络的吞吐量在不同的 TCP 拥塞控制算法下都较好,随着两个无线节点位置的远离,无线网络的信号会逐渐减弱,网络的性能较弱,网络中传送的数据包会有不同程度的丢失,从图中可以看出,各种 TCP 算法对无线网络的这种状态不能作出及时的反应,网络的吞吐量不断下降,就连在有线网络中性能较好的 TCP Vegas算法在无线网络状态下性能也得不到发挥,由此可见,传统的 TCP 算法不适用于无线网络环境。

4.4　基于网络带宽的自适应 Freeze-TCP 算法及分析

Internet 中绝大部分数据流使用了 TCP/IP 协议,TCP 拥塞控制机制在传统的 Internet 中发挥了行之有效的作用。但用于网络日趋复杂的无线 Internet 时,TCP/IP 拥塞控制算法自身存在的问题就逐渐显现出来。TCP 协议默认丢包是由网络拥塞引起的,并将丢包作为拥塞检测的手段和拥塞控制的依据。而在无线网络环境下这一假设不再成立,在无线网络中数据丢包可能是由信道误码等原因造成的。盲目地降低数据发送速率只会使源端无法快速重传丢失的报文,导致网络吞吐量的急剧下降。

在此基础上,网络研究者觉得将原来通过重复 ACK 和超时来改变发送端发送窗口的拥塞控制算法在无线网络中不再适用,于是提出了面向接收端的基于速率的 Freeze-TCP 算法。移动终端在检测到即将发生网络切换时,向发送端发送一个通告窗口为 0 的反馈,等切换结束后,发送端以原来的窗口大小发送数据,避免了慢启动带来的延迟,提高了网络带宽利用率,但同时它本身也存在一定的局限性。

4.4.1 Freeze-TCP 算法概述

在当今 Internet 中绝大多数应用的是 TCP 流,它们需要一种端到端的可靠数据传输机制。TCP 拥塞控制机制是在有线链路的背景下提出来的,但是大量的研究表明,TCP 在应用于无线移动网络时性能下降了,这主要源于 TCP 使用的拥塞控制机制。传统的 TCP 差错控制机制把网络中所有数据包的丢失都归因于网络的拥塞,而忽略了无线移动网络中由于链路的错误和移动子网的切换造成的数据包的丢失。所以如果直接沿用现有的 TCP 技术,即便数据丢失不是由网络拥塞引起的,而是链路错误所导致的,TCP 仍然会启动拥塞控制,采用指数退避算法来降低拥塞窗口,然后进入慢启动状态,这样势必会造成数据发送速率的不必要降低,导致带宽的利用率不高,系统时延加大,吞吐量下降。

近年来,研究学者一致致力于 TCP 应用于无线移动网络的研究。目前大部分被提出的算法都是基于链路的,即要求用中继器(如基站)来监视网络的拥塞然后进行有效的流量控制。虽然这些方法模拟了端到端的语义,但是它们并不构成真正的终端到终端的信号。所以这些方法在现实网络中是不适用的,因为现实网络中有些重要的数据是要求加密的,中间节点无法监视或获得 TCP 数据包。此外,这些方法都需要链路层节点的变化,即都需要修改链路层节点上的算法。

2000 年,由 Goff 和 Moronski 提出的一种真正意义上的应用于移动网络环境的端到端的拥塞控制机制 Freeze-TCP 得到了业界的认可,他们对无线网络的拥塞控制的研究做出了特别重要的贡献。

Freeze-TCP 算法的工作流程如图 4-5 所示,当移动设备在网络中移动时,主动监测无线信号的能量,并及时监测出即将发生的移动设备网络切换事件。当切换即将发生时,移动设备向信息发送端发送一个通告为零的反馈,发送端接收到反馈信息后,迫使自己进入 ZWP(zero window probe)窗口冻结模式,在 ZWP 模式中,发送者不会进入慢启动状态,降低它的拥塞窗口和增加超时计时器的时长。一旦移动设备的切换操作结束后,连接到新的网络时,它会向发送者发送切换之前最后收到数据的三个重复的 ACK,发送者接收到数据包后,解除 ZWP 模式并以切换之前的发送窗口迅速发送数据;而在普通的 TCP 拥塞控制算法中,发送者在发生切换结束后进入慢启动状态,只能发送一个数据包。所以可以看出,Freeze-TCP 算法在移动设备频繁切换时性能大大提高了。

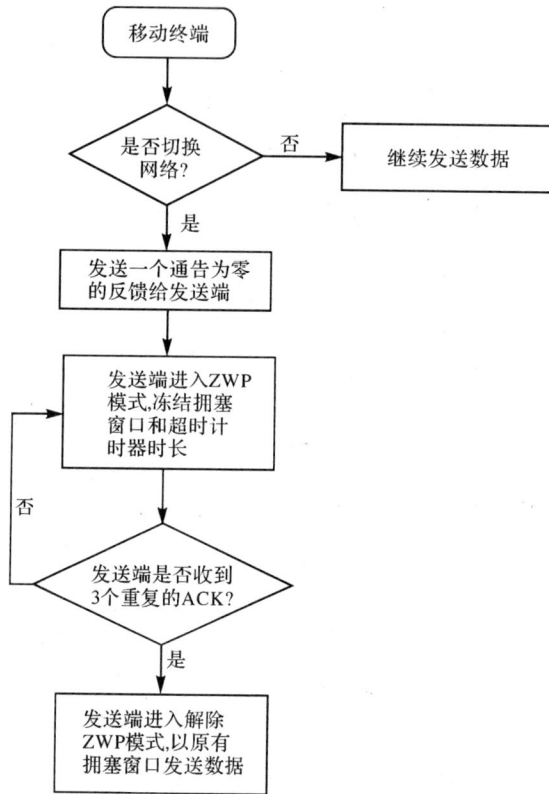

图 4-5　传统的 Freeze-TCP 算法流程图

4.4.2　Freeze-TCP 算法的不足

大量实验结果显示,该算法应用在无线网络结构中时表现出比在异构网络中较好的性能,通过分析不难发现原因所在。Freeze-TCP 算法是针对无线移动网络设计的,在网络切换时,无论切换到什么环境中,切换结束后,发送端都会以切换之前的窗口大小发送数据;但是应用于异构网络环境时,会因为对网络状态的无知造成不必要的网络拥塞,从而导致网络性能下降。

普适服务环境是一个由宽带网、窄带网、有线网和无线网组成的混合的网络环境。异构网络通信已经成为了当今社会通信的主要方式。

假设移动设备从无线局域网切换到 GPRS 网络,如果发送者在 GPRS 网络中按照无线局域网中的发送窗口大小发送一个窗口的数据,很可能会由于网络带宽的骤减导致 GPRS 网络的拥塞,造成大量数据包的丢失,影响 TCP 的性能。同样当移动设备从 GPRS 网络切换到无限局域网时,尽管不会出现上述情况,无线局域网以它的高带宽能够承受突发的数据,但是同时也会带来另一个问题,因为可能切换之前,发送端已经进入了拥塞避免阶段,缓慢的窗口增长速度在短时间内无法获得可用的网络带宽,导致了大量网络资源的浪费。因此,改善现有的Freeze-TCP 算法,使它能够适应普适服务中移动设备在复杂的异构网络环境的切换是非常必要的。

4.4.3 基于带宽预测的自适应 Freeze-TCP 算法

1. 带宽估计和影响带宽估计的因素

本小节研究的一个核心问题就是如何预测网络的状态。端到端的网络测量方法是指 TCP 协议通过在线测量网络带宽获得网络容量及可用带宽资源、网络延迟、链路队列长度等网络参数和状态。许多研究者已经将该技术应用于有线网络的拥塞控制之中,对于此问题,国内外很多研究学者都做出了努力,大致分为两类,一类是基于往返延迟 RTT 的网络状态预测,TCP Vegas 算法就是基于对RTT 的精确估计来确定是否重传,因为数据包的 RTT 的变化在一定程度上能表明网络的实时状态,但是这是建立在对 RTT 的精确估计的基础上的,然而在普适服务网络环境中,网络是动态频繁变化的,这对于 RTT 的估计也是一个很大的挑战;另一类是基于网络带宽的,网络带宽是网络状态最直接的反映,目前很多学者在这个方向进行了大量的研究,也取得了一定的成果,所以本次实验采用了机遇带宽估计的方法来预测网络的状态。

所谓的带宽估计,一般是利用 TCP 连接的历史信息估计网络的可用带宽,可利用的信息量越多,可用带宽的估计就会越准确,因而就能够更好、更公平地利用网络资源,这是现有的各种带宽估计技术所秉承的一个原则。一般来说,链路上可利用带宽的大小主要取决于:①传输路径上瓶颈链路的物理带宽。②竞争同一链路的链接的数量。

由于 TCP 向网络中注入包的特殊性和 TCP 源端测量 ACK 时间间隔和估计最小 RTT 的不准确性,会出现如下问题,这些问题最终会影响到带宽的估计。

(1) 聚类。

共享同一链路的不同 TCP 连接中的报文段不会混合,同一连接中连接发送的报文段在传输它们的一段时间内是完全占用链路带宽的。因此,为了正确估计带宽,TCP 源端检测自己利用链路的时间必须大于整串包的传输时间;另外,用于平滑带宽取样的过滤技术也需要满足足够的时间把所有的取样考虑进来。合适的最小检测时间取决于共享链路链接的数量和报文段的尺寸,也就是取决于带宽延迟乘积。

（2）ACK 压缩。

当返回路径上路由器发生拥塞时，ACKs 的时间间隔变小，就会发生 ACK 压缩。事实上，当一串报文段到达接收端后就会产生一串 ACKs，如果这一串 ACKs 遭遇拥塞节点，它们最初的时间间隔就会因发生改变而变得更小，最终产生 ACK 的压缩，结果导致带宽的过高估计。过高估计带宽的程度又取决于 TCP 报文段大小与 ACK 包大小的比率。因此，在实际的网络中，ACK 压缩不可忽视。

（3）TCP 粗粒度时钟机制。

TCP 必须把估计的带宽传送给拥塞控制机制的参数慢启动阈值 ssthresh，ssthresh 的最优值等于链路所能容纳的包的数量（此时，TCP 发送速率等于可利用带宽，发送窗口等于带宽延迟乘积），即

$$ssthresh = BWE \times RTT_{min}$$

但是，TCP 使用粗粒度时钟来测量 RTT，结果 RTT_{min} 估计的准确度很大程度上取决于 TCP 的间隔力度 G。例如，TCP 运行在传输延迟等于 $G/10$ 的局域网中，RTT_{min} 的值却被设为 G，是正确值的 10 倍，这时可以想象，即使估计的带宽是正确的，ssthresh 的值却是正确值的 10 倍，发送端会以高出实际可利用带宽的速率发送报文段，后果可想而知。

（4）重新路由。

当一个链接的路由路径改变时，不会直接通知主机。如果新的路由延迟变小，RTT_{min} 会被正确更新；相反，如果新的路由的传输延迟变大，链接不能区分 RTT 的增加是由突然的网络拥塞还是新的传输延迟更大的路由引起的，结果造成错误的 RTT_{min} 估计。

2. 带宽估计方法

前面分析了影响带宽估计的几个重要的因素，我们知道要估算出准确的可用带宽，除了足够的可利用的历史信息外，还要充分考虑上述因素。国内外学者在此基础上，已经进行了深入的研究，目前比较有效的测量网络可用带宽的方案主要有如下 4 种。

（1）Cprobe 技术。Cprobe 技术是以前最常用的一种主动启发式网络带宽探测技术。然而，后来的研究学者 Kazantzidis 证明了 Cprobe 技术不能精确地测量出网络的可用带宽，尤其是当网络负载很大时，性能更低。

（2）包对技术。Keshav 最早提出了包对技术，它最初的目的是让业务源在路由器使用先进先出的排队机制的情况下探测出路径上的物理带宽。当业务源向路径上发送 2 个背靠背的包对时，接收者可以通过包对之间的间隔以及分组的大小推测出路径的物理带宽。实验证明了如果传输路径上的所有路由器都使用了

公平排队机制,包对技术可用于测量一条路径上的可用带宽。

(3) Jain 提出了一种测量不同带宽的方案,该方案利用数据流的速率大于可用带宽时,分组的单向时延呈现逐渐增长的趋势的特性来测量带宽,但是也不难发现,这种方案要想测出可用带宽需要足够长的时间。

(4) 最近很多研究学者发现可以通过路由管理软件得到链路的可用带宽。但是这种方案只有获得路由器的许可才能执行,然而对路由器的访问许可只有网络管理员和一些被授权的用户才可以,因此该算法在现实中也没有得到广泛的应用。

由上可知,方案(1)的探测结果不准确,方案(2)使用的前提是所有的路由器都使用了公平的排队机制,方案(3)需要很长的计算时间,方案(4)只有网络管理员才能够使用。通过分析比较,这里选择了方案(2)作为本算法的网络测量方法,因为随着下一代网络对服务质量的需求,使用公平排队的路由器会越来越多。

本课题中假设路由器的排队规则为公平排队机制,那么使用包对技术计算可用网络带宽的方法如下

$$a = \frac{p}{t_2 - t_1}$$

式中,a 代表网络的可用带宽;p 表示分组的大小;t_1 是接收者收到第一个分组的时间;t_2 是接收者收到第二个分组的时间。

3. Freeze-TCP 算法

基于网络带宽的自适应 Freeze-TCP 算法的思想如下:在移动主机根据信号检测到将要移动一个新网络时,它向发送端发送一个通告为零的消息迫使发送端进入 ZWP 模式,从而阻止它降低拥塞窗口。而当主机链接到新链接之后,接收者发送对应于切换之前最后收到数据的三个重复的 ACK,发送者收到确认包之后,开始发送数据。此时发送者并不会突然发送一个窗口的数据,而是仅仅发送两个背靠背的包来探测新路径上的可用带宽,TCP 发送端利用该计算结果重新设置慢启动门限

$$\text{ssthresh} = \frac{a \times d_{\text{RTT}}}{p}$$

式中,a 是新路径上的可用带宽;d_{RTT} 是新路径上的环回时延。并设置慢启动的初始窗口为 2,这是因为网络建立后,如果立刻就发生拥塞,那发送一个数据包和两个数据包的效果是一样的,都会因为超时而导致无法传输数据包。如果网络资源允许传输两个数据包,以传统的算法来说,慢启动阶段发送窗口时是按指数增长的$(1,2,4,8,\cdots)$,这样很快到达门启动阈值,进入网络传输的最佳状态。

算法流程如图 4-6 所示。

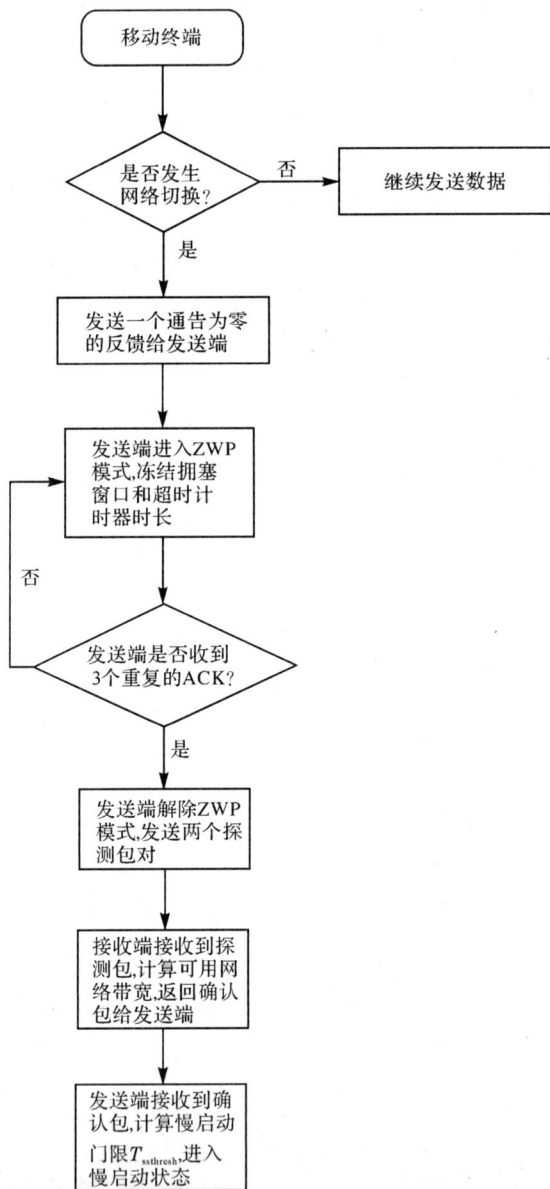

图 4-6　Freeze-TCP 算法流程图

4.4.4　仿真及性能分析

我们通过 NS2 进行仿真实验,验证算法的正确性,并比较改进后的新算法与传统的 TCP 算法和 Freeze-TCP 算法在拥塞控制和带宽利用方面的效果。为此,本次实验在设置了同样的网络模拟环境下，先得出了传统 TCP 和 Freeze-TCP 算法的实验数据。然后把改进的算法用 C＋＋事先与 OTCL 进行连接，通过模拟实验得出实验数据，并通过分析，将实验过程中网络的吞吐量进行比较，从而来判断新算法的性能。

1. 基于网络带宽的自适应 Freeze-TCP 算法的实现

Freeze-TCP 算法是一种基于源端的 TCP 拥塞控制算法，算法的实现只要在发送端进行修改。在第 3 章中已经介绍了改进后算法的思想，但是要实现该算法，我们需要解决两个重要的问题：首先是接收端如何区分接收到的数据包是正常的数据包还是用于探测带宽的包对，其次是接收端如何将估算的可用带宽反馈给发送端。

通过分析 TCP 报文结构，我们不难发现 TCP 报文结构早就考虑了以后研究的扩展，所以在头部预留了 6 位的保留位，我们知道在正常数据包中该 6 位都被置 0(000000)，我们只要一位就可以区分这两种情况了。所以在本算法中我们将预留的第 6 位设置为 1(000001)，这样接收端在收到报文时，可以通过检测报文头中该位是否为 1 来进行探测包对的判断。

TCP 协议是一种可靠的数据传输协议，其中最重要的一点就是该协议是基于确认的，接收端对收到的每一个数据包，都会发一个肯定的确认，这样就可以保证数据的可靠传输了。所以对于上述的第二个问题，我们想到了可以将计算机网络可用带宽存放在确认包的数据域里面一起发送给发送端，这样就不需要额外的数据包占据网络带宽便达到了我们预期的设想，成功地将估计的可用带宽反馈给了接收端，从而接收端可以根据该值来重新设置慢启动门限。

2. 网络模拟环境设置

从前面的分析可知，在异构网络环境下，网络拥塞发生的根本原因在于网络的异构性，由于网络的切换，链路中的路由器来不及处理网络中突发的数据包，从而造成了数据包的丢失。所以作为源端拥塞控制算法，本算法主要考虑的问题是如何根据网络的情况控制发送端的发送窗口大小，避免拥塞的发生。为此，本次实验设置了有线网络和无线网络组成的混合式网络拓扑结构，w_0 和 w_1 是有线网络节点，w_1 分别与基站 bs0 和 bs1 连接，其中无线网络节点 n_0 通过与基站的连接进行数据的传输。在 160s 时，w_0 开始向 n_0 发送 TCP 数据流；在 180s 时，w_1 开始向 n_0 发送 TCP 数据流，且整个仿真在 250s 结束。

3. 仿真结果及性能分析

通过 NS2 网络仿真，在异构网络环境下分别应用传统的 TCP 拥塞控制算法、

Freeze-TCP 算法和改进后的基于网络带宽的 Freeze-TCP 算法,我们得到了网络的吞吐量和拥塞窗口随时间的变化情况。

在异构网络环境下,应用传统 TCP 算法、Freeze-TCP 算法和改进后新算法后,得到的网络吞吐量变化曲线结果是:在 160s 时,网络中开始发送数据,吞吐量的变化呈上升趋势;在 170s 时,由于网络中数据包达到了网络带宽,网络开始拥塞,不同的算法都采用了各自的拥塞避免机制,可以看出新算法性能最好;在 180s时,由于网络中增加的 TCP 流,增加了网络负载,网络出现拥塞,吞吐量急剧下降,而新算法比较稳定,且吞吐量一直保持在一个较高的水平。

在异构网络环境下,应用传统 TCP 算法、Freeze-TCP 算法和改进后的基于网络带宽的 Freeze-TCP 算法后,得到的网络拥塞窗口变化曲线结果是:刚开始在异构网络发送数据时,新算法的拥塞窗口为 2,但是很快又能够迅速增加拥塞窗口的大小;在 180s 时,网络出现了拥塞,但是可以看出这时基于网络带宽的 Freeze-TCP 算法的拥塞窗口开始超越 Freeze-TCP 的拥塞窗口,但是它是按照拥塞避免机制增加窗口大小的,而基于网络带宽的 Freeze-TCP 算法由于重新设置了慢启动门限,窗口按照慢启动方式呈指数级增长。

由仿真结果可知,基于网络带宽的 Freeze-TCP 算法和改进的基于网络带宽的 Freeze-TCP 算法在有线-无线混合异构网络环境中表现出更好的性能,且吞吐量一直保持较好,网络资源利用率高,变化平稳,说明了网络的发送速度比较稳定,对突发的网络流量作出了及时的拥塞控制处理,初步满足了普适服务的性能需求。

4.5　本章小结

本章阐述了以下几个方面的内容:

(1) 分析了普适服务模式下网络拥塞的原因,探讨了现有用于异构网络环境的拥塞控制机制的局限性,着重讨论了存在的几个关键问题以及相应的解决方案。通过分析和比较现有的传输控制算法,指出了存在的问题,并重点研究了基于 TCP 的拥塞控制机制。

(2) 对现有的典型的 TCP 网络拥塞控制算法进行了深入的分析,并用网络仿真工具 NS2 对其进行了实验仿真。实现结果表明,在有线网络环境下,改进的 TCP Sack、TCP Vegas 算法较传统的 TCP Reno 算法在吞吐量和平稳性方面表现出较好的特性;在无线网络环境下,传统的 TCP 拥塞控制算法显得无能为力,就连 TCP Sack、TCP Vegas 算法的性能也明显下降。

(3) 通过对无线网络环境下引起数据包丢失的具体原因进行分析,对近年来提出的适应无线网络环境的 Freeze-TCP 算法进行了研究,通过实验仿真发现它用于无线网络环境时网络的吞吐量得到了很大提高,但是该算法在异构网络环境下表现出极大的不稳定性。

（4）在分析 Freeze-TCP 算法应用于异构网络时存在的缺陷的基础上,结合基于网络带宽预测的拥塞控制的优点,提出了改进的基于网络带宽的自适应 Freeze-TCP 算法。仿真结果表明,将该算法应用于异构网络时,不但网络的吞吐量提高了,而且在网络环境切换时算法比较稳定。

第5章　扩展频谱通信和基带调制解调理论

本章主要介绍在信号传送系统中要用到的理论,包括扩展频谱通信技术和数字信号的基带调制解调理论。这些技术和理论是对信号传送的设计、分析和研究的基础,是复杂系统中控制信号传送的基本原理。

5.1　扩频通信系统概述

扩展频谱通信包括了以下三方面的含义。

(1) 信号的频谱被展宽了。

传输任何信息都需要一定的带宽,称为信息带宽。

为了充分利用频率资源,通常都是尽量采用大体相当的带宽信号来传输信息。在常规无线电通信中射频信号的带宽与所传信息的带宽是成比例关系的。例如,一般的调频信号或脉冲编码调制信号,它们的带宽与信息带宽之比也只有几到十几;而扩展频谱通信信号带宽与信息带宽之比则高达 100~1000,属于宽带通信,传输的信号称为宽带信号。

(2) 采用扩频码序列调制的方式来扩展信号频谱。

在时间上有限的信号,其频谱是无限的。例如,很窄的脉冲信号,其频谱则很宽。信号的频带宽度与其持续时间近似成反比。$1\mu s$ 的脉冲的带宽约为 1MHz。因此,如果很窄的脉冲序列被所传信息调制,则可产生很宽的频带信号。

直序扩频系统就是采用这种方法获得扩频信号的。这种很窄的脉冲码序列,其码速率是很高的,称为扩频码序列。所采用的扩频码序列与所传信息数据是无关的,也就是说,它与一般的正弦载波信号一样,丝毫不影响信息传输的透明性。扩频码序列仅仅起扩展信号频谱的作用。

(3) 在接收端用相关解调来解扩。

正如在一般的窄带通信中,已调信号在接收端都要进行解调来恢复所传的信号。在扩频通信中接收端则用与发送端相同的扩频码序列与收到的扩频信号进行相关解调,恢复所传的信号。这种相关解调起到解扩的作用。即把扩展以后的信号又恢复成原来所传的信号。发送端把窄带信号扩展成宽带信号,而在接收端又将其解扩成窄带信号。

用宽带信号来传送信息主要为了通信的安全可靠。其基本特点是,传输信号所占用的频带宽度(W)远大于原始信息本身实际所需的最小(有效)带宽(ΔF),其

比值称为处理增益(G)

$$G = W/\Delta F \tag{5-1}$$

任何信息的有效传输都需要一定的频率宽度。为了充分利用有限的频率资源,增加通道数目,人们广泛选择不同调制方式,采用宽频信道(同轴电缆、微波和光纤等)和压缩频带等措施,同时力求使传输媒介中传输的信号占用尽量窄的带宽。现今使用的电话、广播系统中,无论是采用调幅、调频或脉冲编码调制,G 值一般都在数十兆赫兹范围内,统称为"窄带通信";而扩频通信的 G 值高达数百上千,称为宽带通信。

扩频通信的可行性是从信息论和抗干扰理论的基本公式中引申而来的。

信息论中关于信息容量的香农(Shannon)公式为

$$C = W\log_2(1 + P/N) \tag{5-2}$$

式中,C 为信道容量(用传输速率度量);W 为信号频带宽度;P 为信号功率;N 为白噪声功率。

式(5-2)说明,在给定的传输速率 C 不变的条件下,频带宽度 W 和信噪比 P/N 是可以互换的。即可通过增加频带宽度的方法,在较低的信噪比 P/N(S/N)情况下传输信息。

利用扩展频谱换取信噪比要求的降低,正是扩频通信的重要特点,提高了通信的抗干扰能力,即在强干扰条件下保证可靠安全地通信。这也正是扩频通信的基本思想和理论依据。

扩频通信的一般工作原理如图 5-1 所示。

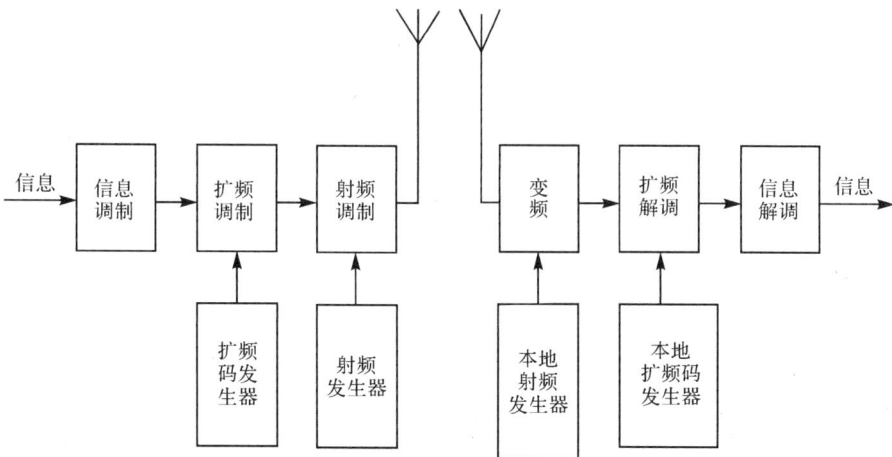

图 5-1　扩频通信工作原理

处理增益和抗干扰容限是扩频通信系统的两个重要性能指标。

（1）处理增益 G 也称为扩频增益。

如式(5-1)所示,处理增益 G 定义为频带扩展后的信号带宽 W 与频谱扩展前的信息带宽 ΔF 之比,即

$$G = W/\Delta F \tag{5-3}$$

在扩频通信系统中,接收机作扩频解调后,只提取伪随机编码相关处理后的带宽为 ΔF 的信息,而排除掉宽频带 W 中的外部干扰、噪声和其地用户的通信影响。因此,处理增益 G 反映了扩频通信系统信噪比的改善程度。

（2）抗干扰容限。

抗干扰容限指扩频通信系统能在多大数干扰环境下正常工作的能力,定义为

$$M_j = G - \left[(S/N)_{out} + L_s \right] \tag{5-4}$$

式中,M_j 为抗干扰容限;G 为处理增益;$(S/N)_{out}$ 为信息数据被正确解调而要求的最小输出信噪比;L_s 为接收系统的工作损耗。

5.2　直序扩频系统

5.2.1　直序扩频系统的组成与原理

直序(DS)扩频,就是直接用具有高码率的扩频码序列在发送端去扩展信号的频谱。而在接收端,用相同的扩频码序列去进行解扩,把展宽的扩频信号还原成原始的信息。图 5-2 为直序扩频通信结构图。

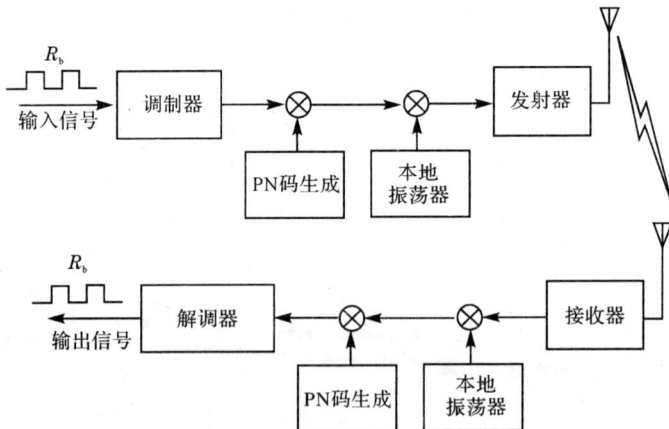

图 5-2　直序扩频通信结构图

在图 5-2 中,假定发送的是一个频带限于 f_{in} 以内的窄带信息(图 5-3)。将此信息在信息调制器中先对某一副载频 f_0 进行调制(如进行调幅或窄带调频),得

到一中心频率为 f_{o} 而带宽为 $2f_{\text{in}}$ 的信号,即通常所指的窄带信号。一般的窄带通信系统直接将此信号在发射机中对射频进行调制后由天线发射出去。

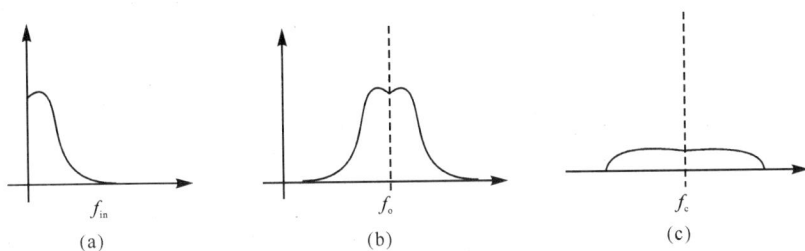

图 5-3　直序扩频通信系统的频谱分析

但在扩频通信中还需要增加一个扩展频谱的处理过程。常用的一种扩展频谱的方法就是用一个高码率为 f_{c} 的随机码序列对窄带信号进行二相相移键控调制。二相相移键控相当于载波抑制的调幅双边带信号。选择 $f_{\text{c}} \gg f_{\text{o}} > f_{\text{in}}$,这样得到了带宽为 $2f_{\text{c}}$ 的载波抑制的宽带信号。这一扩展了频谱的信号再送到发射机中去对射频进行调制后由天线辐射出去。

信号在射频信道传输过程中必然受到各种外来信号的干扰。因此,在接收端,进入接收机的除有用信号外还存在干扰信号。假定干扰为功率较强的窄带信号,宽带有用信号与干扰信号同时经变频至中心频率输出。对这一中频宽带信号必须进行解扩处理才能进行信息解调。解扩实际上就是扩频的反变换,通常也是用与发送端相同的调制器,并用与发送端完全相同的伪随机码序列对收到的宽带信号再一次进行二相相移键控调制。

如图 5-4 所示,图 5-4(a)为发送端要发送的控制信号;图 5-4(b)为经过载波调制后的中频信号;图 5-4(c)为扩频使用的发送端的 PN 码;图 5-4(d)为使用 PN 码扩频后的高频信号,即发送端要发送的抗干扰信号。直序扩频的发送端和接收端信号频谱如图 5-5 所示,图 5-5(a)为发送端控制信号的原始信号频谱,功率谱密度比较集中;图 5-5(b)为经过直序扩频后的频谱,功率谱密度相对平均;图 5-5(c)为接收端收到的带有干扰信号的功率谱密度;图 5-5(d)为经过直序扩频解扩后的信号频谱,可见噪声的功率影响降低了。

在图 5-2 中的直序扩频接收端,接收到的波形是图 5-4(d)所示的信号,再一次的相移键控正好把扩频信号恢复成相移键控前的原始信号。从频谱上看则表现为宽带信号被解扩压缩还原成窄带信号。这一窄带信号经中频窄带滤波器后至信息解调器再恢复成原始信号。但是对于进入接收机的窄带干扰信号,在接收端调制器中同样也受到伪随机码的双相相移键控调制,它反而使窄带干扰变成宽带干扰信号。由于干扰信号频谱的扩展,经过中频窄带滤波作用,只允许通带内的干扰通过,使干扰功率大为减少。由此可见,接收机输入端的信号与噪声经过解扩处理,使信号功率集中起来通过滤波器,同时使干扰功率扩散后被滤波器大量滤除,结果便大大提高了输出端的信号噪声功率比。

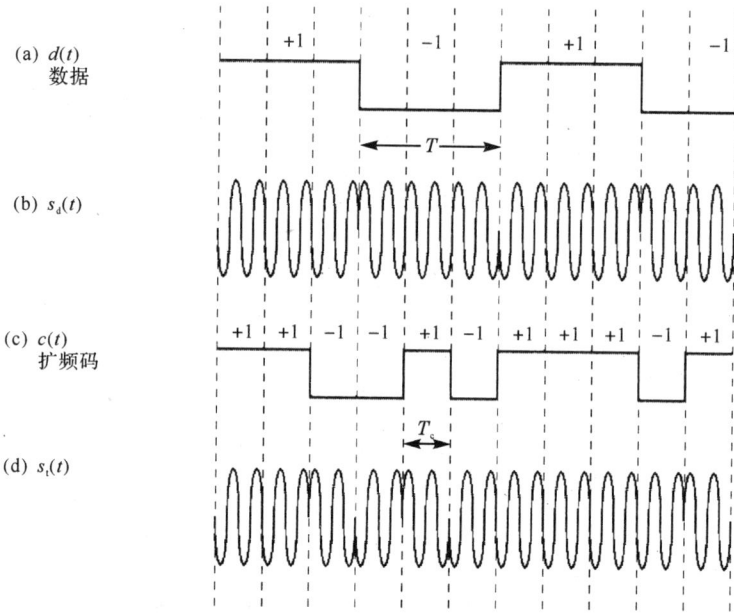

图 5-4　直序扩频的发送端和接收端信号

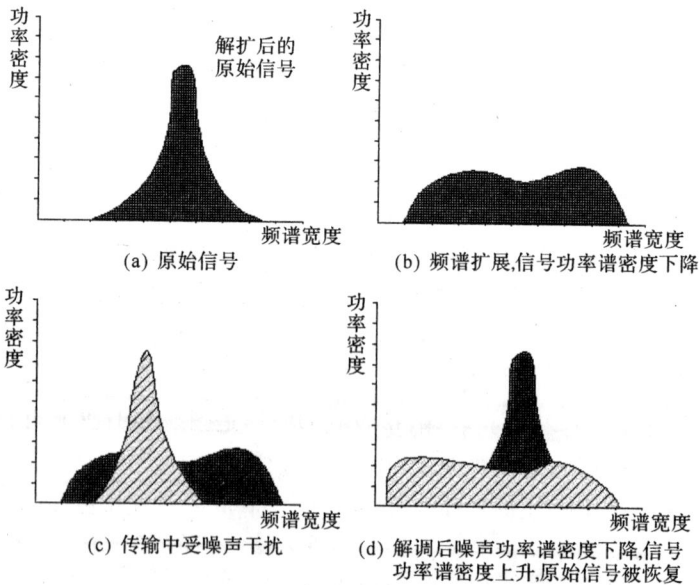

图 5-5　直序扩频的发送端和接收端信号频谱

这一过程说明了直序扩频系统的基本原理和该过程是怎样通过对信号进行扩频与解扩处理从而获得提高输出信噪比的好处的。该过程体现了直序扩频系统的抗干扰能力。

综上所述,直序扩频系统就是频谱的扩展,是直接由高码率的扩频码序列进行调制而得到的。扩频码序列多采用伪随机码,也称为伪噪声(PN)码序列。扩频调制方式多采用 BPSK 或 QPSK 等幅调制。扩频和解扩的调制解调器多采用平衡调制器,制作简单又能抑制载波。模拟信号调制多采用频率调制(FM),而数字信号调制多采用脉冲编码调制(PCM)或增量调制(ΔM)。接收端多采用产生本地伪随机码序列对接收信号进行相关解扩,或采用匹配滤波器来解扩信号。扩频和解扩的伪随机码序列应有严格的同步,码的搜捕和跟踪多采用匹配滤波器或利用伪随机码的优良特性在延迟锁相环中实现。一般需要用窄带滤波器来排除干扰,以实现其抗干扰能力的提高。

5.2.2 直序扩频信号的波形与频谱

任何周期性的时间波形都可以看成是许多不同幅度、频率和相位的正弦波之和。这些不同的频率成分,在频谱上占有一定的频带宽度。单一频率的正弦波,在频谱上只有一条谱线,而周期性的矩形脉冲序列则有许多谱线。任何周期性的时间波形,可以用傅里叶级数展开的数学方法求出它的频谱分布图,在理论上包含无限多的频谱成分。不难证明,时间有限的波形,在频谱上是无限的;相反,频谱有限的信号,在时间上也是无限的。

但一般来说,信号的能量主要集中在频谱的主瓣内,即频率从 0 开始到频谱经过第一个 0 点的频率为止的宽度,称为信号的频带宽度,以 B 表示。由数学分析可知,信号谱线间隔取决于脉冲序列的重复周期 T,即 $f=1/T$。而信号频带宽度 B 取决于脉冲的宽度 τ,即 $B=1/\tau$。如果脉冲重复周期增加一倍,则基频降低一半,谱线间隔也减少一半,谱线密度增加一倍。此外,无论是脉冲重复周期的增加,还是脉冲宽度的减少,频谱函数的幅度都降低了。

从上面的讨论中可以得出以下两个重要的结论。

(1) 为了扩展信号的频谱,可以采用窄脉冲序列去调制某一载波,从而得到一个很宽的双边带的直扩信号。采用的脉冲越窄,扩展的频谱越宽。如果脉冲的重复周期为脉冲宽度的 2 倍,即 $T=2\tau$,则脉冲宽度变窄对应于码重复频率的提高,即采用高码率的脉冲序列。直序扩频系统正是应用了这一原理,直接用重复频率很高的窄脉冲序列来展宽信号的频谱。

(2) 如果信号的总能量不变,则频谱的展宽,将使各频谱成分的幅度下降,即信号的功率谱密度降低。也就是用扩频信号进行隐蔽通信,这是因为扩频信号具有低的被截获概率的缘故。

5.2.3　扩频码序列的相关性

在扩频通信中需要用高码率的窄脉冲序列。这是针对扩频码序列的波形而言，并未涉及码的结构和如何产生等问题。现在实际上用得最多的是伪随机码，或称为 PN 码。

这类码序列最重要的特性是具有近似于随机信号的性能。因为噪声具有完全的随机性，也可以说具有近似于噪声的性能。但是，真正的随机信号和噪声是不能重复再现和产生的，只能产生一种周期性的脉冲信号来近似随机噪声的性能，故称为伪随机码或 PN 码。

选用随机信号或具有噪声性能的信号来传输信息是因为许多理论研究表明，在信号传输中各种信号之间的差别性能越大越好。这样任意两个信号不容易混淆，也就是说，相互之间不易发生干扰，不会发生误判。理想的传输信号的信号形式应是类似于噪声的随机信号，因为取任何时间上不同的两段噪声来比较都不会完全相似。用它们代表两种信号，其差别性就会最大。

在数学上是用自相关函数来表示信号与它自身相移以后的相似性的。随机信号的自相关函数可定义为

$$\varphi = \lim_{T \to \infty} \frac{1}{T} \int_{-T/2}^{T/2} f(t) f(t-\tau) \mathrm{d}t = \begin{cases} 0, & \tau \neq 0 \\ 常数, & \tau = 0 \end{cases} \tag{5-5}$$

式中，$f(t)$ 为信号的时间函数；τ 为时间延迟。

式(5-5)的物理概念是 $f(t)$ 与其相对延迟的 τ 的 $f(t-\tau)$ 来比较：

如二者不完全重叠，即 $\tau \neq 0$，则乘积的积分 $\Psi(\tau)$ 为 0。

如二者完全重叠，即 $\tau = 0$，则乘积的积分 $\Psi(0)$ 为一常数。

因此，$\Psi(\tau)$ 的大小可用来表征 $f(t)$ 与自身延迟后的 $f(t-\tau)$ 的相关性，故称为自相关函数。

图 5-6(a)为任一随机噪声的时间波形及其延迟一段 τ 后的波形。图 5-6(b)为其自相关函数。当 $\tau = 0$ 时，两个波形完全相同、重叠，积分平均为一常数。如果稍微延迟任意时间，对于完全的随机噪声，相乘以后正负抵消，积分为 0。因而在以 τ 为横坐标的图上，$\Psi(\tau)$ 应为在原点的一段垂直线。在其他 τ 时，其值为 0。这是一种理想的二值自相关特性。利用这种特性，就很容易判断接收到的信号与本地产生的相同信号复制品之间的波形和相位是否完全一致。相位完全对准时有输出，没有对准时输出为 0。遗憾的是，这种理想的情况在现实中是不能实现的。因为我们不能产生两个完全相同的随机信号。我们所能做到的是产生一种具有类似于自相关特性的周期性信号。

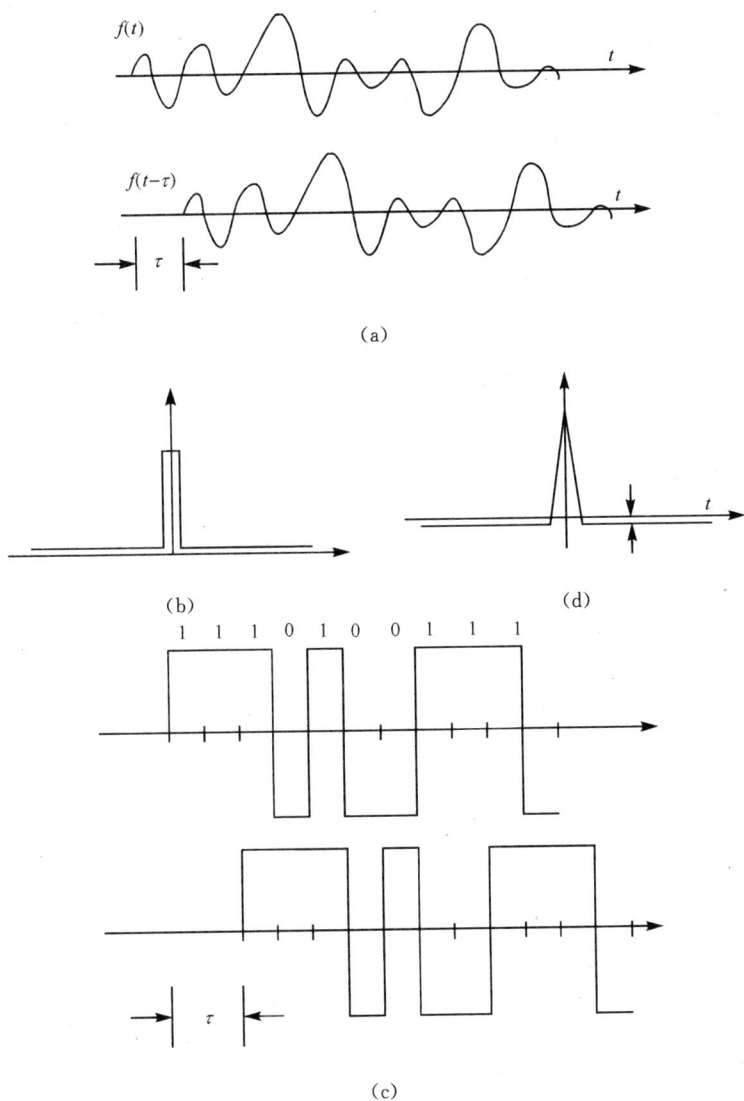

图 5-6　信号自相关性

PN 码就是一种具有近似于随机噪声这种理想二值自相关特性的码序列。例如,二元码序列 1110100 为码长为 7 位的 PN 码。如果用 +1、−1 脉冲分别表示"1"和"0",则在图 5-6(c)中示出其波形和它相对延迟 τ 个时片的波形。这样我们很容易求出这两个脉冲序列波形的自相关函数,如图 5-6(d)所示。自相关峰值在 $\tau=0$ 时出现,自相关函数在 $-\tau_0/2 \sim \tau_0/2$ 范围呈三角形。τ_0 为脉冲宽度。而在其他延迟时,自相关函数值为 $-1/7$,即码位长的倒数取负值。

当码长取得很大时,它就近似于图 5-7(b)中所示的理想的随机噪声的自相关特性。这种码序列就被称为伪随机码或 PN 码。由于这种码序列具有周期性,又容易产生,它就是下面即将介绍的 m 序列,成为直序扩频系统中常用的扩频码序列。

扩频码序列除自相关性外,与其他同类码序列的相似性和相关性也很重要。例如,有许多用户共用一个信道,要区分不同用户的信号,就得靠相互之间的区别或不相似性来区分。换句话说,就是要选用互相关性小的信号来表示不同的用户。两个不同信号波形 $f(t)$ 与 $g(t)$ 之间的相似性用互相关函数来表示

$$\varphi = \lim_{T \to \infty} \frac{1}{T} \int_{-T/2}^{T/2} f(t)g(t-\tau)\mathrm{d}t \tag{5-6}$$

如果两个信号都是完全随机的,在任意延迟时间 τ 都不相同,则式(5-6)为 0;如果有一定的相似性,则式(5-6)不完全为 0。两个信号的互相关函数为 0,则称之为是正交的。通常希望两个信号的互相关值越小越好,这样它们就容易被区分,且相互之间的干扰也小。

5.2.4　m 序列

m 序列是最长线性移位寄存器序列的简称。由于 m 序列容易产生、规律性强、有许多优良的性能,因此在扩频通信中最早获得广泛的应用。m 序列是由多级移位寄存器或其他延迟元件通过线性反馈产生的最长的码序列。在二进制移位寄存器发生器中,若 n 为级数,则所能产生的最大长度的码序列为 $2^n - 1$ 位。一个码序列的随机性由以下三点来表征:

(1) 周期内"1"和"0"的位数仅相差 1 位。

(2) 周期内长度为 1 的游程(连续为"0"或连续为"1")占 1/2,长度为 2 的游程占 1/4,长度 3 的游程占 1/8。只有一个包含 n 个"1"的游程,也只有一个包含 $n-1$ 个"0"的游程。"1"和"0"的游程数相等。

(3) 周期长的序列与其循环移位序列比较,相同码的位数与不相同码的位数相差 1 位。

5.2.5　直序扩频信号的发送与接收

在图 5-2 所示的直序扩频结构的原理方框中,在发送端输入信号要经过信息调制扩频和射频调制,在接收端接收到的信号要经过变频、解扩和信号解调。直序扩频通信系统的主要特点在于直序扩频信号的产生(即扩频调制)和直序扩频信号的接收(即相关解扩)。

1) 扩频调制

通过对扩频信号波形与频谱关系的分析和对 PN 码序列性能的了解,来说明获得扩频信号的调制方法就比较容易了。一般说来,都是用高码率的 PN 码脉冲

序列去进行扩展信号的频谱调制的。

通常采用的调制方式为 BPSK,输入信号与 PN 码在平衡调制器调制而输出展宽的扩频信号;图 5-2 中已经表示出直序扩频调制的原理图。图中平衡调制器的输出信号的中心频率位置决定于输入的载波频率,在这里是载频抑制的。而两个边带则为展宽的频谱,它决定于调制 PN 码脉冲的宽度。PN 码码率越高,或脉冲宽度越窄,扩展的频谱越宽。

平衡调制器的一个重要特性是输出的调制信号是载波抑制的,这对于扩频通信是很重要的。平衡调制器对两个输入信号来说相当于乘法器。如果载波信号用 $A\cos\overline{\omega}_c t$ 表示,脉冲信号用 $m(t)$ 表示,则输出信号为二者乘积,即

$$A[m(t)]\cos\overline{\omega}_c t$$

如果 $m(t)$ 取值为 ± 1,则输出信号根据三角公式可分解为相位相差 $180°$ 的两个分量之和,它相当于只有两个边频而无载波。但在直序扩频系统中,调制脉冲不是周期性的规则脉冲,而是 PN 码脉冲序列。

由信号分析可知,周期性的脉冲序列的频谱是呈 $[(\sin x)/x]^2$ 型分布。因此,实际 PN 码调制载波获得的功率谱是呈 $[(\sin x)/x]^2$ 型分布,它好像是分布为 $[(\sin x)/x]^2$ 的噪声一样。这一波形是比较理想的平衡调制器的波形。实际的平衡调制器,有时不能做到真正平衡。因此,可能出现载波不能完全抑制,或调制的 PN 脉冲信号有泄漏,以及钟脉冲信号泄漏到输出端的情况。这些是不希望出现的和应尽量避免的。除了 BPSK 调制获得扩频信号外,还可以采用 QPSK 及 MSK 调制来进行扩频调制。

2）相关解扩

在接收端解扩一般采用相关检测或匹配滤波的方法。

所谓相关检测,是要检测出所需要的有用信号,有效的方法是在本地产生一个相同的信号,然后用它与接收到的信号对比,求其相似性,也就是用本地产生的相同信号与接收到的信号进行相关运算,其中相关函数值最大的就最可能是所要求的有用信号。

图 5-2 中已表示出基本的解扩过程。也就是在接收端产生与发送端完全相同的 PN 码,对收到的扩频信号,在平衡调制器中再一次进行二相相移键控调制。在图 5-4(a)中可以看出发送端相移键控调制后的信号在接收端又被恢复成原来的载波信号。当然一个必要的条件是本地的 PN 码信号的相位必须和收到的相移后的信号在相移点对准,这样才能正确地将相移后的信号再翻转过来。由此可见,接收端和发送端信号的同步十分重要。

另外,从图 5-3 中的频谱图上也可以看出,平衡调制器把收到的展宽的信号解扩成信息调制的载波。最后经带通滤波器输出。以上所述就是所谓的相关解扩过程。通常为了处理方便,该过程大多在中频进行。也就是接收到的扩频信号,

先在变频器中变换到中频,再进入到平衡调制器中解扩,其后接中频基带滤波器输出。有时为了避免强干扰信号从平衡调制器的输入端绕过它而泄漏到输出端去,可以用外差相关解扩,如图 5-7 所示。

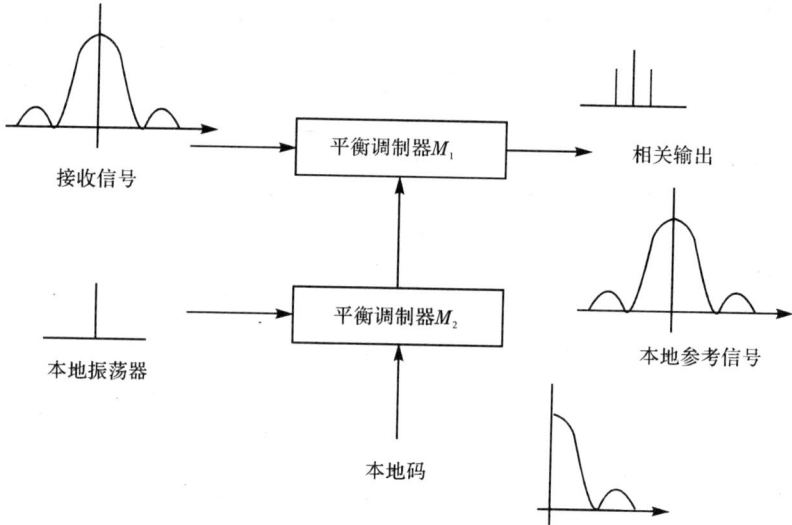

图 5-7 接收端平衡调制器信号

本地产生的 PN 码先与本地振荡器产生的与接收信号差一个中频信号的本地振荡信号进行调制,产生本地参考信号,它是一个展宽了的信号。然后,此本地参考信号与接收的信号在上面一个平衡调制器调制成中频输出信号。这时平衡调制器实际上起的是混频器的作用。由于它的输入信号与输出信号不同,也就不会发生强干扰信号直接绕过去的泄漏了。并且后面还有一个中频基带滤波器,可以起到滤除干扰的作用。

相关解扩过程对扩频通信至关重要。正是这一解扩过程大大提高了系统的抗干扰能力。

图 5-8 所示为一直序扩频接收机的简化框图。输入信号除直序扩频信号外,还有连续载波干扰和宽带信号干扰。解扩相关器对连续载波起扩频的作用,把它变换成展宽的直扩信号。同理,对输入的不是相同 PN 码调制的宽带信号也进一步展宽了。这两种信号经窄带滤波器后,只剩下一小部分干扰信号能量。与解扩出的信息调制载波相比较,输出的信噪比大大提高了。由此可见,频带展得越宽,功率谱密度越低,经窄带滤波后残余的干扰信号能量就越小。这里也可以看出,在接收端,窄带滤波器对提高抗干扰性起着很关键的作用,因而在实际应用中,对其性能指标的要求也就很严格。

相关解扩在性能上固然很好,但总是需要在接收端产生本地 PN 码。这一点

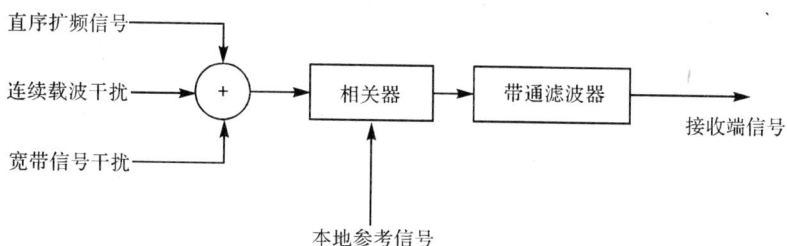

图 5-8　接收端相关器

有时带来许多不方便。例如,解决本地信号与接收信号的同步问题就很麻烦,还不能做到实时把有用信号检测出来。因为匹配滤波和相关检测的作用在本质上是一样的,可以用匹配滤波器来解扩直序扩频信号。

　　匹配滤波器,就是与信号相匹配的滤波器,它能在多种信号或干扰中把与之匹配的信号检测出来。这同样是一种“用相片找人”的方法。对于视频矩形脉冲序列来说,无源匹配滤波器就是抽头延迟线上加上加法累加器,有时称为横向滤波器,其结构如图 5-9 所示,图 5-10 为匹配滤波器处理后的输出。

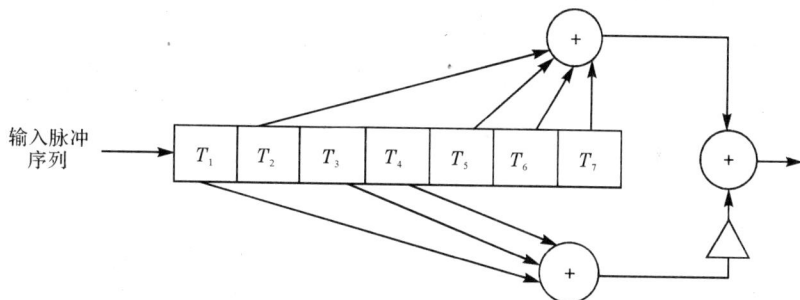

图 5-9　匹配滤波器结构图

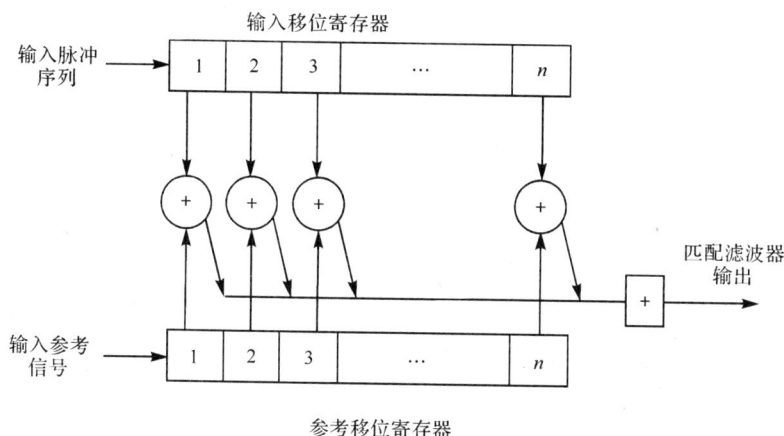

图 5-10　匹配滤波器处理后的输出

5.2.6 直序扩频系统的同步

1) 同步原理

任何数字通信系统都是离散信号的传输,要求收、发两端信号在频率上相同和相位上一致,才能正确地解调出信号。扩频通信系统也不例外。一个相干扩频数字通信系统,接收端与发送端必须实现信息码元同步、PN 码码元和序列同步以及射频载频同步。只有实现了这些同步,直序扩频系统才能正常工作。

同步系统是扩频通信的关键技术。在上述几种同步中,信息码元时钟可以和 PN 码元时钟联系起来,有固定的关系,一个实现了同步,另一个自然也就同步了。对于载频同步来说,主要是针对相干解调的相位同步而言。常见的载频提取和跟踪的方法都可采用,如用跟踪锁相环来实现载频同步。因此,这里只重点讨论 PN 码码元和序列的同步。

一般说来,在发射机和接收机中采用精确的频率源,可以去掉大部分频率和相位的不确定性。但引起不确定性的因素有以下一些:

(1) 发射机和接收机的距离引起传播的延迟产生的相位差。

(2) 发射机和接收机相对不稳定性引起的频差。

(3) 发射机和接收机相对运动引起的多普勒频移。

(4) 多径传播也会影响中心频率的改变。

因此,只靠提高频率源的稳定度是不够的,需要采取进一步提高同步速率和精度的方法。

同步系统的作用就是要实现本地产生的 PN 码与接收到的信号中的 PN 码同步,即频率上相同,相位上一致。同步过程一般说来包含两个阶段。

(1) 接收机在一开始并不知道对方是否发送了信号,因此,需要有一个搜捕过程,即在一定的频率和时间范围内搜索和捕获有用信号。这一阶段也称为起始同步或粗同步,也就是要把对方发来的信号与本地信号的相位之差纳入同步保持范围内,即在 PN 码一个时片内。

(2) 一旦完成这一阶段,则进入跟踪过程,即继续保持同步,不因外界影响而失去同步。也就是说,无论由于何种因素使两端的频率和相位发生偏移,同步系统都能加以调整,使收发信号仍然保持同步。图 5-11 为同步系统搜捕和跟踪原理图。

接收到的信号经宽带滤波器后,在乘法器中与本地 PN 码进行相关运算。此时搜捕器件,调整压控钟源,调整 PN 码发生器产生的本地脉冲序列伪重复频率和相位,以搜捕有用信号。一旦捕获到有用信号,则启动跟踪器件,由其调整压控钟源,使本地 PN 码发生器与外来信号保持同步。如果由于采样原因引起失步,则开始新一轮的搜捕和跟踪过程。

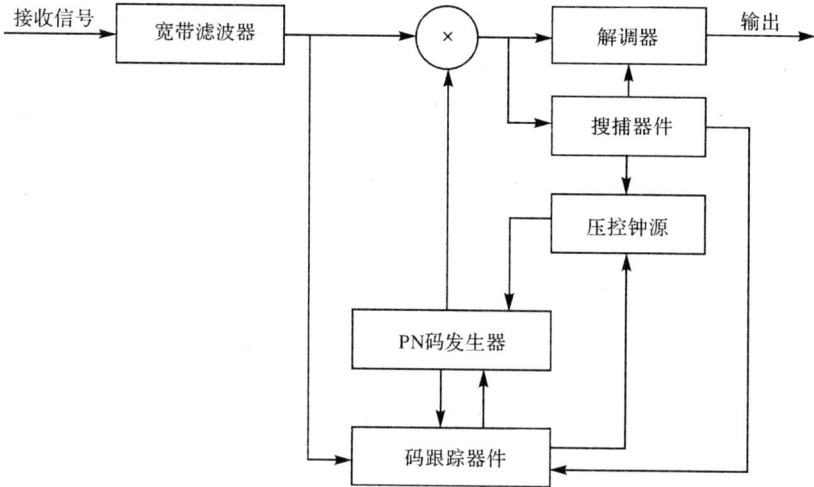

图 5-11 同步系统搜捕和跟踪原理图

因此,整个同步过程包含搜捕和跟踪两个阶段闭环的自动控制和调整过程。

2) 直序扩频系统的起始同步:搜捕

搜捕的作用就是在频率和时间(相位)不确定的范围内捕获有用的 PN 码信号,使本地 PN 码信号与其同步。由于解扩过程通常都在载波同步之前进行,所以载波相位在这里是未知的。

大多数搜捕方法都利用非相干检测。所有的搜捕方法的共同特点是用本地信号与收到的信号相乘(即相关运算),获得二者相似性的量度,并与一门限值相比较,以判断其是否捕获到有用信号。如果确认捕获到有用信号,则开始跟踪过程,使系统保持同步;否则又开始继续搜捕。

三种常用的搜捕方法如下。

(1) 滑动相关搜捕法。

当收到的 PN 码序列与本地 PN 码序列的钟频不同时,在示波器上可以看到两个序列在相位上相互滑动。这种滑动过程就是两个码序列逐位进行相关检测的过程。总有一个时候,两个序列的相位会滑动到一致。如果这时能使滑动停止,则完成了搜捕过程,可以转入跟踪过程,达到系统同步。图 5-12 为滑动相关器的方框图。图 5-13 为滑动相关器的流程图。

接收到的信号与本地 PN 码相乘后再积分,即求出它们的互相关值,然后在门限检测器中与某一门限值比较,以判断是否已捕获到有用信号。这里是利用 PN 码序列的相关特性,当两个相同的码序列在相位上一致时,其相关值有最大的输出。一旦确认搜捕完成,则搜捕指示信号的同步脉冲控制搜索控制钟,调整 PN 码发生器产生的 PN 码的重复频率和相位,使之与收到的信号保持同步。

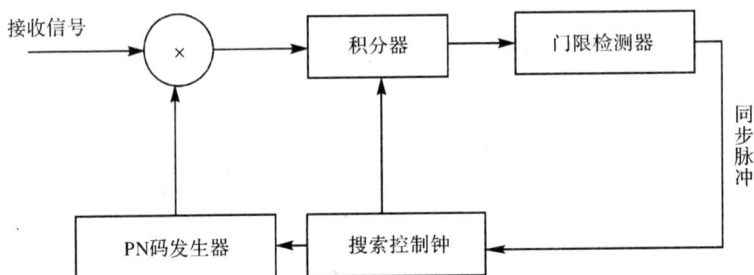

图 5-12 　滑动相关器的方框图

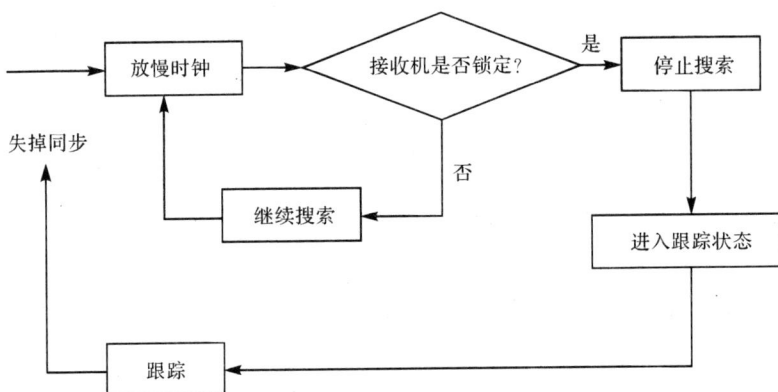

图 5-13 　滑动相关器的流程图

由于滑动相关器对两个 PN 码序列是顺序比较相关的,所以这种方法又称为顺序搜索法。由于滑动相关器设计简单,所以应用很广。它的缺点在于,当两端 PN 码钟频相差不多时,相对滑动速度很慢,导致搜索时间过长。现在常用的一些搜索方法大多在此法的基础上,采取一些措施来限定搜索范围或加快搜捕的时间,从而改善其性能。

(2) 序贯估值器搜捕法。

为了解决长码搜捕时间过长的问题,一种快速搜捕的方法称为序贯估值器搜捕法,图 5-14 为其原理方框图。

缩短本地 PN 码与外来 PN 码在相位取得一致所需时间的一个简单办法是,把收到的 PN 码序列直接注入本地码发生器的移位寄存器中,强迫改变各级寄存器的起始状态,使其产生的 PN 码刚好与外来码相位一致,则系统可以立即进入同步跟踪状态。如图 5-14 所示,从收到的码信号中,先把 PN 码检测出来,通过开关"1"进入 N 级 PN 码发生器的移位寄存器中。待整个码序列全部进入填满后,开关接通"2"。所产生的 PN 码与收到的码信号在相关器中进行相关运算,所得结果

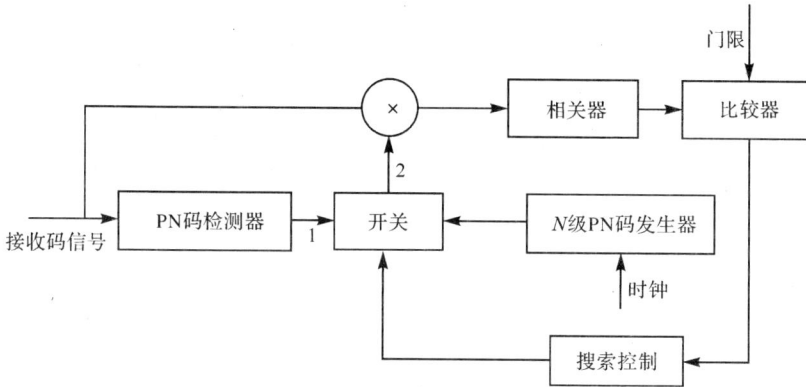

图 5-14　序贯估值器搜捕法原理方框图

在比较器中与门限比较。如未超过门限,则继续上述过程;如超过门限,则停止搜索,系统转入跟踪状态。

在最理想的情况下,搜捕时间 $T_s = nT_c$, T_c 为 PN 码片时间宽度。这个方法搜捕时间虽然很快,但问题之一是它的先决条件是对外来的 PN 码先要进行检测后才能注入移位寄存器。做到这一点有时是困难的。问题之二是此法对噪声和干扰很脆弱,因为是逐个时片进行估值和判决,并未利用 PN 码的抗干扰特性。但无论如何,在无敌对干扰的条件下,仍有良好的快速起始同步性能。

(3) 匹配滤波器搜捕法。

因为匹配滤波器有识别码序列的功能,可以利用它进行快速捕获。图 5-15～图 5-17 表示了几种匹配滤波器(其中 dm 表示增量调制)。

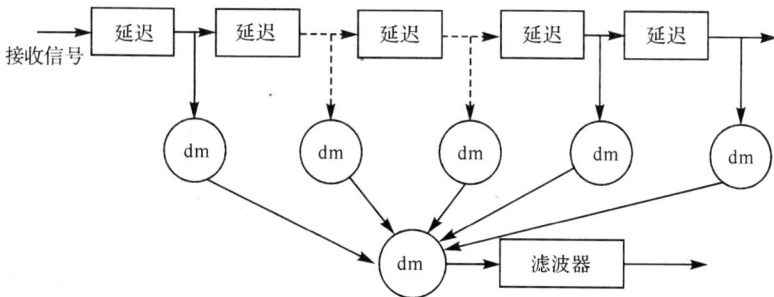

图 5-15　匹配滤波器(1)

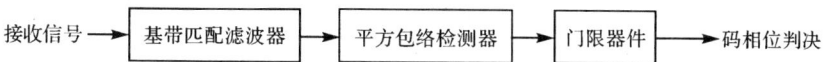

图 5-16　匹配滤波器(2)

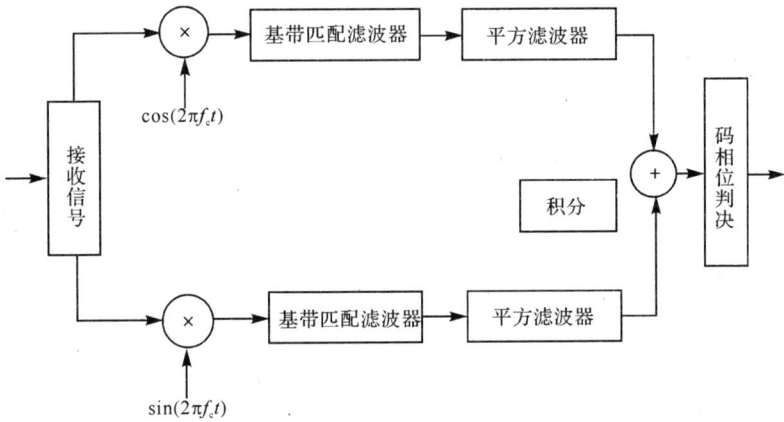

图 5-17　匹配滤波器(3)

每个延迟元件的延迟时间等于码的时钟周期。由于输出是多级输出的累加结果,如有 n 级,则处理增益为 $G=10\log_2 n$。

上述匹配滤波器可在中频或低频进行,即基带匹配滤波器及低通匹配滤波器。前者可用无源的 SAW 器件,后者则可由数字集成电路,如移位寄存器构成。显然,PN 码越长,级数越多,G 越大。匹配滤波器工作性能的好坏,决定元件延迟时间是否准确,能否与时钟周期匹配;如有失配情况,则影响同步质量。

已知两个信号的频谱函数的相加,相当于两个信号时间函数的卷积。因此,可以利用卷积运算的器件来代替相关器或匹配滤波器进行信号的检测或搜捕。

3) 直序扩频系统的保持同步:跟踪

当捕获到有用信号后,即收发 PN 码相位差在半个时片以内时,同步系统转入保持同步阶段,有时也称为细同步或跟踪状态。也就是无论什么外界因素引起收、发两端 PN 码的频率或相位偏移,同步系统总能使接收端 PN 码跟踪发送端 PN 码的变化。显然,跟踪的作用和过程都是闭环运行的。当两端相位存在差别时,环路能根据误差大小进行自动调整以减小误差。因而同步系统多采用锁相技术。

跟踪环路可分为相干与非相干两类。前者是在确知发送端信号的载波频率和相位情况下工作的;后者则在不确知的情况下工作。大多数实际情况属于后者。常用的跟踪环路是延迟锁相环和 τ-抖动环两种。它们都是属于提前滞后类型的锁相环。锁相环的作用由收到的信号与本地产生的两个相位差(提前及延后)的信号进行相关运算完成。延迟锁相环是采用两个独立的相关器,而 τ-抖动环则采用分时的单个相关器。

跟踪使用一种工作在中频的非相干直序扩频信号 BPSK 调制的延迟锁相环。它是由两个支路并连的相关器构成的锁相环路。输入 PN 码信号分别与本地产生的延迟相差 1 位的 PN 码进行相关运算。这两个相互延迟 1 位的 PN 码序列可由 PN 码发生器的相邻的两级移位寄存器分别引出。相关器由乘法器（即平衡调制器）、基带滤波器和平方律包络检波器组成。按照 PN 码相关特性，输入信号与本地 PN 码的相关特性应为三角波。但由于两个相关支路本地 PN 码相差 1 位，两个三角波的峰值也相差 1 位。两个三角波经相加器反相合成以后则成为 S 形曲线，此即锁相环的鉴相特性。

S 形曲线表明，如果收到的信号与本地 PN 码相差有提前或延后，则加法器输出为正或负的电压。此电压经环路滤波器后去控制本地压控振荡器，然后再去调整 PN 码发生器，使 PN 码发生器产生的 PN 码的频率与相位跟踪外来 PN 码信号的变化。这就是延迟锁相环的基本工作原理。

在正常情况下，本地振荡器被锁定在 S 曲线的 0 点。两端有相差后再进行调整。此时本地 PN 码与外来 PN 码信号相差 1/2 时片。所以从移位寄存器末级取出的 PN 码序列经过 1/2 时片延迟后可以作为解码相关器支路的本地 PN 码参考信号，它与收到的信号相位一致。第三支路经信号数据解调器输出有用信号。

另外，可以使用一种跟踪作用相同，但结构上只用一个相关器较为简化的 τ-抖动环。但它多了一个 τ-抖动信号发生器。τ-抖动信号为一正负方波。用此方波去控制压控钟源使 PN 码发生器产生的本地 PN 码在相位上有一个提前或者滞迟后，从而使相关器输出一附加的振幅调制。其相关特性，在两端码相位一致时，工作在相关特性的峰值处，由其控制压控钟源的频率及相位使本地 PN 码跟踪接收到的 PN 码的变化。故 τ-抖动环的作用与延迟锁相环是相同的。

总之，延迟锁相环和 τ-抖动环不仅能起跟踪作用，如果应用滑动相关的概念，使本地压控振荡器一开始与接收信号有一定的频差，也能起到搜捕的作用。此外，另加一相关器，还可以起到解码的作用。

最后，上述情况充分说明，同步系统与扩频方式、扩频码、信号调制与解调、扩频调制与相关解扩都有直接关系。它的性能好坏影响整个系统的可靠性和适用性，以及功能和性能指标。因此，可以说同步系统在直序扩频系统中起着核心的作用。

5.3 基带调制和解调系统

5.3.1 基带调制解调技术概述

基带调制是将数字符号转换成合适信道特性的波形的过程。信号调制中这些波形通常具有整形脉冲的形式，而基带的载波调制（bandpass modulation）中则利用整形脉冲去调制正弦信号，此正弦信号称为载波波形（carrier wave），或简称为载波（carrier）。将载波转换成电磁场（electromagnetic，EM）传播到指定的地点就可以实现信号传输。载波调制有几方面的优点,如果一条信道要传输多路信号,则需要利用载波调制来区分不同的信号,这项技术称为频分复用(frequency-division multiplexing)。

在一般通信过程和 CSR 控制信号传送过程中,为了使数字信号在基带信道中传输,必须用数字信号对载波进行调制,传输数字信号时也有三种基本的调制方式,即幅度键控、频移键控和相移键控,分别对应于正弦波的幅度、频率和相位来传递数字基带信号。调制信号为二进制数字信号时,称为二进制数字调制,其中载波的幅度、频率和相位只能有两种变化状态。

5.3.2　BPSK 的基本算法

二进制相移键控中,载波的相位随调制信号 1 或者 0 而改变,通常由相位 0°和 180°来分别表示 1 和 0。二进制相移键控已调信号的时域表达式为

$$S_{BPSK}(t) = \left[\sum_n a_n g(t - nT_s)\right]\cos(\omega_c t) \tag{5-7}$$

式中,a_n 是信号 1、0 的出现概率;$g(t)$ 是幅度为 1、宽度为 T_s 的矩形脉冲;$\cos(\omega_c t)$ 是载波。

BPSK 信号是双极性非归零的双边带调制,BPSK 调制器可以采用相乘器,也可以用相位选择器来实现。BSPK 解调必须要采用相干解调,如何得到同频同相的载波是个关键问题。由于 BPSK 信号是抑制载波双边带信号,不存在载频分量,因而无法从已调信号中直接用滤波法提取本地载波。只有采用非线性变换才能产生新的频率分量,常用的载波恢复电路有两种:平方环电路和科斯塔斯(Castas)环。这里使用科斯塔斯环来实现这一过程。BPSK 解调过程如图 5-18 所示。

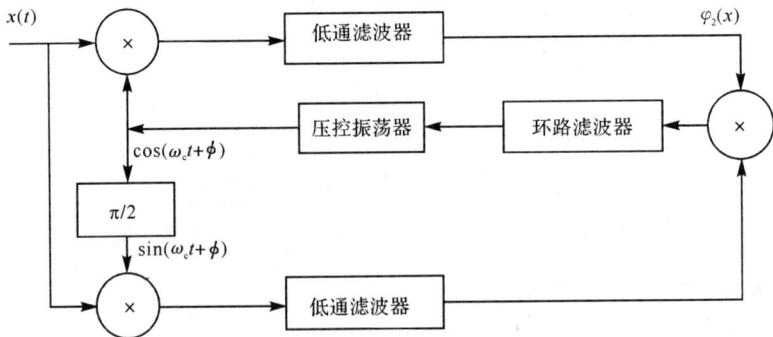

图 5-18　BPSK 解调过程

科斯塔斯环又称为同相正交环。在此环路中,误差信号是由两路相乘及低通滤波器提供的。压控振荡器输出信号直接供给一路相乘器,供给另一路相乘

器的则是压控振荡器输出经 90°移相后的信号。两路相乘器的输出均包含调制信号，两者相乘后可以消除调制信号的影响，经环路滤波器得到仅与压控振荡器输出和理想载波之间相位差有关的控制电压，从而准确地对压控振荡器进行调整。

科斯塔斯环的上、下两路相乘器的输出为

$$u_{p1}(t) = K_{p1}\Big[\sum_n a_n g(t-nT_s)\Big] \cdot \cos(\omega_c t) \cdot \cos(\omega_c t + \Delta\phi) \tag{5-8}$$

$$u_{p2}(t) = K_{p2}\Big[\sum_n a_n g(t-nT_s)\Big] \cdot \cos(\omega_c t) \cdot \sin(\omega_c t + \Delta\phi) \tag{5-9}$$

式中，K_p 为相乘器系数。经低通滤波器得到

$$u_{L1}(t) = \frac{1}{2} K_{p1} K_{L1}\Big[\sum_n a_n g(t-nT_s)\Big] \cdot \cos\Delta\phi \tag{5-10}$$

$$u_{L2}(t) = \frac{1}{2} K_{p2} K_{L2}\Big[\sum_n a_n g(t-nT_s)\Big] \cdot \sin\Delta\phi \tag{5-11}$$

式中，K_L 为低通滤波器系数。滤波后信号相乘得

$$u_p = K_p u_{L1}(t) \cdot u_{L2}(t) = \frac{1}{4} K_p K_{p1} K_{p2} K_{L1} K_{L2}\Big[\sum_n a_n g(t-nT_s)\Big]^2 \cos\Delta\phi\sin\Delta\phi$$

$$= K\Big[\sum_n a_n g(t-nT_s)\Big]^2 \sin 2\Delta\phi$$

$$\tag{5-12}$$

式中，$K = (1/8)K_p K_{p1} K_{p2} K_{L1} K_{L2} =$ 常数。当 $g(t)$ 为矩形脉冲时，$\Big[\sum_n a_n g(t-nT_s)\Big]^2 \equiv 1$。即使 $g(t)$ 不为矩形脉冲，经环路低通滤波后，其直流及低频分量也为常数，因此

$$u_d = K_d \sin(2\Delta\phi) \tag{5-13}$$

在科斯塔斯环中最重要的是压控振荡器，闭环传递函数间的输出电压为 $e_d = K_d(\varphi_1 - \varphi_2)$，可利用一减法器来表示，输入端为相位 φ_1 与 φ_2，其输出为 $\varphi_1 - \varphi_2$，鉴相器的灵敏度 K_d 单独以放大器（其放大倍数为 2 倍以上）来代替。

电压压控振荡器的传递函数为 $\dfrac{\varphi_2(s)}{e(s)} = \dfrac{K_v}{s}$，即可用一个积分器来代替。图 5-19 就是此基本环路图的方框图。

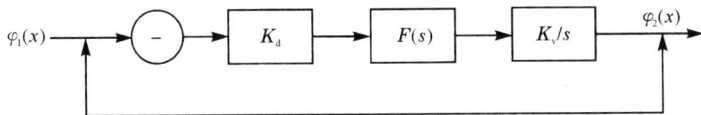

图 5-19　压控振荡器

将常数 K_d 和 K_v 合并为一个常数 $K = K_d K_v$，则闭环传递函数 $H(s)$ 可简化为

$$H(s) = \frac{\varphi_2(s)}{\varphi_1(s)} = K \cdot \frac{F(s)}{s + K \cdot F(s)} \tag{5-14}$$

式中，$K = K_d K_v$ 称为环路增益常数；$F(s)$ 是环路滤波器的传递函数。

5.3.3　QPSK 的基本算法

MPSK 调制中最常用的是 4PSK，又称为 QPSK。QPSK 正交调制器方框图如图 5-20 所示，QPSK 可以看成由两个 BPSK 调制器构成。输入的串行二进制信息序列经串-并变换，分成两路速率减半的序列，电平发生器分别产生双极性二电平信号 $I(t)$ 和 $Q(t)$，然后对 $\cos(\omega_c t)$ 和 $\sin(\omega_c t)$ 进行调制，相加后即得到 QPSK 信号。QPSK 正交调制器如图 5-20 所示，QPSK 信号的解调如图 5-21 所示，MPSK 的最佳接收原理图如图 5-22 所示。

MPSK 信号可以用两个正交的载波信号实现相干解调。以 QPSK 为例，它的相干解调器如图 5-22 所示。正交路和同相路分别设置两个相关器（或匹配滤波器），得到 $I(t)$ 和 $Q(t)$，经电平判决和并-串变换即可恢复原始信息。

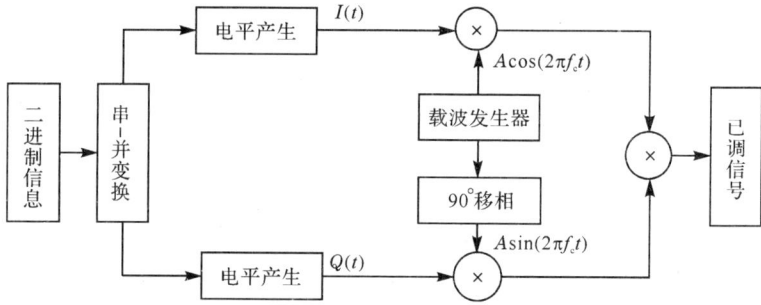

图 5-20　QPSK 正交调制器

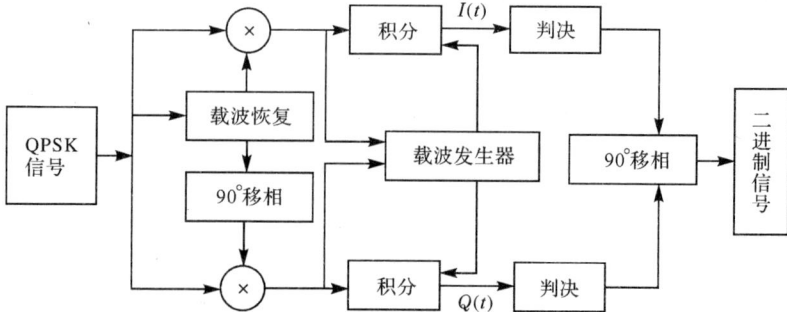

图 5-21　QPSK 信号的解调

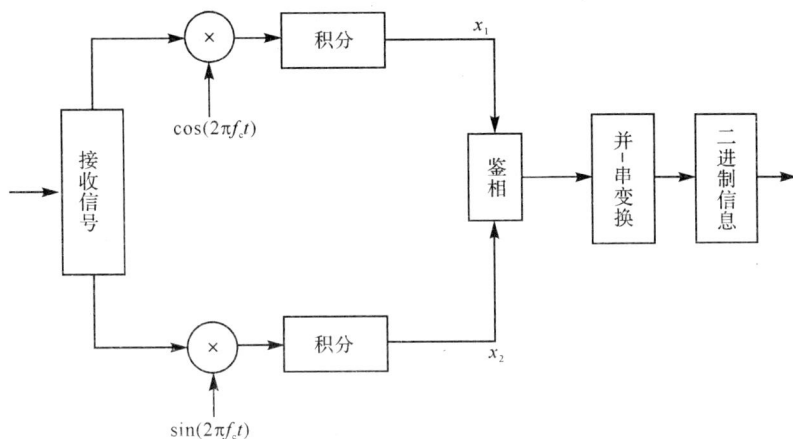

图 5-22　MPSK 的最佳接收原理图

已知输入 QPSK 信号可表达为

$$S_{QPSK}(t) = I(t)\cos(\omega_c t) - Q(t)\sin(\omega_c t) \tag{5-15}$$

假设环路中压控振荡器输出为

$$u_{VCO}(t) = 2\sin(\omega_c t + \phi) \tag{5-16}$$

式中，ϕ 为相位差。经正交相干解调后得到基带信号

$$u_1 = I(t)\sin\phi - Q(t)\cos\phi \tag{5-17}$$

$$u_2 = I(t)\cos\phi + Q(t)\sin\phi \tag{5-18}$$

注意到，当 $\phi = 0$ 时，u_1、u_2 分别为 $Q(t)$、$I(t)$。相加器输出为

$$u_3 = u_1 + u_2 = I(t)(\sin\phi + \cos\phi) + Q(t)(\sin\phi - \cos\phi) \tag{5-19}$$

相减器输出为

$$u_4 = u_1 - u_2 = I(t)(\sin\phi - \cos\phi) - Q(t)(\sin\phi + \cos\phi) \tag{5-20}$$

判决点输出为 $\mathrm{sgn}u_1$、$\mathrm{sgn}u_2$、$\mathrm{sgn}u_3$ 和 $\mathrm{sgn}u_4$，这里 sgn 为符号函数。

$$\mathrm{sgn}x = \begin{cases} +1, & x \geqslant 0 \\ -1, & x < 0 \end{cases} \tag{5-21}$$

经模 2 和相加后环路滤波器的输入电压为

$$u_d = \mathrm{sgn}u_1 \oplus \mathrm{sgn}u_2 \oplus \mathrm{sgn}u_3 \oplus \mathrm{sgn}u_4 = \mathrm{sgn}(u_1 \cdot u_2 \cdot u_3 \cdot u_4) \tag{5-22}$$

将式(5-17)~式(5-20)代入式(5-22)，经整理可得

$$u_d = \mathrm{sgn}(\sin4\phi) \tag{5-23}$$

因此，可知 u_d 仅与压控振荡器输出的本地载波相位与 QPSK 信号的载波相位

之差有关。这就是基带数字处理载波跟踪环鉴相特征。此环路在 $(0,2\pi)$ 内有 0、$\pi/2$、π、$3\pi/2$ 四个稳定点，也就是有四重相位模糊度。

5.3.4 BPSK 和 QPSK 的性能分析

MPSK 的误码性能在窄带高斯噪声下可以表示为

$$n(t) = n_I(t)\cos(\omega_c t) - n_Q(t)\sin(\omega_c t) \tag{5-24}$$

经相关器后

$$x_I = \sqrt{E_s}\cos\left(\frac{2\pi i}{M} + \theta\right) + n_I, \quad i = 0,1,\cdots,M-1 \tag{5-25}$$

$$x_Q = -\sqrt{E_s}\sin\left(\frac{2\pi i}{M} + \theta\right) + n_Q, \quad i = 0,1,\cdots,M-1 \tag{5-26}$$

式中，n_I、n_Q 为两个独立高斯过程 $n_I(t)$、$n_Q(t)$ 的样值，它们的均值为 0，方差为 $n_0/2$；E_s 为单元符号平均信号能量。

当叠加在信号点上的噪声使矢量的角度变化不超出 $\pm\frac{\pi}{M}$ 范围时，该信号点可以正确地接收，因此误符号率为

$$P_{s,\text{MPSK}} = 1 - \int_{\frac{\pi}{M}}^{\frac{\pi}{M}} f(\hat{\theta})\,\mathrm{d}\hat{\theta} \tag{5-27}$$

式中，$f(\hat{\theta})$ 为随机变量 $\hat{\theta}$ 的概率密度函数，又有

$$\hat{\theta} = \arctan\left(\frac{n_Q}{\sqrt{E_s} + n_I}\right) \tag{5-28}$$

由随机过程理论可知

$$f(\hat{\theta}) = \frac{1}{2\pi}\exp\left(\frac{-E_s}{n_0}\right) + \sqrt{\frac{E_s}{\pi n_0}}\cos\hat{\theta} \cdot \exp\left(\frac{-E_s}{n_0}\sin^2\hat{\theta}\right)\left[1 - \frac{1}{2}\mathrm{erfc}\left(\frac{E_s}{n_0}\cos\hat{\theta}\right)\right] \tag{5-29}$$

当 E_s/n_0 很大时，式(5-29)可近似为

$$f(\hat{\theta}) \approx \sqrt{\frac{E_s}{\pi n_0}}\cos\hat{\theta} \cdot \exp\left(-\frac{E_s}{n_0}\sin^2\hat{\theta}\right), \quad |\hat{\theta}| < \frac{\pi}{2} \tag{5-30}$$

代入式(5-27)，得

$$P_{s,\text{MPSK}} = 1 - \sqrt{\frac{E_s}{\pi n_0}}\int_{-\frac{\pi}{M}}^{\frac{\pi}{M}}\cos\hat{\theta} \cdot \exp\left(-\frac{E_s}{n_0}\sin^2\hat{\theta}\right)\mathrm{d}\hat{\theta} \tag{5-31}$$

将积分变量改为

$$z = \sqrt{\frac{E_s}{n_0}}\sin\hat{\theta} \tag{5-32}$$

则式(5-31)可简化为

$$P_{s,MPSK} = 1 - \frac{2}{\sqrt{\pi}} \int_0^{\sqrt{\frac{E_s}{n_0}} \sin\left(\frac{\pi}{M}\right)} \exp\left(-z^2\right) \mathrm{d}z \tag{5-33}$$

因此,MPSK 信号的理想误符号率为

$$P_{s,MPSK} = \mathrm{erfc}\left[\sqrt{\frac{E_s}{n_0} \sin^2\left(\frac{\pi}{M}\right)}\right] = 2Q\left[\sqrt{\frac{2E_s}{n_0} \sin^2\left(\frac{\pi}{M}\right)}\right] \tag{5-34}$$

对于 $M=4$,用其他方法可推得如下精确计算公式

$$P_{s,QPSK} = 2Q\left[\sqrt{\frac{E_s}{n_0}}\right]\left[1 - \frac{1}{4}Q\left(\sqrt{\frac{E_s}{n_0}}\right)\right] \tag{5-35}$$

对于 QDPSK,可推得误符号率为

$$P_{s,MDPSK} \approx 2Q\left[\sqrt{\frac{2E_s}{n_0} \sin^2\left(\frac{\pi}{\sqrt{2}M}\right)}\right] \tag{5-36}$$

MPSK 的误符号率曲线如图 5-23 所示,图中 E_b 为每比特信息能量,$E_b = E_s / \log_2 M$。

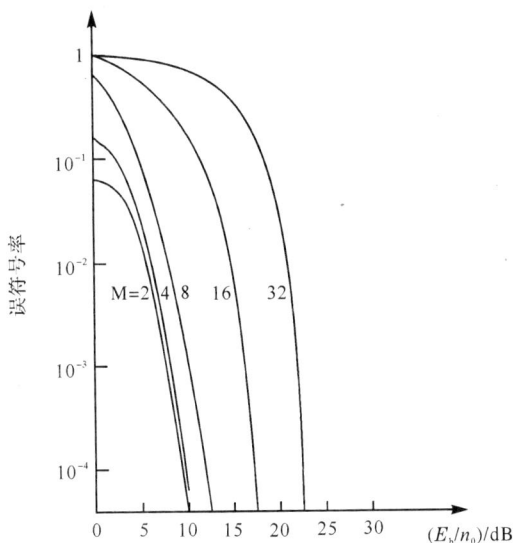

图 5-23　MPSK 误符号率曲线

5.4　数字滤波器设计介绍

在压控振荡器中数字滤波器是决定同步效果的关键因素,因此必须考虑滤波器的设计问题。

数字滤波器根据实现的网络结构的单位脉冲响应类别,可以分为无限脉冲响应(IIR)滤波器和有限脉冲响应(FIR)滤波器,它们的系统函数分别为

$$H(z) = \frac{\sum_{r=0}^{M} b_r z^{-r}}{1 + \sum_{k=1}^{N} a_k z^{-k}} \tag{5-37}$$

$$H(z) = \sum_{n=0}^{N-1} h(n) z^{-n} \tag{5-38}$$

式(5-37)中的 $H(z)$ 称为 N 阶 IIR 滤波器函数；式(5-38)中的 $H(z)$ 称为 $N-1$ 阶 FIR 滤波器函数。

　　通常用的数字滤波器一般属于选频滤波器，假设数字滤波器的传输函数 $H(e^{j\omega})$ 用下式表示

$$H(e^{j\omega}) = \left| H(e^{j\omega}) \right| e^{jQ(\omega)} \tag{5-39}$$

式中，$\left| H(e^{j\omega}) \right|$ 称为幅频特征；$Q(\omega)$ 称为相频特征。幅频特征表示信号通过该滤波器后频率成分衰减情况，而相频特征反映各频率成分通过滤波器后在时间上的延迟情况。因此，即使两个滤波器幅频特征相同，而相频特征不同，对相同的输入，滤波器输出的信号波形也是不同的。一般选频滤波器的技术要求由幅频特征给出，相频特征一般不作要求，但如果对输出波形有要求，则需要考虑相频特征的技术指标。

　　对于各种理想滤波器，必须设计一个因果可实现的滤波器，另外，也要考虑复杂性与成本问题，因此实际应用中通带和阻带中都允许一定的误差容限，即通带不一定是完全水平的，阻带不一定是绝对衰减到零。此外，按照要求，在通带与阻带之间还应设置一定宽度的过渡带。

　　图 5-24 表示低通滤波器的幅度特性，ω_p 和 ω_s 分别称为通带截止频率和阻带截止频率。通带频率范围为 $0 \leqslant \omega \leqslant \omega_p$，在通带中要求 $(1-\delta_1) < \left| H(e^{j\omega}) \right| \leqslant 1$；阻带频率范围为 $\omega_p \leqslant \omega \leqslant \pi$，在阻带中要求 $\left| H(e^{j\omega}) \right| \leqslant \delta_2$，从 ω_p 到 ω_s 称为过渡

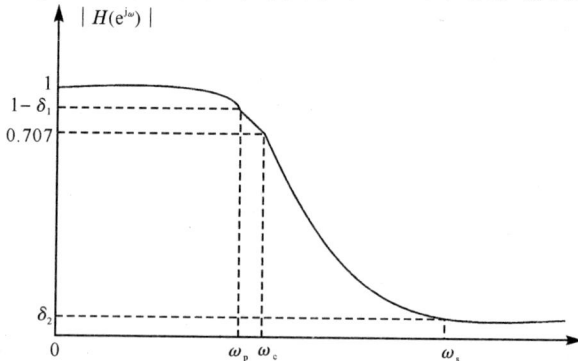

图 5-24　低通滤波器的技术要求

带,一般是单调下降的。但通带内和阻带内允许的衰减一般用 dB 数表示,通带内允许的最大衰减用 α_p 表示,阻带内允许的最小衰减用 α_s 表示,α_p 和 α_s 分别定义为

$$\alpha_p = 20\lg \frac{|H(\mathrm{e}^{j0})|}{|H(\mathrm{e}^{j\omega_p})|}\mathrm{dB} \tag{5-40}$$

$$\alpha_s = 20\lg \frac{|H(\mathrm{e}^{j0})|}{|H(\mathrm{e}^{j\omega_s})|}\mathrm{dB} \tag{5-41}$$

如将 $|H(\mathrm{e}^{j0})|$ 归一化为 1,则式(5-40)和式(5-41)表示成

$$\alpha_p = -20\lg |H(\mathrm{e}^{j\omega_p})|\mathrm{dB} \tag{5-42}$$

$$\alpha_s = -20\lg |H(\mathrm{e}^{j\omega_s})|\mathrm{dB} \tag{5-43}$$

当幅度下降到 $\sqrt{2}/2$ 时,$\omega = \omega_c$,此时称 ω_c 为 3dB 通带截止频率。ω_p、ω_c 和 ω_s 统称为边界频率。

IIR 滤波器设计方法如下。

IIR 滤波器的设计方法有两类,经常用的一类设计方法是借助于模拟滤波器的设计方法进行的。其设计步骤是:先设计模拟滤波器得到传递函数 $H(s)$,然后将 $H(s)$ 按某种方法转换成数字滤波器的系统函数 $H(z)$。这一类方法相对容易一些,这是因为模拟滤波器设计方法已经很成熟,它不仅有完整的设计公式,还有完善的图表供查阅;另外,还有一些典型的滤波器类型可供我们使用。另一类是直接在频域或者时域中进行设计,由于要解联立方程,设计时需要计算机作辅助设计。

5.5　基带调制解调的 MATLAB 仿真

本章实现了数字信号的载波传输同步的 MATLAB 仿真,包括数字信号的 BPSK 和 QPSK 的调制与解调过程、直序扩频的发送端和接收端的实现过程,同时在运行中观测和分析了调制和解调信号。该仿真实现是为进行 DSP 实现应用进行可行性研究。

本章在仿真过程中用到的工具箱主要包括通用工具箱 Simulink、模拟通信工具箱 Communications Blockset 和数字信号处理工具箱 DSP Blockset,可用于自动生成部分 TI DSP 程序代码的工具箱 Embedded Target for TI C6000 DSP。

5.5.1　BPSK 算法的 MATLAB 仿真

在系统的仿真中,要求实现模拟信号、数字信号、DSP 板可用的数字信号三个阶段的实现过程。在 MATLAB 6.5 提供的通信工具箱中有通信模块,但是在实际的应用中,由于这个工具箱不支持生成 DSP 代码,所以应用中需要自己重新搭建通信过程,即把 MATLAB 中提供的通信仿真模块进行拆分。而拆分的过程,一方面可以使更多的模块自动生成代码,另一方面可以在了解细节后,添加无法生

成的代码,修改不合适的代码,同时也方便于 DSP 代码优化。其中,最重要的部分是压控振荡器的拆分和根据需要设计的滤波器参数。

系统的同步仿真内容包括以下几部分。

(1) 以随机的二进制信号为基带信号,首先进行模拟信号和数字信号的 BPSK 调制。

(2) 接收端实现对载波的锁相过程。

(3) 接收端根据接收的信号和锁相得到的同步信号进行解调,还原出原始发送端的基带信号。

BPSK 基带信号主要仿真过程包括以下几部分。

(1) 二进制数字信号的模拟载波 BPSK 调制过程(图 5-25)。输入端输入的是需要调制的二进制信号,输出端输出的是模拟载波调制后的信号。

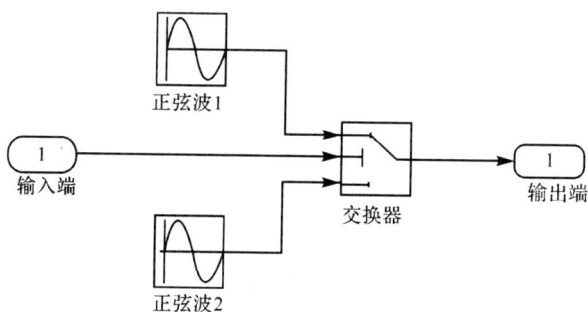

图 5-25 模拟载波信号 BPSK 调制过程

(2) 二进制数字信号模拟载波调制后的 BPSK 载波同步跟踪(图 5-26)。输入端输入的是调制信号,输出端输出的是解调出的载波信号,本模块使用了 MATLAB 提供的压控振荡器。

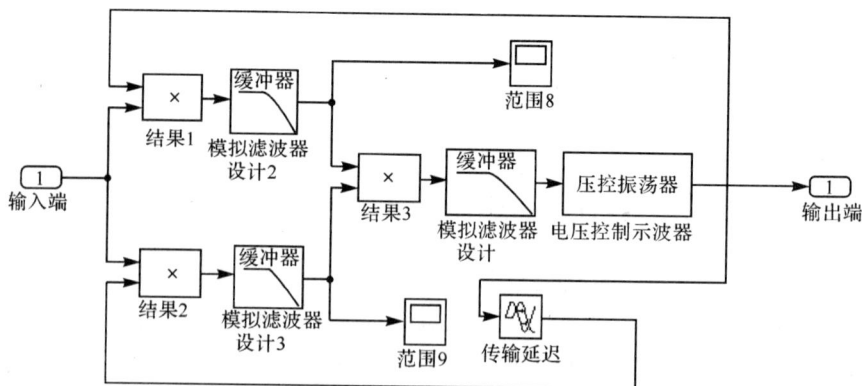

图 5-26 模拟信号 BPSK 同步实现

（3）二进制数字信号的模拟载波 BPSK 解调实现（图 5-27）。输入端 1 输入接收的信号，输入端 2 输入的是图 5-26 的输出，即载波信号的跟踪，输出端输出的信号即接收端解调出的发送端信号。该过程使用 MATLAB 提供的模拟滤波器。

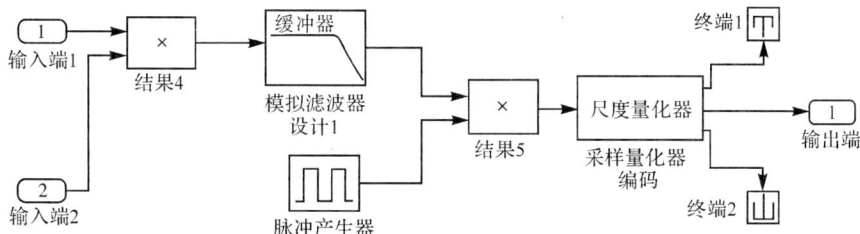

图 5-27　模拟载波信号 BPSK 解调

（4）数字信号的数字载波 BPSK 调制和解调完整过程（图 5-28）。其中模块的内容为：BPSK 调制器实现基带信号的调制，PLL 锁相器实现锁相环，BPSK 解调器实现解调。MATLAB 分别提供了与其相对应的模块，但是由于不支持数字方式，着重做了数字载波的各个模块，因为在 DSP 中要用的就是数字模式的信号处理。

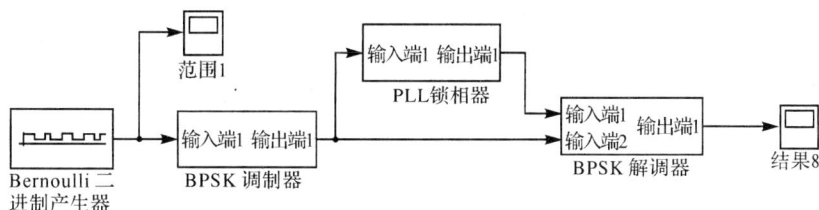

图 5-28　数字载波信号 BPSK 调制和解调

（5）二进制数字信号的数字载波 BPSK 调制过程（图 5-29）。其中正弦波产生不同相位的正弦数字载波信号，输入端输入的是需要调制的二进制信号，输出端输出的是数字载波调制后的信号。

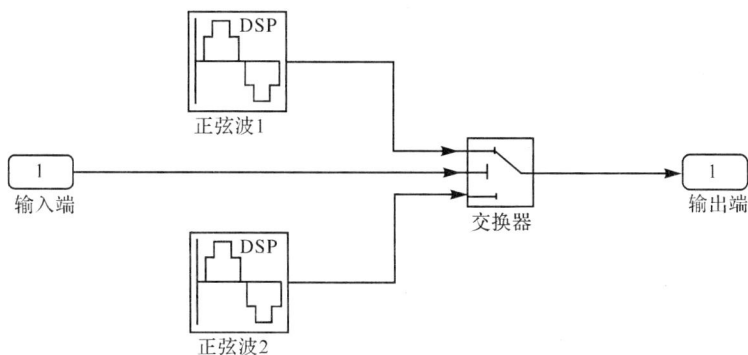

图 5-29　数字载波信号 BPSK 调制

（6）数字信号的 BPSK 解调的锁相过程（图 5-30），即接收端的接收同步过程。相当于数字信号的调制和解调完整过程（图 5-28）中的 PLL 锁相器模块，输入端输入调制信号，输出端输出解出的载波信号。该实现使用 MATLAB 提供的 FDA Tool 数字滤波器进行滤波实现。

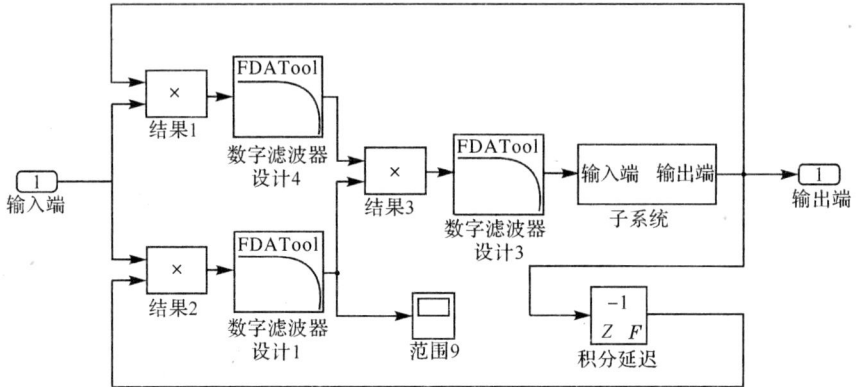

图 5-30　数字信号的 BPSK 锁相过程

（7）压控振荡器的数字仿真（图 5-31），也就是接收端的锁相过程中（图 5-30）的子系统模块的具体细节。MATLAB 的压控振荡器只支持模拟信号的应用，这里的目的是实现数字信号，因此需研究数字的压控振荡器，以下使用 MATLAB 提供的离散时间积分器和数字时钟，实现完全数字化压控振荡器功能。

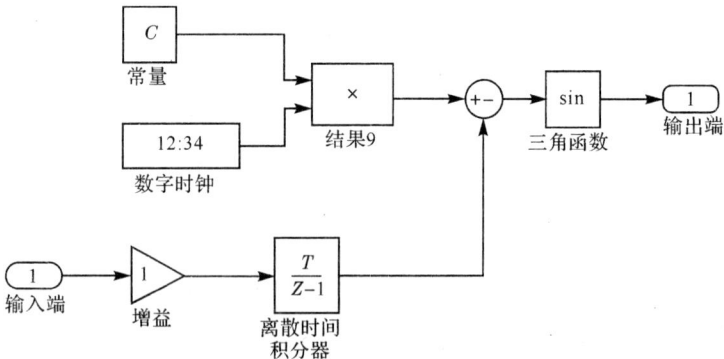

图 5-31　数字信号的压控振荡器实现

（8）数字信号的 BPSK 接收信号解调仿真（图 5-32）。该过程使用数字滤波器和判决器输出接收信号，输入端 1 输入调制信号，输入端 2 输入载波同步信号，即图 5-28 的输出。正负鉴别器判断滤波信号，如信号为负，输出端输出信号为 -1；如信号为正，则输出信号为 1。

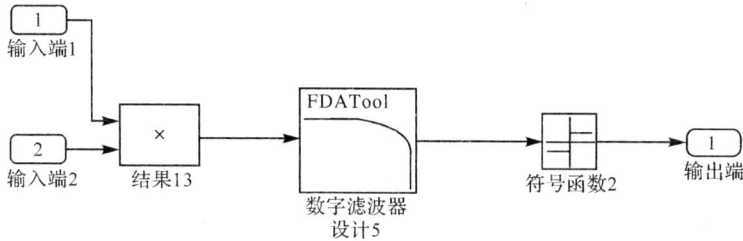

图 5-32　数字信号 BPSK 解调过程

5.5.2　QPSK 算法的 MATLAB 仿真

在实际应用中,还常常使用 QPSK 作为基带调制的方式,QPSK 基带调制仿真的主要内容包括 QPSK 的调制和解调过程,其中的载波使用模拟信号。

仿真 QPSK 的具体内容包括以下几方面。

(1) 串行数据分为两路并行信号(图 5-33),QPSK 调制首先要求把原始信号分成频率降半的两路并行信号,其中输入端输入原始信号,输出端 1 和输出端 2 分别输出分解出的两路并行信号。

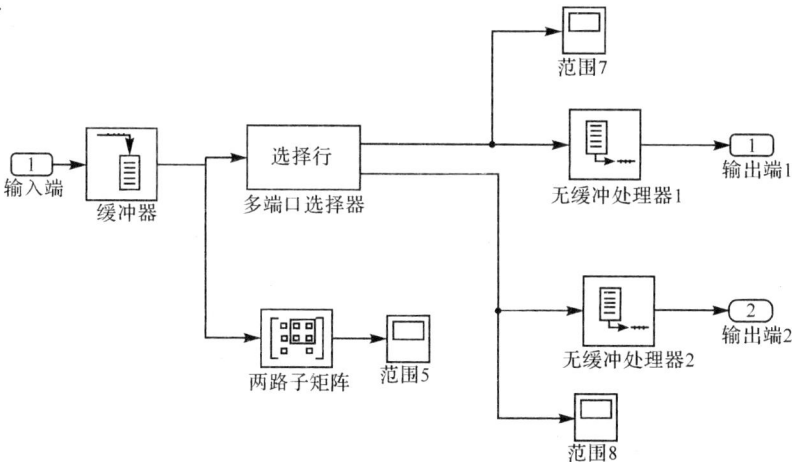

图 5-33　串行信号变换为并行信号

(2) 原始信号的 QPSK 调制(图 5-34 和图 5-35)。通过对两路并行信号的 BPSK 调制,两路被调制信号经过加法器实现该过程;输入端 1 和输入端 2 输入的是图 5-33 的两个输出信号,图 5-34 和图 5-35 的输出端输出为二进制信号 QPSK 的调制信号。

(3) QPSK 同步载波信号的跟踪(图 5-36)。其中输入端输入调制信号,输出

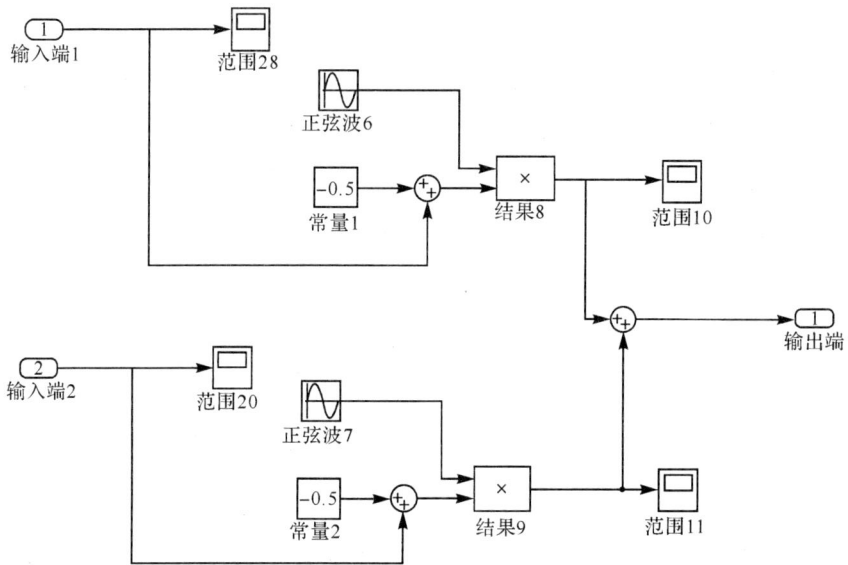

图 5-34　QPSK 调制方式一

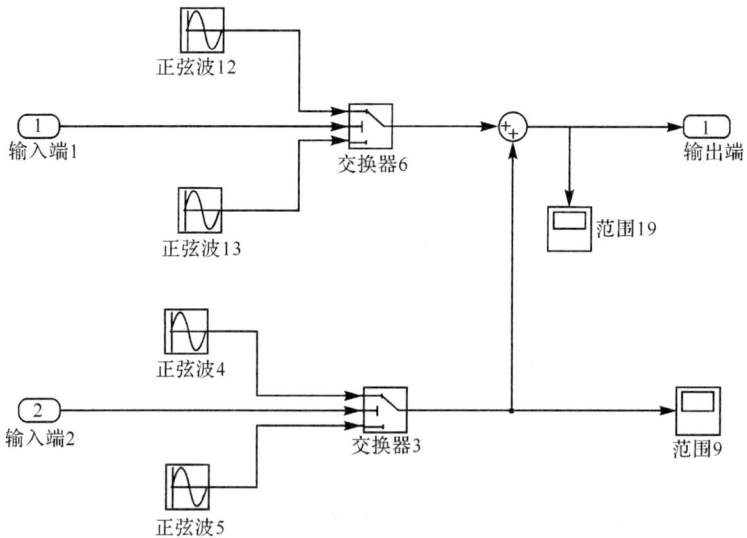

图 5-35　QPSK 调制方式二

端输出载波信号,该过程使用 MATLAB 提供的模拟滤波器和压控振荡器实现信号同步。

（4）QPSK 的解调过程（图 5-37）。其中输入端 1 输入接收到的调制信号,输入端 2 输入载波信号,结果 5 可以观察到解调后的信号。

(5) 解调出的信号经过并行到串行变换(图 5-38),还原出原始信号。其中重复序列产生器是以 2 倍于解调频率的速度产生序列 0 和 1,通过判断 0 还是 1,决定串行信号的当前信号。

(6) QPSK 的调制和解调完整过程的仿真(图 5-39)。其中 ToIQ 模块表示原始信号变换为并行信号(图 5-33),调制器模块表示两路信号的调制过程(图 5-34 和图 5-35),VCO 模块表示载波同步跟踪(图 5-36),解调器表示 QPSK 的解调过程(图 5-37),FromIQ 模块(图 5-38)表示解调出的两路信号变换为原始的串行信号。

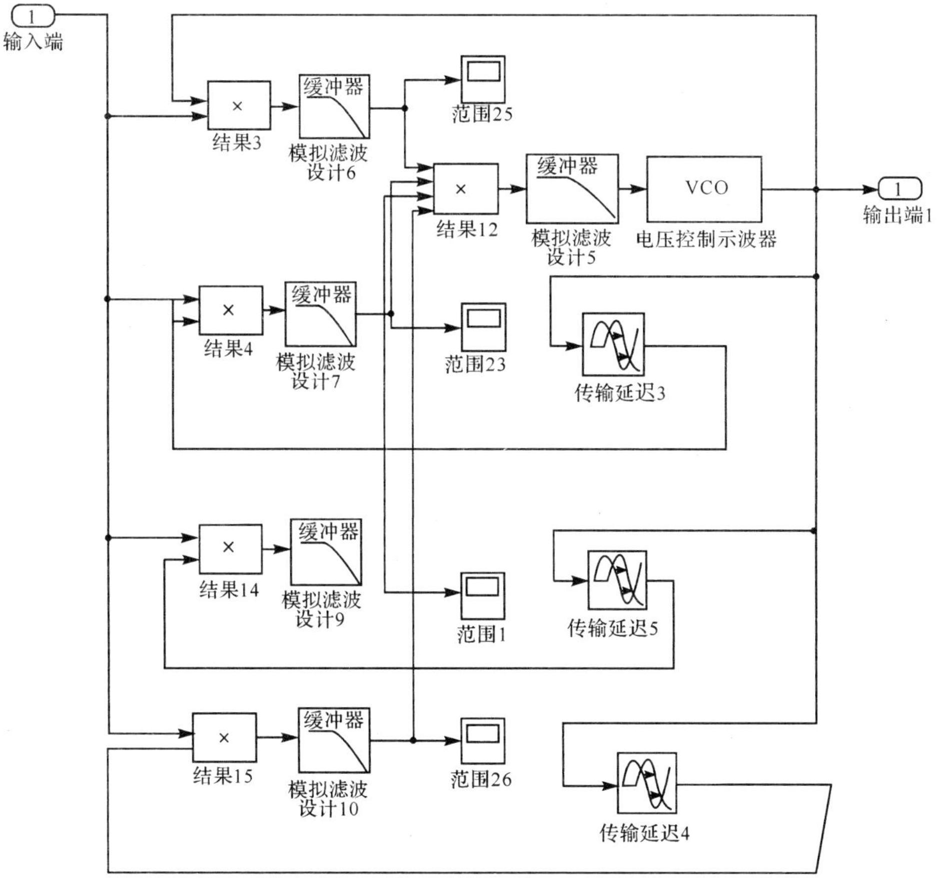

图 5-36 QPSK 载波跟踪

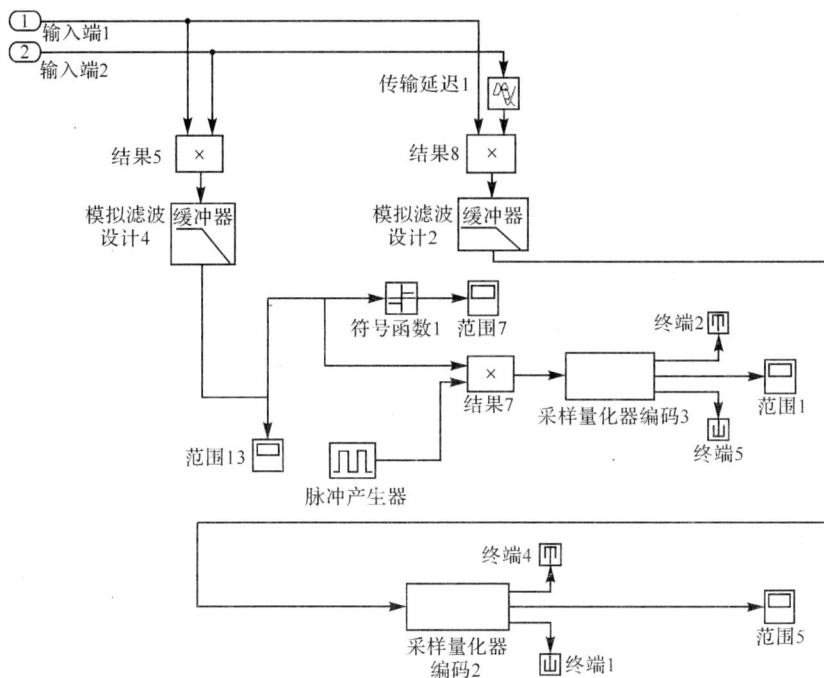

图 5-37　QPSK 信号解调过程

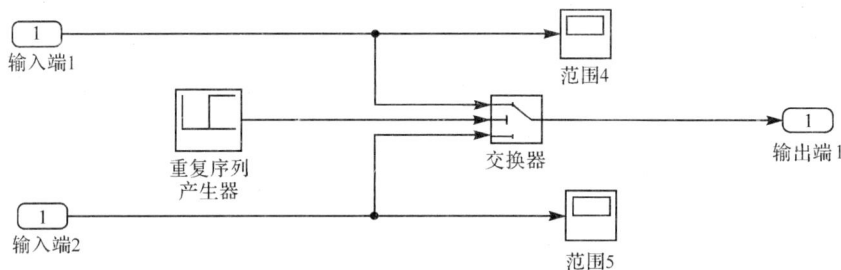

图 5-38　解调信号还原成原始信号

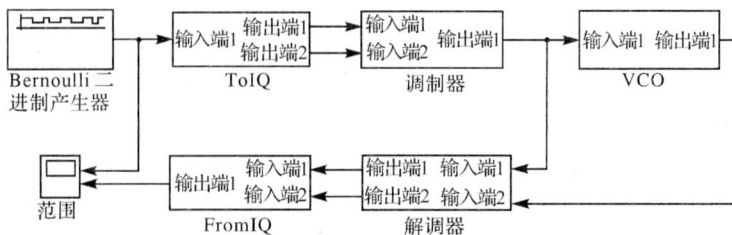

图 5-39　QPSK 的调制和解调的全过程

5.5.3　MATLAB 数字滤波器的设计

在压控振荡器中最重要的是数字滤波器的设计,该滤波器的性能直接影响到最后输出信号的质量。

1) 确定指标

在设计一个滤波器之前,首先根据工程实际的需要确定滤波器的技术指标。在很多实际应用中,数字滤波器常常被用来实现选频操作。因此,指标的形式一般在频域中给出幅度和相位响应。幅度指标主要以两种方式给出。第一种是绝对指标,它提供对幅度响应函数的要求,一般应用于 FIR 滤波器的设计;第二种是相对指标,它以分贝值的形式给出要求。在工程实际中,第二种指标最受欢迎。对于相位响应指标形式,通常希望系统在通频带中有线性相位。

TMS320C6000 DSK 仿真板的 ADC 和 DAC 是单通道 8kHz 采样频率,16 位采样精度;满足把原始语音信号限定在频率为 300~3400Hz 的范围内。

2) MATLAB 滤波器设计过程

确定了技术指标后,就可以建立一个目标的数字滤波器模型。通常采用理想的数字滤波器模型。利用数字滤波器的设计方法,设计出一个实际滤波器模型来逼近给定的目标。

使用 IIR 滤波器,这种滤波器对单位冲击响应可以延续到无限长的时间,该滤波器内部存在反馈回路,其传递函数不存在除零点以外的极点。数字滤波器的一般形式为

$$a(0) \cdot y(n) = b(0) \cdot x(n) + b(1) \cdot x(n-1) + \cdots + b(n_b) \cdot x(n-n_b)$$
$$-a(1) \cdot y(n-1) - \cdots - a(n_a) \cdot y(n-n_a)$$

相应于上面的讨论,a 都为零则为 FIR 滤被器,a 有非零的则为 IIR 滤被器。显然,$a(0)=1$ 方便讨论和设计滤波器,所以在 MATLAB 中滤波器设计都是 $a(0)=1$。

经典滤波器有 Butterworth 和 Chebyshev。其中,Butterworth 滤波器特点是通带处幅值特性平坦;而 Chebyshev 滤波器则比前者的截止特性要好,但通带处的幅值有振荡。对于数字滤波器而言,滤波器性能还与滤波器的阶数有关,可以采用不同阶数逼近相应的滤波器。一般而言,阶数越高,则逼近越精确,但计算代价也随之上升,所以性能与代价总需要寻求一个平衡点。对性能要求一定的情况下,如果对频率截止特性没有特殊要求,可以考虑采用 Butterworth IIR 滤波器,因为 Chebyshev 滤波器的波纹可能大多数情况下不能接受。

借助 MATLAB 设计符合通信解调需求的 Butterworth 数字滤波器。MATLAB 内建有设计滤波器的函数。其语法格式为

$$[B, A] = \text{butter}(N, W_n, S)$$

式中,N 为要求设计的滤波器阶数,如果没有实时性要求,N 可以定为 20,这样会

相当慢;S 为字符串,表明设计的滤波器类型,low 低通/high 高通/stop 带阻;W_n 为要求的标准化截止频率,单位为弧度/采样(rad/sample),如果是带阻滤波器,则 W_n 为长度为 2 的向量$[w_1\ w_2]$。关于标准化的频率计算为:设要求的频率为 $f(Hz)$,采样率为 $F_s(Hz)$,则 $W_n = (2\pi f/F_s)/\pi = 2f/F_s$,所以,标准化截止频率位于区间$[0,1]$。

滤波器设计出来其实就是两组系数 $b(i)$、$a(j)$,其中,i,j 为从 0 到 N 的整数。对应上面滤波器一般形式里的参数,前面已经提到,一般 $a(0)=1$。

滤波器设计出来后,应对其性能进行分析,以检验其是否能达到预期的效果。可以使用 MATLAB 提供的内建函数 freqz,求得滤波器系统的频率相应特性。其使用语法格式为

$$[H,F] = \text{freqz}(B/A, N, F_s)$$

式中,B/A 是滤波器系数;N 表示选取单位圆的上半圆等间距的 N 个点作为频响输出;F_s 为采样频率,该参数可以省略;H 为 N 个点处的频率响应幅值输出向量,其模即为频率响应幅值曲线幅值。

上述幅值一般为 $20\ln|H|$ dB,其幅角 angle(H) 即为频率响应相位曲线相位值。

F 为与第 N 点处对应的频率值 $f(Hz)$,如果 F_s 参数省略时,则频率值 $w = 2\pi f/F_s$,单位为 rad/sample。

有了这组系数,可以按照前面滤波器一般形式的表达式对数据进行依次求值,也就是滤波计算。MATLAB 里已经内建了滤波器函数 filter,其语法格式为

$$Y = \text{filter}(B/A, X)$$

式中,B/A 是滤波器系数;X 为滤波前序列;Y 为滤波结果序列。

设计合适的滤波器对处理的信号进行滤波预处理,可以有效地去除信号中的噪声以及非目标频段信号,从而使得信号背景干净,突出信号本身,提高目标处理的算法有效性,降低算法难度。

3) 性能分析和计算机仿真

上两步的结果是得到以差分或系统函数或冲击响应描述的滤波器。根据这个描述就可以分析其频率特性和相位特性,以验证设计结果是否满足指标要求;还可以利用计算机仿真实现设计的滤波器,以下的滤波结果是由 FDATool 工具分析产生的,该滤波器的参数来源于数字 BPSK 解调中设计的滤波器参数。

(1) 滤波器的幅度响应如图 5-40 所示。

(2) 滤波器的延迟响应如图 5-41 所示。

(3) 滤波器的相位响应如图 5-42 所示。

(4) 滤波器的冲击幅度响应如图 5-43 所示。

(5) 滤波器的零极点分布图如图 5-44 所示。

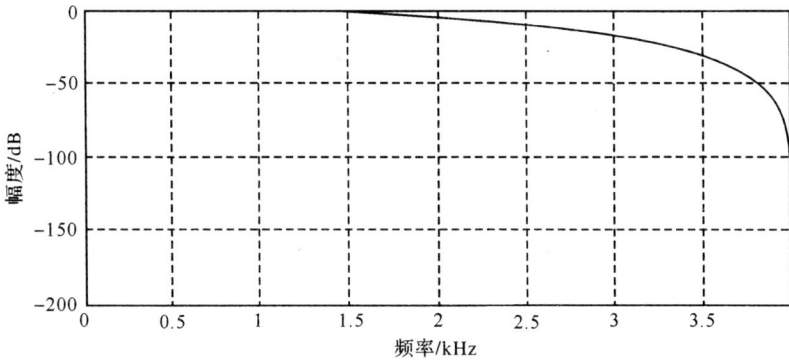

图 5-40　滤波器幅度响应

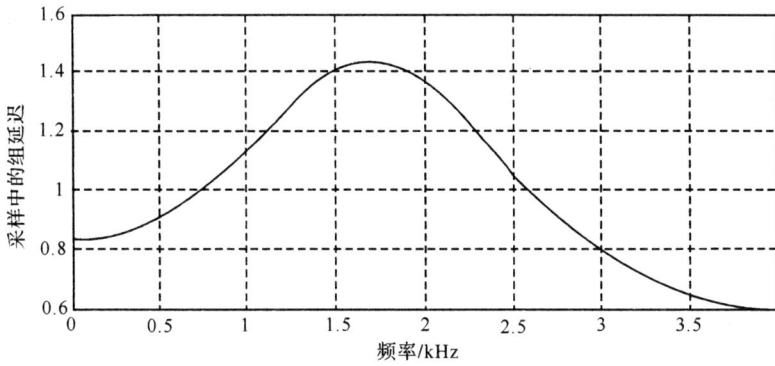

图 5-41　滤波器延迟响应

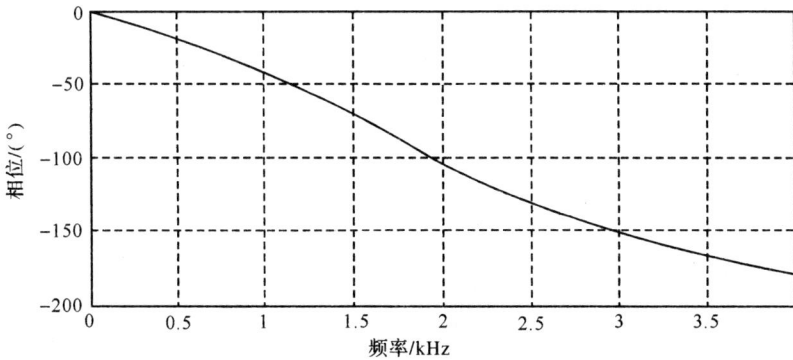

图 5-42　滤波器相位响应

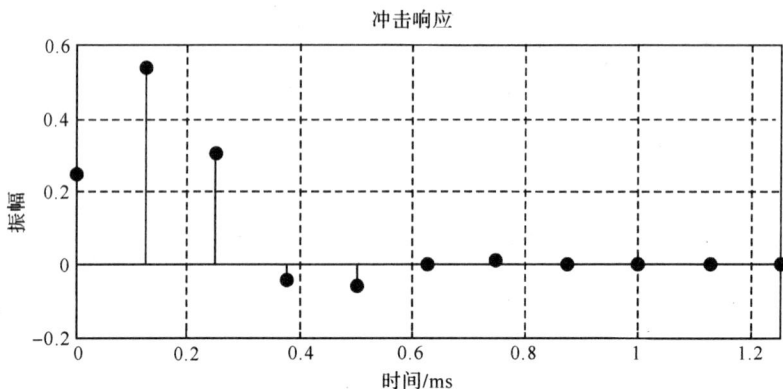

图 5-43　滤波器冲击幅度响应

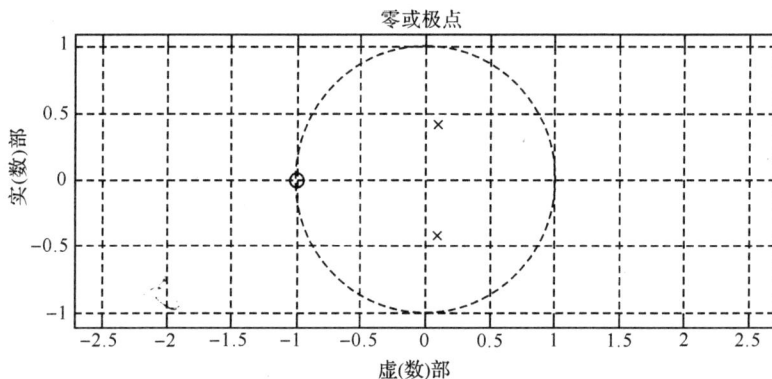

图 5-44　滤波器零极点分布图

5.5.4　基带调制的 MATLAB 仿真和结果信号分析

通过 MATLAB 提供的 Scope 工具,可以在仿真过程中观察信号,以上的仿真过程是通用的过程,设置不同的参数可以实现不同频率的载波信号和扩频信号的调制与解调。以下使用上面的仿真过程,设置测试参数,进行仿真模块的可行性测试和仿真结果的信号分析。

1)数字信号的模拟载波 BPSK 调制解调测试

(1)图 5-25 为二进制信号的模拟载波调制过程,以下为该图中的各模块参数的设置:

```
Bemoulli Binary Generator 模块
    Sample time:            1
```

Sine Wave1 模块

    Sine type: Time based

    Amplitude: 1

    Bias: 0

    Frequency(rad/sec): $2 \times 20 \times \pi$

    Phase(rad): π

    Sample time: 0

Sine Wave2 模块

    Sine type: Time based

    Amplitude: 1

    Bias: 0

    Frequency(rad/sec): $2 \times 20 \times \pi$

    Phase(rad):   0

    Sample time: 0

Switch 模块参数

    Threshold: 0

（2）图 5-26 为模拟信号的 BPSK 同步跟踪过程，各模块参数如下：

Analog Filter Design 模块

    Design method: Butterworth

    Filter type: Lowpass

    Filter order: 2

    Passband edge frequency(rads/sec):   6.3

Voltage-Controlled Oscillator 模块

    Output amplitude: 1

    Oscillation frequency(Hz):   20

    Input sensitivity: 1/5

    Initial phase(rad):   0

Transport Delay 模块

    Time delay: 1/8

    Initial input: 0

    Initial buffer size: 1024

    Pade order: 0

在以上的参数下,可以观察到如图 5-45 所示的信号,上行为发送的源信号,下行为接收的二进制信号,接收有延迟。

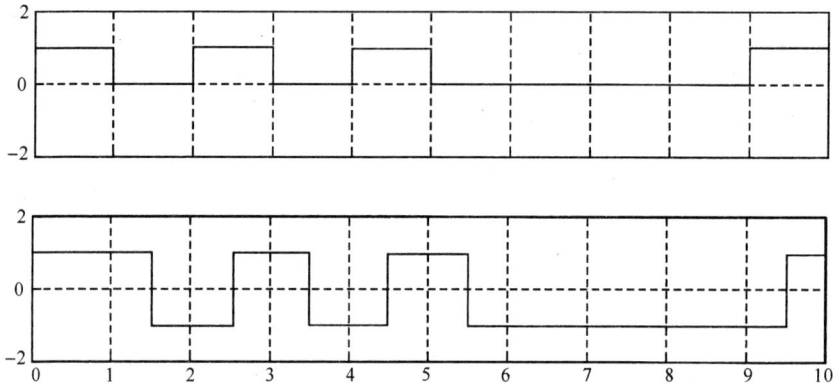

图 5-45　数字信号的模拟载波 BPSK 发送信号和接收信号对比

2) 数字信号的数字载波 BPSK 调制解调测试

(1) 图 5-29 为数字载波的 BPSK 调制过程,各模块参数如下:

```
Bernoulli Binary Generator 模块
    Probability of a zero:   0.5
    Initial seed:            61
    Sample time:             1/2
Sine Wave1 模块
    Amplitude:               1
    Frequency(Hz):           20×100
    Phase offset(rad):       0
    Sample mode:             Discrete
    Output complexity:       Real
    Computation method:      Trigonometric fcn
    Sample time:             1/8000
    Samples per frame:       1
```

(2) 图 5-30 为数字载波的 BPSK 锁相过程,各模块参数如下:

```
Digital Filter Design 模块
    Filter:                  Lowpass
```

　　　　Filter order:　　　　　　　　　Specify order(2)

　　　　Design method:　　　　　　　　IIR(Butterworth)

　　　　Frequency Specification:Units(Hz),Fs(8000),Fpass(1),Fstop(10)

　　　　Magnitude Specification:Units(dB),Apss(1),Astop(80)

Integer Delay2 模块

　　　　Initial condition:　　　　　　0.0

　　　　Sample time:　　　　　　　　　1/8000

　　　　Number of delays:　　　　　　2

（3）图 5-31 为数字信号的压控振荡器实现部分,各模块参数如下:

Constant1 模块

　　　　Constant value:　　　　　　　$20 \times 100 \times 2 \times \pi$

Digital Clock 模块

　　　　Sample time:　　　　　　　　　1/8000

Discrete – Time Integrator 模块

　　　　Integrator method:　　　　　　Forward Euler

　　　　External reset:　　　　　　　　none

　　　　Initial condition source:internal

　　　　Initial condition:　　　　　　0

　　　　Sample time:　　　　　　　　　1/8000

图 5.46 列举了数字信号的数字载波 BPSK 发送信号和接收信号对比情况。

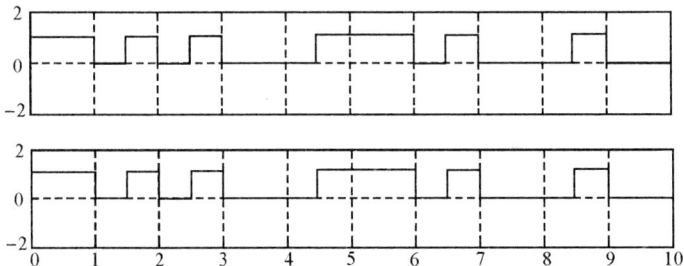

图 5-46　数字信号的数字载波 BPSK 发送信号和接收信号对比

3）数字信号的模拟载波 QPSK 调制解调测试

（1）图 5-33 为串-并变换,使用 Bernolli 二进制产生器作为输入,该模块的参数如下:

```
Sample time:                    0.5
```

（2）图 5-34 和图 5-35 为模拟的 QPSK 调制过程，该仿真中各模块参数如下：

```
Sine Wave1 模块
    Sine type:              Time based
    Amplitude:              1
    Bias:                   0
    Frequency(rad/sec):     2×2×π
    Phase(rad):             π/2
```

（3）图 5-36 为 QPSK 的载波跟踪过程，该仿真中各模块参数如下：

```
Analog Filter Design 模块
    Design method:                      Butterworth
    Filter type:                        Lowpass
    Filter order:                       2
    Passband edge frequency(rads/sec):6.5
Voltage-Controlled Oscillator1 模块
    Output amplitude:                   1
    Oscillation frequency(Hz):          20
    Input sensitivity:                  1
    Initial phase(rad):                 0
```

图 5.47 列举了 QPSK 串-并信号变换关系情况。

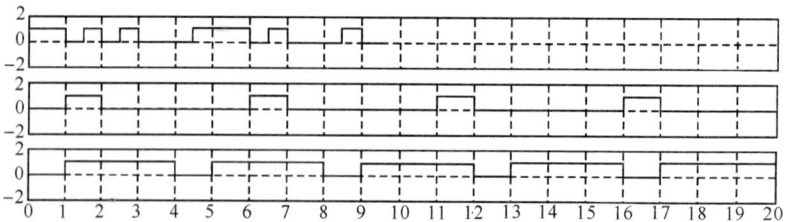

图 5-47　QPSK 串-并信号变换

通过对发送信号和接收信号的对比，可以知道在接收端完全还原了发送端的信号，结果如图 5-48 所示，其中上行为解调后的信号码，下行为原始的参考码。

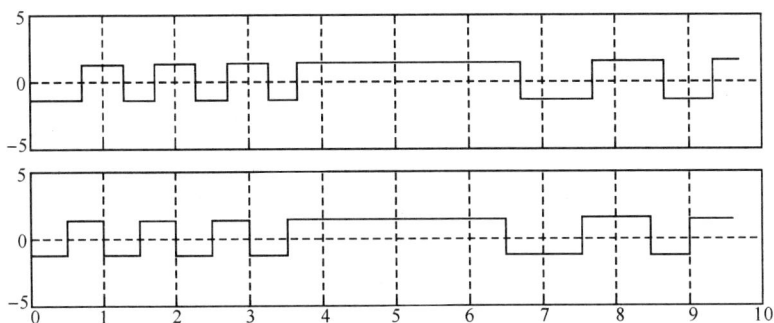

图 5-48　数字信号的模拟载波 QPSK 发送信号和接收信号对比

　　实际测试和仿真实验结果证明,这里所使用的载波调制方式对信号的传送有很好的效果。在实际应用中,可以根据需要计算出各个模块的参数,满足不同传送的需要,仿真实现简化了在 TMS320C6711 DSK 板的载波调制解调程序设计。把该仿真程序设计成符合 DSP 板的 C 语言源程序,经过修改的仿真程序可以直接下载到 DSK6711 板中,为了优化执行效率,可在 DSP 程序中进行相应的代码优化,进一步设计出符合 JTAG 接口的 TMS320C6000 DSP 板程序,这样就可应用于实际的 CSR 控制系统中,实现控制信号的硬件和软件的同步传输。

5.6　直序扩频系统的 MATLAB 仿真和信号分析

5.6.1　直序扩频系统的 MATLAB 仿真

　　图 5-49 是直序扩频系统发送端的 MATLAB 仿真,随机数字信号经过 BPSK 的调制,然后经过高速 PN 码的扩频,实现了信号频谱的扩增,通过傅里叶变换(FFT)可以看到扩频后的频谱效果。

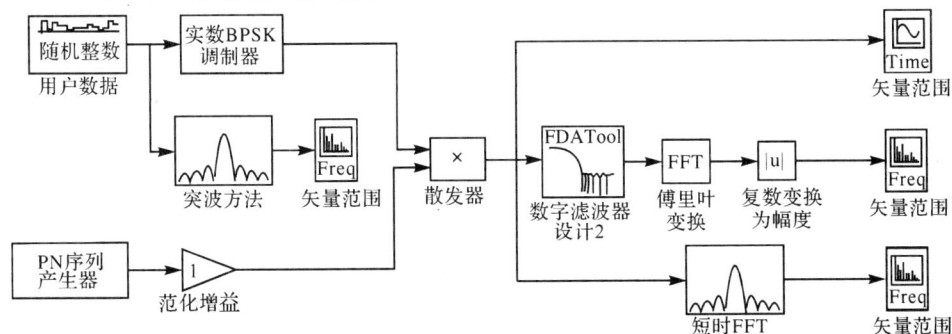

图 5-49　直序扩频系统发送端信号分析

图 5-50 是扩频码经过自适应解扩，得到原始信号的接收端仿真，通过观测，该方法误码率极低。图 5-51 列举了直序扩频系统 Txsig 部分。图 5-52 列举了直序扩频系统数据产生器。

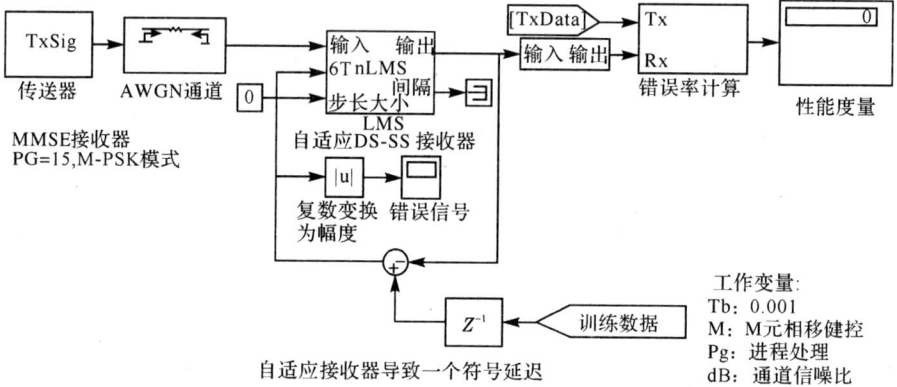

图 5-50　直序扩频系统接收端

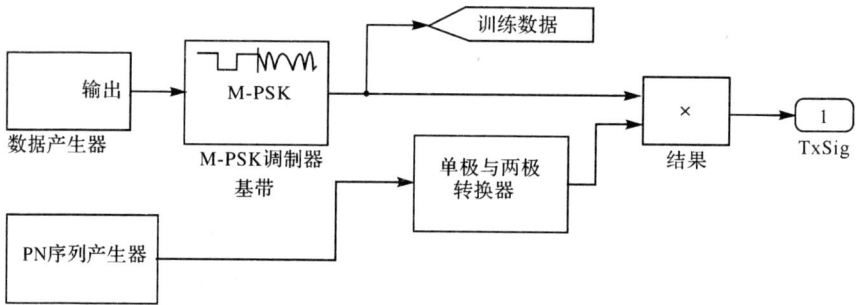

图 5-51　直序扩频系统 TxSig 部分

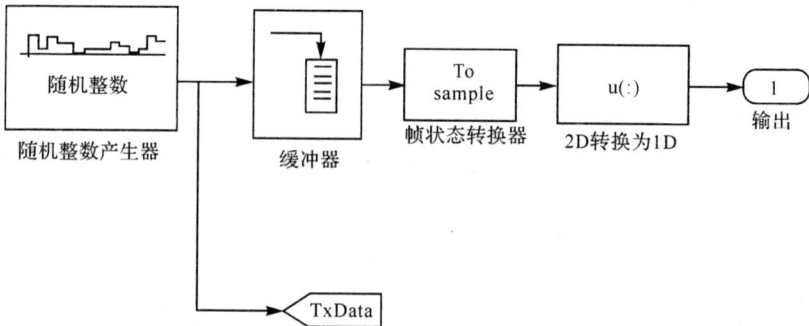

图 5-52　直序扩频系统数据产生器

5.6.2　直序扩频系统的 MATLAB 仿真信号频谱分析

直序扩频技术扩频前的信号谱如图 5-53 所示，扩频后信号谱如图 5-54 所示，由此可以观察到信号频率谱被极大扩增，使用 MATLAB 提供的信号观测模块，可以看到通过傅里叶变换后扩频前后的频谱效果。

该仿真中各模块参数为：

Random-Integer Generator 模块

M-ary number:	2
Sample time:	$Tb/(\log_2 M)$

LMS Adaptive DS-SS Receiver 模块

Multi-rate factor:	15
FIR filter length:	15
Step-size, mu:	[0.1 0.1]
Initial value of filter taps:	0.0
Leakage factor:	1.0
Use normalization:	Check

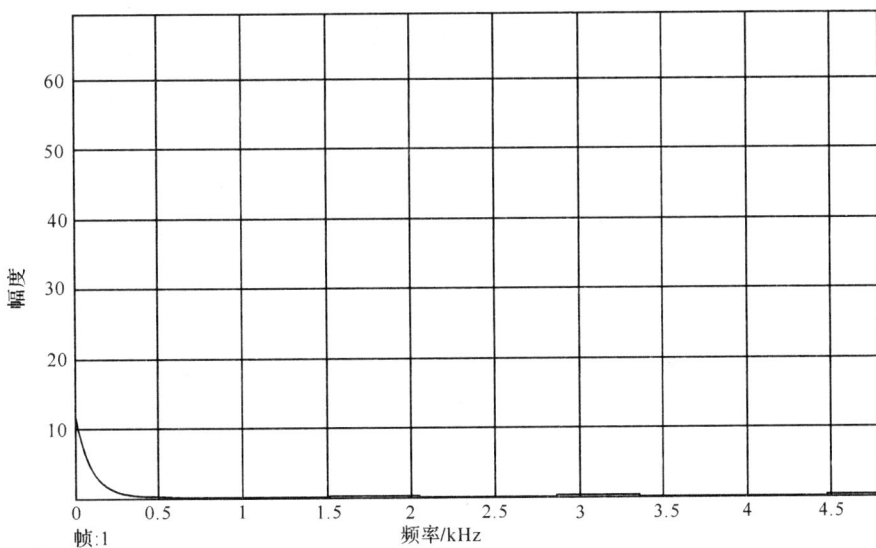

图 5-53　扩频前的信号谱

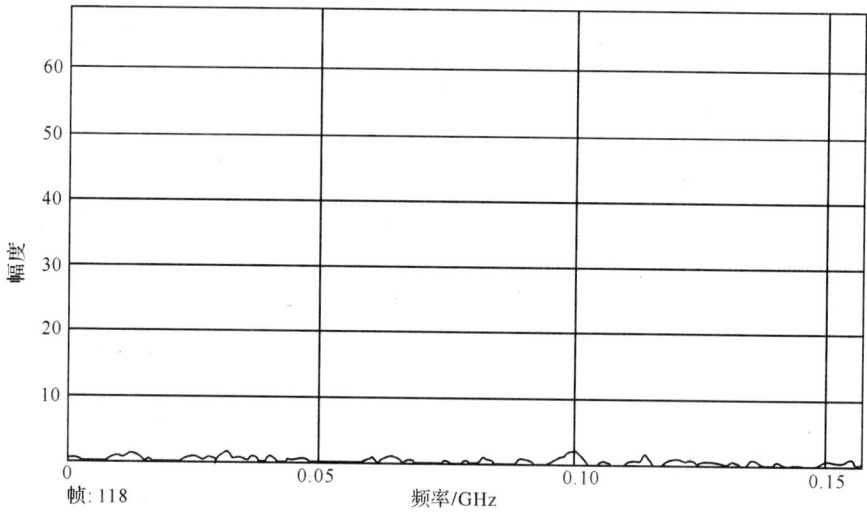

图 5-54　扩频后的信号谱

5.7　本 章 小 结

　　本章主要讨论了基带调制解调和直序扩频通信,并通过 MATLAB 进行了有效的仿真,使用 MATLAB 对于算法的有效性进行了初步测试,未来通过 MAT-LAB 的代码生成方式,可以简化程序设计。其中,对设计控制信号的进一步分析和模拟是仿真的关键问题,针对不同应用情况进行准确的仿真是比较困难的事情,在实验室完全正确的实验结果,在现场的应用中可能会存在意想不到的结果。为了使整个工程更可靠,需要专门进行现场的信号分析,以供开发者进行更详细的仿真实验。

第 6 章　通信系统的 TMS320C6711 DSK 实现

6.1　TMS320C6711 DSP 与 DSK 板的概述

6.1.1　DSP 系统的特点

（1）精度高。

模拟网络中元件精度很难达到 10^{-3} 以上，所以由模拟网络组成的系统的精度要达到 10^{-3} 以上就显得非常困难。而数字系统 17 位字长就可以达到 10^{-3} 精度。因此，如果使用 DSP、D/A 来代替系统中的模拟网络，并有效地提高 A/D 和 D/A 部分的精度将有效提高系统的整体精度。在一些高精度的系统中，有时只能采用数字技术才能达到精度要求。

（2）可靠性强。

这是由数字电路的特点决定的。由于数字系统只能有两个电平 1 或者 0，在器件正常工作的条件下，噪声及环境的影响一般不容易影响结果的正确性与准确性，不像模拟系统的参数都有一定的温度系数，易受温度影响，电磁振动、压力等外界环境也会对参数产生影响。这些影响会导致精确度下降，甚至导致系统不能正常工作。另外，由于 DSP 系统采用了大规模集成电路，其故障率也远比采用分立元件构成的模拟系统的故障率低。

（3）集成度高。

在一些体积要求很小或者是一些采用模拟网络体积将无法接受的场合，高集成度的数字电路将不可缺少。由于数字部件具有高度规范性，便于大规模集成和大规模生产，且数字电路主要工作在截止饱和状态，对电路参数要求不严格，因此产品的成品率高，价格日趋下降。在 DSP 系统中，由于芯片都是集成度高的产品，加上采用表面贴装技术，体积得以大幅度压缩。

（4）接口方便。

由于 DSP 系统和其他现代数字技术为基础的系统或设备都是兼容的，与这样的系统接口将比与模拟系统接口方便得多。在 DSP 系统中，随着处理速度的飞速提高与数字系统复杂程度的不断提高，系统的通信受到前所未有的重视。

（5）灵活性好。

由于 DSP 系统是可编程的，只要改变它们的软件，即可完成不同的功能，在线可编程能力使得硬件更加简单。

（6）保密性好。

DSP 系统中 DSP、FPGA、CPLD 等器件在保密性上的优越性，使其与由分立元件组成的模拟系统或者简单的数字系统相比，具有高保密性，如果作成 ASIC，保密性几乎是无懈可击的。

（7）时分复用。

DSP 系统的另一个优点是"时分复用"，即可使用一套 DSP 系统分时处理几个通道的信号。它主要适合两种场合，一是信号的采样频率与 DSP 系统的运算速度比起来相对低的场合，二是实时性要求不是很高的场合。

综上所述，DSP 系统无论是在性能上还是在成本上，在很多场合都有明显的优势。随着 DSP 技术、计算机技术与微电子技术的发展和先进工艺的不断采用，DSP 技术将获得更广泛的应用。DSP 的这些优点也正是我们在 CSR 工程中需要考虑的问题，DSP 系统的使用必将提高 CSR 工程在控制和数据处理中的效率。

6.1.2　TMS320C6711 的性能

TMS320C6711 DSP 的工作频率为 250MHz，专门针对需要高精度与宽动态范围的应用，最新型 TMS320C6711 DSP 可实现每秒 15 亿次浮点运算（MFLOPS），每个循环可执行多达 6 次符合 IEEE 标准的浮点运算。利用该器件，系统可执行实时数据操作，进行渲染、传输、压缩与增强。TMS320C6711 DSP 采用 $0.13\mu m$ 的 CMOS 技术，内核电压为 1.4V，I/O 电压为 3.3V，具有高速控制器的运算灵活性，同时其数字处理功能还接近阵列处理器。该处理器具有 32 个 32 位字长的通用寄存器以及 8 个非常独立的功能单元：4 个浮点/定点 ALU，2 个定点 ALU 以及 2 个浮点/定点乘法器。该器件的其他特性还包括 8KB 的 L1 程序与数据缓存以及 64KB 的 L2 缓存。对于 I/O，该器件提供了 16 个独立通道的增强型 DMA 控制器、一个 32 位的外部存储器接口、一个 16 位的主机端口接口以及两个多通道缓冲串行端口（McBSP）。

6.1.3　TMS320C6711 DSK 板的介绍

TMS320C6711 DSK（DSP starter kit）是 TI 公司的低成本、易于使用的 DSP 开发工具（DSK）板。这块高性能板是以 TMS320C6711 为浮点的 DSP 板。其能执行的最多操作次数为每秒 9 亿次。TMS320C6711 DSP 的高性能使 TMS320C6711 DSK 成为最强有力的 DSK 开发板。DSK 是并行端口，以便有效地开发并且测试 C6711 的应用。TI 公司的 DSK 为用户的 C6711 硬件设计提供了参考。随着 DSP 软件开发能力的不断增强，DSK 给开发 DSP 提供了很大方便。

TMS320C6711DSK 有下列特征：

(1) 150MHz 的 C6711DSP,每秒 9 亿次浮点计算(MFLOPS)。

(2) 支持双时钟执行,150MHz 的 CPU,100MHz(EMIF)的外部存储器接口。

(3) 并行端口控制器(PPC)接口于主机 PC 标准的并行端口。

(4) 16 位 100MHz 同步动态随机存取存储器(SDRAM)。

(5) 128KB 可编程和可擦除的只读存储器(ROM)。

(6) 8 位的存储器映射的输入/输出端口(I/O)。

(7) JTAG 仿真和外部并行端口 XDS510 的支持。

(8) 通过并行端口的 HPI 访问全部 DSP 存储器。

(9) 16 位的音频解码器,1.8V(DC)和 3.3V(DC)的稳压器。

(10) 6 个发光二极管。

(11) 利用外部电源和 IEEE1284 与 XDS510 仿真。

(12) 扩展存储和外围连接器对子板的支持。

6.1.4 DSP 软件开发过程

DSP 软件开发工具使用 Code Composer Studio2. 20. 18。其开发过程如图 6-1 所示。

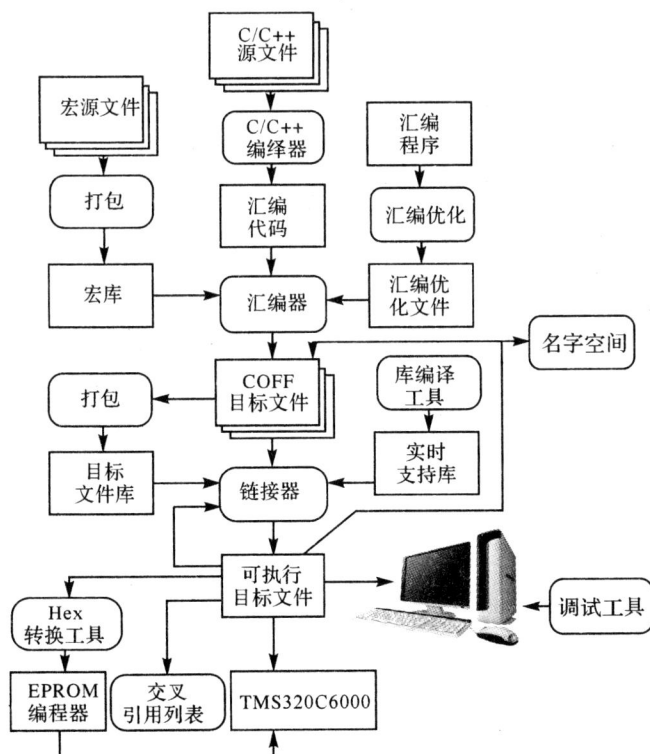

图 6-1 DSP 软件开发过程

一般 DSP 的开发使用 C 语言或者汇编语言进行程序编写,使用 C 语言编写,然后编译生成 COFF 文件,接着进行目标文件的链接,生成通用代码。实际中由于不同的 DSP 硬件对代码的解释不同,需要变换文件格式,在 CSR 应用中使用 TMS320C6000 系列芯片,因此应用中使用的工具变换通用代码为 TI 格式,此文件即为 TMS320C6000 系列的可执行程序。生成可执行程序后,可以使用下载工具把执行代码下载到目标板的 SDRAM 或者 Flash 中。

6.2　TMS320C6711 DSK 板的同步程序

TMS320C6711 DSK 板 C 语言的通信模块实现是在 MATLAB 的载波通信仿真实现的基础上完成的,在 TMS320C6711 DSK 板上使用 DSP 芯片把 MATLAB 仿真实现过程转换为 DSP 的软件实现。

6.2.1　运行库和源代码

my_dsp_bpask_front. pjt 包括 3 个运行库,即 dsp62x. lib,dsp_rt_c6710. lib 和 rtw_rt_c6700. lib,包括 7 个源程序代码文件,文件和函数解释如下:

(1) MW_c67xx.bsl.c	//该文件配置 TMS320C6711 的 //DSK 板
void turnOn_LED( )	//打开所有的发光二极管
void c67xxboard_init( )	//初始化 DSP 板
unsigned int Read_Codec_Control(unsigned int Register)	//从 ADC 和 DAC 中读出关键字
void Write_Codec_Control(unsigned int Register,unsigned int Data)	//向 ADC 和 DAC 中写关键字
void codec_error(int id)	//ADC 和 DAC 的错误处理
void config_codec(void)	//初始化 ADC 和 DAC
void config_codec_input(void)	//配置解码器的输入
void config_codec_output(void)	//配置解码器的输出
(2) MW_c67xx_csl.c	//该文件配置 DSP
void prepareBuffers(void)	//准备缓冲处理
void relocate_ISVT( )	//重新定位中断向量表
void turnOn_L2Cache( )	//打开二级高速存储
void clean_adc_L2Cache( )	//清除 ADC 二级高速存储内容
void clean_dac_L2Cache( )	//清除 DAC 二级高速存储内容
void initDMABuffers(void)	//初始化 DMA 的缓冲

```
void initDMAInterrupts(void)                    //初始化 DMA 的中断
interrupt void EDMA_isr()                        //中断服务程序
void enable_interrupts()                         //激活中断
void mcbsp0_write(unsigned int out_data)         //向串口 0 写入
unsigned int mcbsp0_read (void)                  //从串口 0 读出
void config_McBSP(int port)                      //配置 McBSP 0
void config_DMA(void)                            //配置 DMA
```

(3) my_dsp_bpsk_front.c //该文件定义了 Simulink model 的运行情况

```
void MdlInitialize(void)                         //初始化 Simulink model
void MdlStart(void)                              //开始运行 Simulink model
void MdlOutputs(int_T tid)                       //输出 Simulink model
void MdlUpdate(int_T tid)                        //更新 Simulink model
void MdlTerminate(void)                          //终止 Simulink model
void MdlInitializeSizes(void)
void MdlInitializeSampleTimes(void)              //初始化 Simulink model 的采样次数
```

(4) my_dsp_bpsk_front_main.c //该文件包括运行主程序

```
static void rt_OneStep(SimStruct * S) //是一个中断服务程序处理在
                                       //Simulink model 中的多任务主程序
int_T main(void)
```

(5) rt_sim.c //该文件是实时控制系统的配置文件

```
const char * rt_SimInitTimingEngine()  //用于单任务或多任务的实时系统
                                        //初始化固定步长的实时系统时间
time_T rt_SimGetNextSampleHit(void)    //实时系统中返回下一点样值
void rt_SimUpdateDiscreteTaskSampleHits()  //用于单任务实时系统的
                                            //采样时间判断
time_T rt_SimUpdateDiscreteEvents()    //用于多任务的时间判断
void rt_SimUpdateDiscreteTaskTime()    //应用于多任务系统在离散的任务
                                        //输出或者更新之后,必须调用该
                                        //函数更新下一周期的时间
```

(6) ti_nonfinite.c //该文件初始化 rtInf,rtMinusInf 和 rtNaN,调用
//函数 void rt_InitInfAndNaN(int_T realSize)

(7) vectors.asm //该文件定义了 TMS320C6711 的复位向量表,用于
//处理复位和中断

(8) my_dsp_bpsk_front.cmd //该文件包括链接选项、输出文件名、MEMORY 和
//部分的分段情况

6.2.2 同步通信程序结构

同步通信程序在 TMS320C6711 DSK 上的运行主程序结构如下：

```
int_T main(void)
{
  real_T finaltime = RUN_FOREVER;
  rt_InitInfAndNaN((int_T) sizeof(real_T));
  S = MODEL();
  if (ssGetErrorStatus(S) ! = NULL) {
    puts("Error during model registration: ");
    puts(ssGetErrorStatus(S));
    puts("\n");
    exit(EXIT_FAILURE);
  }
  ssSetTFinal(S, finaltime);
  MdlInitializeSizes();
  MdlInitializeSampleTimes();
  {
    const char * status = rt_InitTimingEngine(S);
    if (status ! = NULL) {
      puts("Failed.to initialize sample time engine: ");
      puts(status);
      puts("\n");
      exit(EXIT_FAILURE);
    }
  }
  rt_CreateIntegrationData(S);
  MdlStart();
  relocate_ISVT();
  turnOn_L2Cache();
  if (ssGetErrorStatus(S) ! = NULL) {
    GBLbuf.stopExecutionFlag = 1;
  }
  enable_interrupts();
```

```
}
```

其中,TMS320C6711 DSK 板的初始化程序为

```
void c67xxboard_init()
{
    initDMABuffers();          //初始化 DMA 缓冲
    config_McBSP();            //配置 McBSP
    config_codec();            //配置编码器 A/D 和 D/A
}
```

程序中的基带调制和解调过程是通过中断响应和 McBSP 实现的,为了提高执行速度,在调制中采用查表的方式完成。

6.3 TMS320C6711 DSK 板的测试

在 TMS320C6711 DSK 板上的测试采用实时数据交换(RTDX)完成。

RTDX 是一种允许用户在 PC 和目标板上进行数据交换的技术,而不影响目标板上的应用程序。这种技术帮助用户得到现实的 DSP 系统工作状况和运行结果。RTDX 由目标板和 PC 上的主机两个组件组成。一个 RTDX 软件库在目标板上运行,这个程序调用库的 API,实现接收或者发送数据,完成 RTDX 的软件库和主机的数据交换;另外一个在主机平台上运行,RTDX 通过和 Code Composer Studio 连接,显示和分析工具通过 RTDX 通信从 COM API 得到目标板的数据或者向目标板发送数据。显示和分析数据可以使用标准软件包的开发包实现,如微软公司的 Visual C++、Visual Basic 和 Excel。

DSP/BIOS 是一个可升级的内核,该内核能支持实时时序线程同步。同时,DSP/BIOS 提供多线程、抽象硬件的实时分析。DSP/BIOS 使用 RTDX 传送数据进行实时分析,允许用户使用提供的 RTDX 接口配置工具插入和配置 RTDX。同时提供两个其他的接口,调用 HST 和 DHL 完成在目标板和主机之间进行通信。这些接口实质上都是使用 RTDX 和主机通信。

RTDX 能够实时连续地看到目标板程序的执行情况。图 6-2 表示 RTDX 和主机的通信。

以下部分是 RTDX 数据从目标板传输到主机。

在目标板和主机通信中,输出通道应该被配置。数据使用在 RTDX 用户接口里定义的例程写给输出通道,这些数据进入 RTDX 目标库内定义的目标缓冲区。

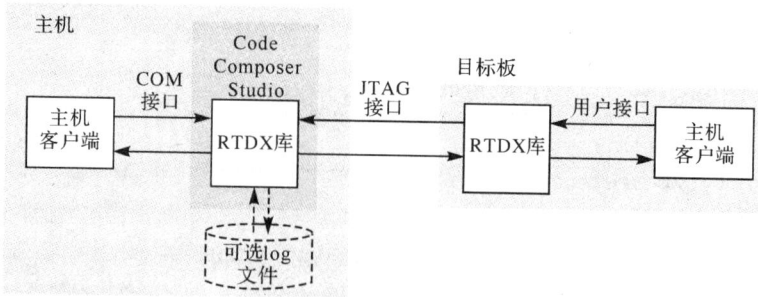

图 6-2 RTDX 和主机通信

这个缓冲区的数据通过 JTAG 接口送给主机。RTDX 主机库得到从 JTAG 接口来的数据,记录进入一个内存缓冲区或者一个 RTDX 日志文件。数据在从目标板的 JTAG 到主机的传送过程中,并没有停止目标板上处理器的运行。主机记录的这些数据被主机应用程序接收到并且以各种方式展示。在 Windows 的操作系统中,主机的接口是通过 COM 接口提供的。如图 6-3 所示。

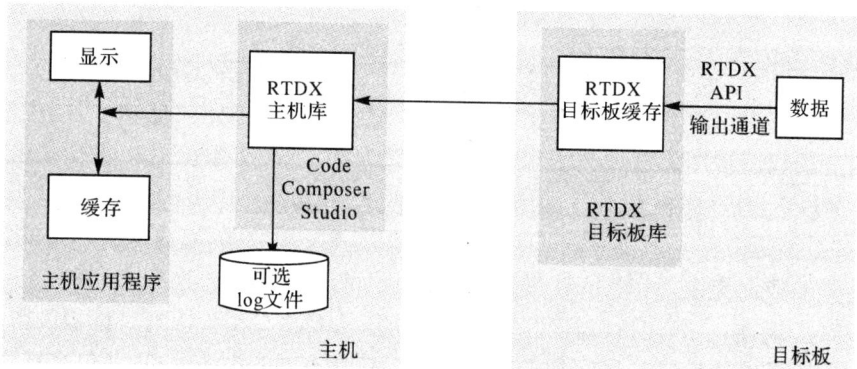

图 6-3 目标板和主机通信

对目标板来说,必须先对目标板声明一条输入通道。输入通道是在用户接口中定义的,目标板的请求数据来自输入通道。首先目标板的请求进入目标缓冲区记录,然后通过 JTAG 接口给主机发送数据。给目标板发送的全部数据通过 COM 接口写入 RTDX 主机库里的存储缓冲区。当 RTDX 主机库收到从目标板程序来的读请求时,把主机缓冲区里的数据通过 JTAG 接口送到目标板。数据以实时的方式写入在目标板上被请求的位置。当操作完成时,主机通知 RTDX 目标板库。如图 6-4 所示。

同步通信程序的调试和效果测试就是通过 RTDX 来进行的,通过 RTDX 可以观察到程序运行的 CPU 占用以及各线程的进行情况。同时,可以使用 RTDX

收集解调后的信号,通过发送信号和收集到的信号进行信号对比,分析该算法在 DSP 实现中的效果,根据效果好坏进行滤波器和载波的调整。

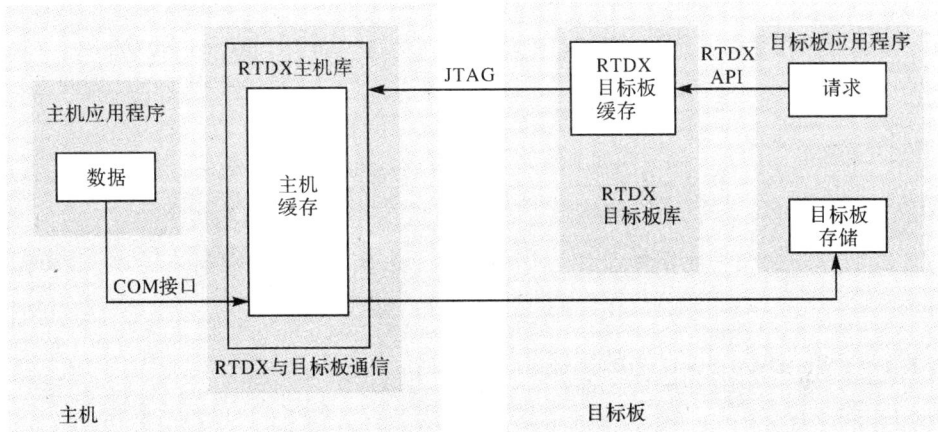

图 6-4　主机和目标板通信

6.4　本 章 小 结

本章主要讨论了基带调制信号在 TMS320C6711 DSK 板上的实现,其中对于算法的有效性和可行性进行了验证,进一步的工作主要是建立 DSP 标准算法。可以参考 TMS320 算法标准,该标准是各种 DSP 算法标准的一个示范,根据该标准进行设计能够最小化支持需求,简化未来相同的工作。

第 7 章　TMS320C6713 DSP 板的应用示例

7.1　TMS320C6713 DSP 板的基本情况

在实际系统的控制信号传送应用中,我们使用的数字处理芯片是 TI 公司的 TMS320C6713 处理器。

7.1.1　TMS320C6713 DSP 的概述

TMS320C6713 是 TI 公司推出的 TMS320C67xx 系列浮点 DSP 中最新的一款芯片。TMS320C6713 每周期可以执行 8 条 32 位指令,支持 32/64 位数据,具有 300MHz、3.3ns 指令周期的运行速度和 2400MIPS 或 1800MFLOPS 的处理能力。

其内部具有高级超长指令字(VLIW),包含 8 个独立的函数单元,2 个定点运算器,4 个浮点和定点运算器,32 个 32 位的通用寄存器,支持指令打包,支持单精度和双精度字节地址方式(8 位、16 位、32 位数据),8 位溢出保护,L1/L2 存储结构:4KB L1P 程序高速缓存(直接映射),4KB L1D 数据高速缓存(2 路),256KB L2 存储,C/C++优化的编译器。

同时具有强大的外设支持能力:①32 位外部存储器接口(EMIF)可以很方便地和 SRAM、EPROM、Flash、SSRAM 与 SDRAM 等同步和异步存储器或者 512MB 的外部存储空间连接。②直接存储访问(EDMA)控制 16 个独立的通道。③16 位的主机口。④2 个多道音频串口(McASP)。⑤2 个 32 位的通用时钟。⑥2个多道缓冲串口。⑦串口外设接口。⑧高速的 TDM 接口。⑨AC97 接口。⑩提供 JTAG 接口。

Boot 方式有 HPI 和 8 位、16 位、32 位 ROM 启动。

7.1.2　TMS320C6713 DSP 板的基本情况

图 7-1 为控制系统中设计的以 TMS320C6713 DSP 为核心的扩频通信载波调制信号板,该调制信号板通过背板和其他设备连接,背板提供电源。在板中以 TMS320C6713 为核心,带有 SDRAM 和 Flash。一般通过 JTAG 访问片内资源。通过 HPI,利用 CPLD 可使背板信号能够控制 DSP 的运行。背板的待处理信号经过 FPGA 送到 DSP 的音频串口或者通用串口,DSP 处理后的信号使用音频串口

或者通用串口,送到 FPGA,然后送到背板。

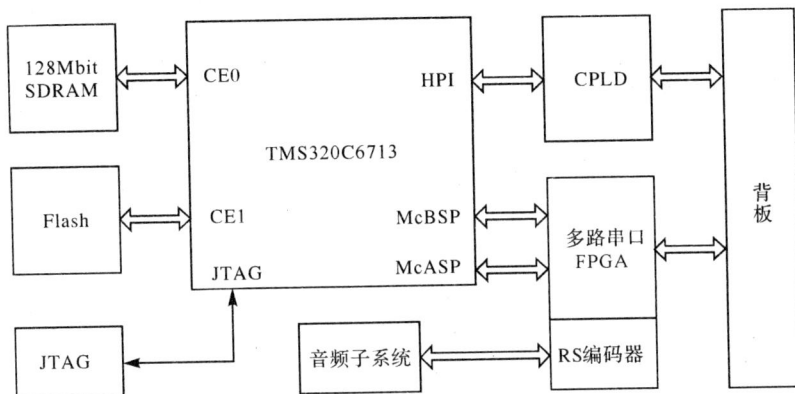

图 7-1 控制信号传输的基带调制解调板结构图

7.2 TMS320C6713 DSP 板软件前的配置示例

7.2.1 TMS320C6713 DSP 板的 JTAG 配置情况

（1）安装硬件仿真器 SEED-XDSUSB2.0 与目标系统板。

（2）硬件连接完毕后,安装 SEED-XDSUSB2.0 驱动程序。

（3）驱动程序的配置:在 Setup CCS 2(6000)下选中 C6x1x XDS510 Emulator 加载,选择 C6000 XDS 驱动的属性,选择 seedusb2.cfg 配置文件,将 I/O 端口改为 0x240(也可以设为 340)。

（4）启动 CCS,进行 CCS 调试 DSP 程序。

7.2.2 TMS320C6713 DSP 板的寄存器配置

在 DSP6713 中,为了使 SDRAM、Flash 运行起来,需要设置寄存器,同时在同步时钟时需要进行 PLL 的设置。

（1）基本寄存器构型。

```
/* EMIF setup */
*(int *)EMIF_GCTL = 0x00000068;
*(int *)EMIF_CE0 = 0x20f20333;    /* CE0 SDRAM */
*(int *)EMIF_CE1 = 0xffffff23;    /* CE1 Flash */
*(int *)EMIF_CE2 = 0x20f20323;    /* CE2 I/O 32bit async */
```

```
*(int *)EMIF_CE3 = 0xffffff23;   /* CE3 I/O 32bit async */
*(int *)EMIF_SDRAMCTL = 0x53116000;   /* SDRAM control (32 Mb) */
*(int *)EMIF_SDRAMTIM = 0x00000578;   /* SDRAM timing (refresh) */
*(int *)EMIF_SDRAMEXT = 0x000a8529;   /* SDRAM Extension register */
```

（2）PLL 寄存器构型。

```
/* Set the PLL back to power on reset state */
*(int *)PLL_CSR = 0x00000048;
*(int *)PLL_DIV3 = 0x00008001;
*(int *)PLL_DIV2 = 0x00008001;
*(int *)PLL_DIV1 = 0x00008000;
*(int *)PLL_DIV0 = 0x00008000;
*(int *)PLL_MULT = 0x00000007;
*(int *)PLL_OSCDIV1 = 0x00008007;
```

7.3　TMS320C6713 DSP 板串口（McBSP）程序的实现

在 TMS320C6711 DSP 中的信号传送，先通过 McBSP 把数据传入，经过数据处理后，通过 McBSP 再传给外设。

7.3.1　McBSP 串口特征

（1）全双工的通信。

（2）双缓冲数据寄存器，允许连续的数据流。

（3）独立的帧时钟的数据接收和传送。

（4）提供对工业标准编码器的接口，如 D/A 和 A/D 的转换器。

（5）提供 128 个通道的数据接收和传送，支持各种长度数据类型，包括 8 位、12 位、16 位、20 位、24 位和 32 位。

（6）U_law 和 A_law 的压缩。

（7）8 位传送可以选择低位有效还是高位有效。

（8）可编程的时钟和帧同步，可编程的内部时钟和帧的产生。

7.3.2　串口模块的工作原理

在 TMS320C6713 中串口模块结构和寄存器位置如图 7-2 所示。

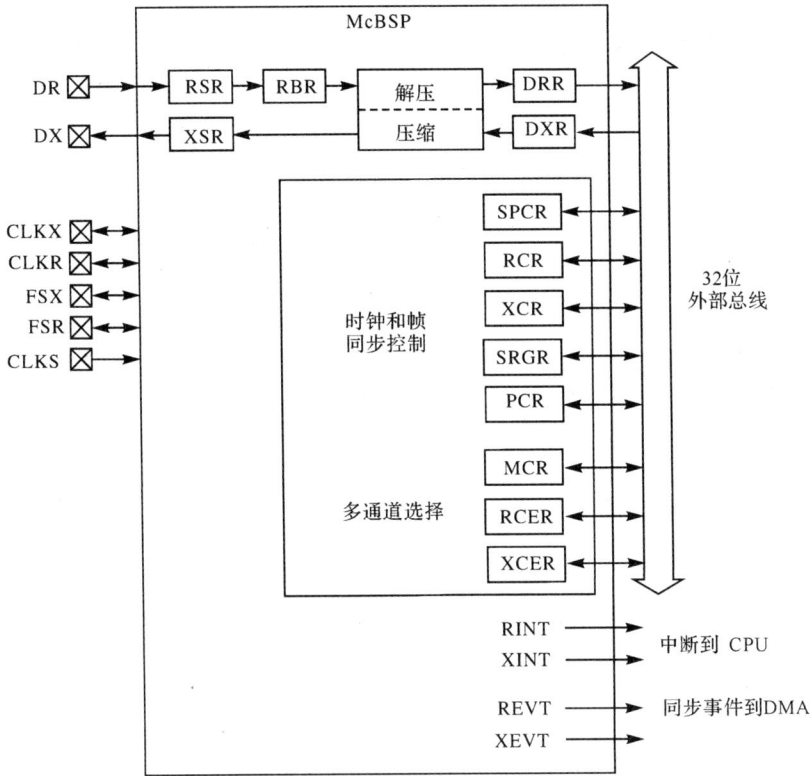

图 7-2 串口模块结构图

数据和设备通信时,通过数据传送 DX 管脚和接收 DR 管脚进行。控制信号(时钟和帧同步)通过 CLKS、CLKX、CLKR、FSX 和 FSR 进行通信。C6000 系列的 CPU 和 McBSP 的通信使用 32 位的控制寄存器通过内部总线访问。非 32 位的写操作可能会损坏控制寄存器,这是因为没有定义的值写入了不可使用的字节,然而,非 32 位的读操作返回了当前值。

无论是 CPU 还是 DMA/EDMA,读取的数据均来自然后数据接收寄存器(DRR),写操作将写入数据发送寄存器(DXR),然后通过移出寄存器(XSR)移到 DX。相同的情况,在 DR 上得到的数据,移到接收转移寄存器(RSR),然后复制到接收缓冲寄存器(RBR)。RBR 然后复制到 DRR,DRR 就可以被 CPU 或者 DMA/EDMA 所读取。这样就可以使内部数据和外部数据通信。

关于寄存器的信息可以参考图 7-3。

McBSP 接口管脚

管脚	输入/输出	描述
CLKR	输入/输出	接收时钟
CLKX	输入/输出	传送时钟
CLKS		终止时钟
DR		接收的串行数据
DX	输出	传送的串行数据
FSR	输入/输出	接收帧同步
FSX	输入/输出	传送帧同步

图 7-3　McBSP 寄存器

7.3.3　McBSP 的程序实现

（1）C 语言的 McBSP 程序实现流程图如图 7-4 所示。

（2）McBSP 程序实现中部分函数的说明和意义列举如下。

头文件包括：通用的 c6x. h，CSL 库 csl. h，支持 DMA 的 csl_dma. h，支持 EDMA_SUPPORT 的 csl_edma. h，支持中断的 csl_irq. h，支持 McBSP 的 csl_mcbsp. h。

函数有设置中断向量表 IRQ_setVecs(vectors)。

```
CSL_init()                                   //初始化 CSL 函数
McBSP_Config McBSPCfg                         //设置 McBSP 的配置文件
hMcBSP = McBSP_open(McBSP_DEV0,McBSP_OPEN_RESET);  //打开 McBSP 通道
McBSP_config(hMcBSP, &McBSPCfg)               //应用配置文件配置 McBSP 的通道
McBSP_enableSrgr(hMcBSP)                      //产生采样频率
EDMA_clearPram(0x00000000)                    //复位(E)DMA 函数 DMA_reset(INV)
IRQ_globalEnable()                            //使其可以激活中断 IRQ_nmiEnable()
IRQ_disable(IRQ_EVT_DMAINT0)
IRQ_clear(IRQ_EVT_DMAINT0)
IRQ_enable(IRQ_EVT_DMAINT0)
hDma = DMA_open(DMA_CHA2,DMA_OPEN_RESET);     //打开 DMA 或者 EDMA
hEdma = EDMA_open(EDMA_CHA_REVT0,EDMA_OPEN_RESET);
DMA_configArgs()                             //配置(E)DMA 的运行
EDMA_configArgs()
DMA_start(hDma)                               //复位 EDMA 函数 EDMA_reset(hEdma_NULL)
EDMA_enableChannel(hEdma)                     //启动 DMA 或者能够启动 EDMA 函数
```

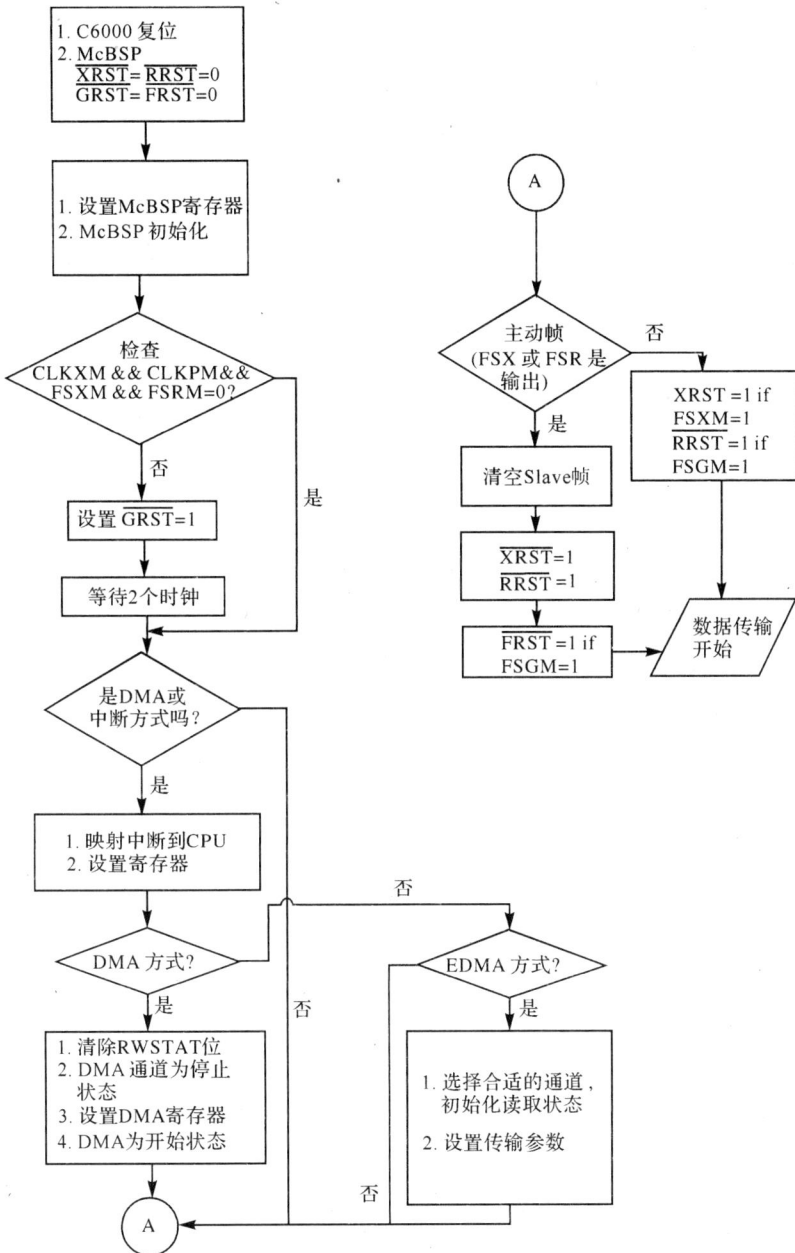

图 7-4　McBSP 程序流程图

```
McBSP_enableRcv(hMcBSP)          //使 McBSP 可以接收或者发送数据函数
McBSP_enableXmt(hMcBSP)
```

```
McBSP_enableFsync(hMcBSP)          //使帧同步产生
EDMA_intTest()                     //处理 EDMA 的中断
EDMA_intClear()
McBSP_close(hMcBSP)                //关闭 McBSP 和(E)DMA 通道
DMA_close(hDma)
EDMA_close(hEdma)
```

（3）McBSP 程序主函数结构。

C 代码的 McBSP 程序结构如下：

```
void main() {
        McBSP_Handle hMcBSP;
        volatile Uint32 x, y;
        int success = 1;
        printf("\n< McBSP >");
    /* 所用 CSL 初始化片支持库 */
        CSL_init();
    /* 以下代码配置串口为数字回送方式,然后所用 CPU 写或者读串口 */
        hMcBSP = McBSP_open(McBSP_DEV1, McBSP_OPEN_RESET);
    /* 配置串口工作方式和数据传送率 */
        McBSP_config(hMcBSP, &ConfigLoopback);
    /* 建立串口,并使串口同步 */
        McBSP_start(hMcBSP, McBSP_RCV_START | McBSP_XMIT_START |McBSP
            _SRGR_START| McBSP_SRGR_FRAMESYNC, McBSP_SRGR_DEFAULT_DE-
            LAY);
    /* 等待数据写入串口,然后读数据 */
        for (y = 0; y<0x00080000; y++) {
            /* 当数据准备好时,送入串口传送 */
            /* 此处添加接收和发送数据的预处理 */
            while (!McBSP_xrdy(hMcBSP));
            McBSP_write(hMcBSP, y);
            /* 等待数据收到,然后读数据 */
            while (!McBSP_rrdy(hMcBSP));
            x = McBSP_read(hMcBSP);
        }
```

```
/* 关闭串口 */
McBSP_close(hMcBSP);
if(success)
        printf("\nsuccess : %d",success);
printf("\nDONE...");
}
```

7.4 TMS320C6713 DSP 板同步通信实现

7.4.1 通信调制过程的 DSP 程序

```
/* BPSK 载波信号的产生 */
  {
   /* 一路载波信号的离散周期三角函数 */
   const real_T Ts_pi2 = 7.8539816339744833E-004;
   const real_T Ts_pi2_f = rtP.Sine_Wave1_Frequency * Ts_pi2;
   rtB.temp11 = rtP.Sine_Wave1_Amplitude *
            (sin((rtDWork.Sine_Wave1_CountIdx + +
             * Ts_pi2_f + rtP.Sine_Wave1_Phase)));
  }
/* 另一路载波信号的离散周期三角函数 */
  {
   const real_T Ts_pi2 = 7.8539816339744833E-004;
   const real_T Ts_pi2_f = rtP.Sine_Wave2_Frequency * Ts_pi2;
   rtB.temp13 = rtP.Sine_Wave2_Amplitude * (sin((rtDWork.Sine_Wave2
            _CountIdx + + * Ts_pi2_f + rtP.Sine_Wave2_Phase)));
  }
/* 调制选择开关 */
if (signal > rtP.Switch_Threshold) {
    rtB.Switch = rtB.temp11; }
    else {
    rtB.Switch = rtB.temp13;
  }
```

7.4.2　通信解调过程的 DSP 程序

（1）数字 VCO 的实现。

```
/* 产生时钟 */
rtB.temp13 = ssGetT(rtS);
/* 乘法器乘以常值 rtP.Constant_Value */
rtB.temp13 = rtP.Constant1_Value * rtB.temp13;
/* 离散积分器 */
rtB.temp11 = rtDWork.Discrete_Time_Integrator_DSTATE;
/* 加法器 */
rtB.temp13 = rtB.temp13 - rtB.temp11;
/* 通过加法器后的信号由三角正弦计算 */
rtB.Trigonometric_Function2 = sin(rtB.temp13);
```

（2）数字载波同步过程。

```
/* VCO 的输出信号和调制信号相乘 */
rtB.Product13 = rtB.Trigonometric_Function2 * rtB.Switch;
/* VCO 的输出信号和调制信号相乘的 IIR 数字滤波器 */
MWDSP_IIR_DF2T_DD(&rtB.Product13,&rtB.Digital_Filter_De_a,
 &rtDWork.Digital_Filter_De_a_FILT_STATES[0],3,1,1,
 &rtP.Digital_Filter_De_a_RTP1COEFF[0],2,
 &rtP.Digital_Filter_De_a_RTP2COEFF[0],2,1);
/* VCO 输出信号的延迟 */
rtB.temp12 = rtDWork.Integer_Delay2_X[0];
/* VCO 输出的延迟信号和调制信号相乘 */
rtB.Product2 = rtB.Switch * rtB.temp12;
/* VCO 输出的延迟信号和调制信号相乘后的 IIR 数字滤波器 */
MWDSP_IIR_DF2T_DD(&rtB.Product2,&rtB.Digital_Filter_De_b,
 &rtDWork.Digital_Filter_De_b_FILT_STATES[0],3,1,1,
 &rtP.Digital_Filter_De_b_RTP1COEFF[0],2,
 &rtP.Digital_Filter_De_b_RTP2COEFF[0],2,1);
/* 两路滤波信号相乘 */
rtB.Product3 = rtB.Digital_Filter_De_c * rtB.Digital_Filter_De_b;
```

```
/* 两路滤波信号相乘后进行滤波 */
MWDSP_IIR_DF2T_DD(&rtB.Product3,&rtB.Digital_Filter_De_d,
    &rtDWork.Digital_Filter_De_d_FILT_STATES[0],3,1,1,
    &rtP.Digital_Filter_De_d_RTP1COEFF[0],2,
    &rtP.Digital_Filter_De_d_RTP2COEFF[0],2,1);
/* 滤波后的信号进行增益,即乘以 rtP.Gain1_Gain */
rtB.Gain1 = rtB.Digital_Filter_De_d * rtP.Gain1_Gain;
```

（3）数字信号的解调过程。

```
/* 调制信号乘以同步载波信号 */
rtB.Product1 = rtB.Trigonometric_Function2 * rtB.Switch;
/* 调制信号乘以同步载波信号后进行滤波 */
MWDSP_IIR_DF2T_DD(&rtB.Product1,&rtB.Digital_Filter_De_c,
    &rtDWork.Digital_Filter_De_c_FILT_STATES[0],3,1,1,
    &rtP.Digital_Filter_De_c_RTP1COEFF[0],2,
    &rtP.Digital_Filter_De_c_RTP2COEFF[0],2,1);
/* 滤波后的信号进行二进制信号的判断,产生解调后的输出信号 */
rtB.temp12 = rt_SGN(rtB.Digital_Filter_De_a);
```

7.5 TMS320C6713 DSP 板同步通信调试和结果

7.5.1 核心同步程序调试

对于可执行的核心调制和解调程序,使用 Code Composer Studio 提供的工具进行信号分析。

调试过程如下:

（1）建立文件 bit.dat,该文件保存数字信号,只包含 0、1 两个数字,表示即将发送的二进制数。

（2）在调制程序中添加 DataIO 函数,接收来自外部的文件。

（3）通过 CCS 提供的 File I/O 功能,连接文件 bit.dat 和 DataIO 函数,这样可以通过 File I/O 的设置,使用断点的功能把 bit.dat 文件中的数据输入 inp_buffer。inp_buffer 和 out_buffer 是在程序中定义的缓冲,其中 inp_buffer 接收 bit.dat 的二进制数作为待调制的信号,out_buffer 则作为二进制 BPSK 调制和解调后的输出。

（4）使用 CCS 的 View 功能可以观测到调制和解调信号，即 inp_buffer 和 out_buffer 中的数字信号。Graph Property Dialog 的设置如图 7-5 所示。

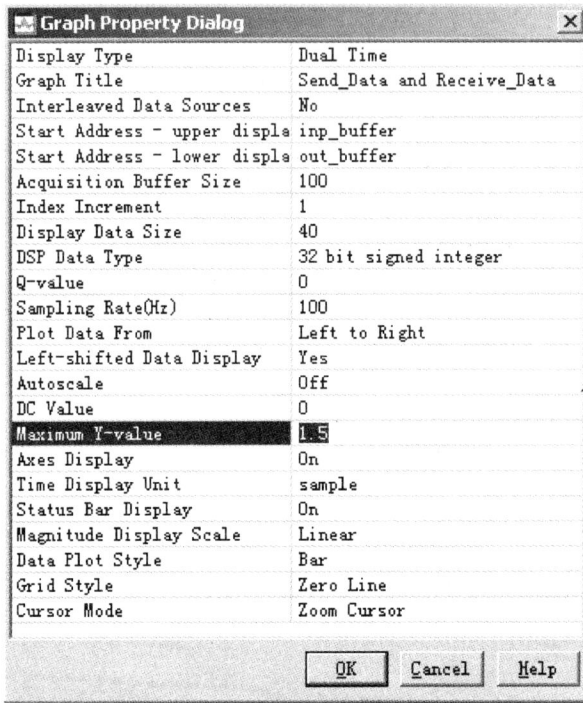

图 7-5　Graph Property Dialog 的设置

7.5.2　调试信号结果分析

通过以上的调试，可以观测到发送信号和接收信号，使用 CCS 提供的观测工具只能看到采样的信号，如图 7-6 所示。由观测可知，接收的数据成功地解调了源信号的调制，如图 7-7 所示。

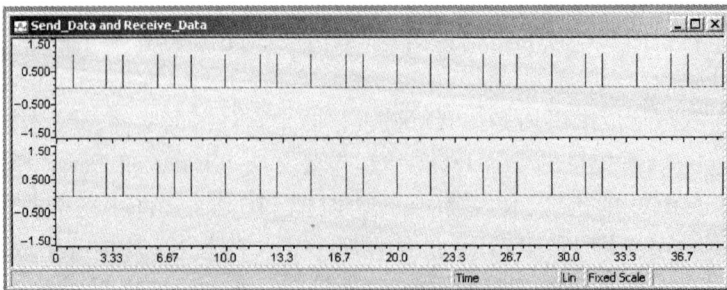

图 7-6　CCS 中 DSP 发送和接收信号观测

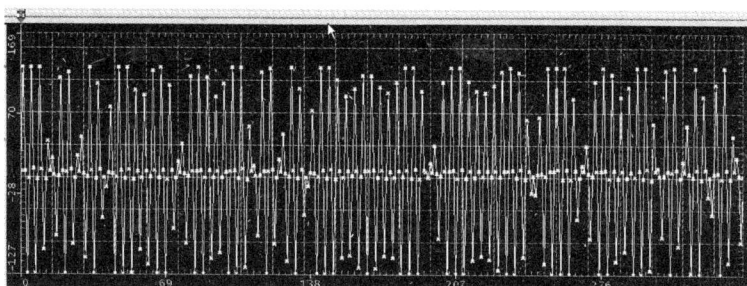

图 7-7　示波器观测到的 BPSK 发送和接收信号

7.6　TMS320C6713 DSP 板的 Loader 过程

在实际的 CSR 自制的 TMS320C6713 DSP 板中,如果顺利完成 DSP 的运行,首先需要把 CCS 编译出的. out 文件转换为. hex 文件,. hex 文件可以装载到 Flash中,因为一级装载只有 1KB,因此要编写二级装载程序,最后根据不同的 Flash 硬件类型编写 Flash 的烧写和擦除程序,把编写完的程序套用 FlashBurn 程序和FBTC 源代码程序完成 Flash 的烧写和擦除。

7.6.1　Loader 过程

和以往 TI 公司的 DSP(如 3x,4x)采用引导表由固化在 DSP 内部的引导程序实现程序的自引导不同,TMS320C6000 系列 DSP 采用的是一种新的引导方法。对于 TMS320C6713,上电后,若选择从 EMIF 引导程序,则 DSP 自动将位于地址空间 CE1(0x90000000～0x9FFFFFFF)开头的 1KB 代码传输到地址空间 0 处。它的数据传输采用默认时序,用户可以选择外部程序存储器的宽度(8 位/16 位/32 位),然后由 EMIF 自动将几次读入的数据合成 32 位数据。传输由 DSP 中的EDMA 通道以单帧的形式自动进行,传输完成后,程序从地址 0 处开始运行。因此,要在 TMS320C671x 中实现基于 Flash 的自引导功能,必须将 Flash 配置在DSP 的 CE1 地址空间中。

以上工作均由 DSP 自动完成。很明显,自动传输的代码并不能满足绝大多数编程者对代码长度的要求,因此可在这段代码中加入数据传输功能,从而将实际工作中远大于 1KB 的代码由 Flash 中读入用户指定的存储空间,然后再将程序跳到实际有用的代码处运行。对 Flash 进行编程并实现程序自引导的具体过程如下。

1) DSP 程序的文件格式变换

由 CCS 得到的代码为目标文件格式(COFF)。COFF 是二进制的目标文件形式,该文件提供了灵活的方法管理代码段和目标系统存储器。这种格式文件不能直接写入 Flash,而要先用其他语言(如 C 语言)编写文件,然后由转换工具进行转化。

在 COFF 格式下,程序被分成很多段(包括程序段、初始化数据段、未初始化数据段、自定义段等),每段都占据连续的存储空间,段与段之间相互独立。另外,在 COFF 文件中,除了段内的用户程序和数据外,还包含一些额外的信息,其中有 COFF 文件的版本、段的数量、段的长度和起始地址等,分析清楚这些信息,就可以编写自己的文件转换工具了。

其具体方法是:读入 COFF 文件,根据格式分析该文件的内容,再把用户程序和数据部分提取出来,仍分成多个段,并在每个段前加入起始位置和段长度信息,同时在最后一个段的末尾加上结束标志,最后写入一个新的文件。在此过程中,因为 COFF 文件的字长为 32 位,而 Flash 宽度可能为 8 位或 16 位,因而要在两者之间进行手工转化。

Hex 工具自动完成代码转换。该工具是 TI 公司提供的把 COFF 目标文件转变成标准可装载文件的工具之一,适于把可执行指令转换为 ASCII 十六进制形式。

Hex 转换工具产生可执行代码的变换有两种基本的方法。

(1) 在命令行上指定选项和文件名。

如下命令把文件 post. out 转变成 TI 可执行的二进制指令文件,产生输出文件 post. hex。

hex6x t post. out post. hex

(2) 在一个命令文件里指定选项和文件名。

编写一个批处理文件,保存命令行选项和文件名。因为这种方式更方便使用,一般采用这种命令文件。

命令文件里除了命令选项外,可以变换 ROMS 和 SECTIONS。

选择参数参考 *TMS320C6000 Assembly Language Tools User's Guide* 中的 *Invoking the Hex Conversion Utility* 部分。

ROMS 部分表示 ROMS 存储器的构造,确定地址范围参数。

SECTIONS 部分确切说明哪部分 COFF 目标文件的内容被选择。

使用"/ * "和" * /"可在命令文件中添加注释。

整个文件转换过程是在 DOS 提示符下完成的。

针对 CSR 的存储器编写的命令文件为

post. out

－x

```
- image
- memwidth  32
ROMS
{
    FLASH: org = 0, len = 0x10000, romwidth = 32, files = {post.hex}
}
```

在命令行中调用命令 hex6x 格式为

hex6x 文件名

2) 编写 Boot 程序和二级 Boot 加载器

Boot 程序本身是 COFF 文件格式,需要格式转换。利用编程器进行编程。由于编程器不支持.out 文件模式,不能直接写入 Flash 中,所以必须将.out 文件转换成编程器可读入的.hex 格式。

在 DSP 中 ROM 引导自动传输了 64KB 或 1KB 的程序代码,对于 TMS320C6713 是 1KB 程序代码时,不能满足绝大多数应用的要求,如果应用代码的大小超过了这个长度,则应当引入二级 Boot 加载器来解决。其具体的做法是:使 ROM 引导自动加载的代码实现数据传输功能,把超过长度的代码人工复制到指定的存储区域,完成传输后程序跳转到实际应用的入口处继续运行。

二级 Boot 加载器代码不能超过 ROM 加载的长度(64KB 或 1KB),TMS320C6000 二级 Boot 加载器代码大小在 1KB 以内,实现步骤如下:

(1) 配置 EMIF 寄存器使其能访问到所连接的外部存储器。

(2) 从 Flash 中根据各段的地址信息将其复制到相应的物理地址中。

(3) 跳转至实际应用的入口处。这里的入口并非 main() 函数,而是 c_int00() 函数,因为系统必须在此函数运行后才能建立起 C 语言的运行环境,继而才能进入 main() 函数。

以下是第二步数据传输的代码片断:

```
    mvkl copyTable, a3        //读取复制表地址指针
    mvkh copyTable, a3
copy_section_top:
    ldw * a3 + +, b0          //段长度
    ldw * a3 + +, b4          //段在 Flash 中的地址
    ldw * a3 + +, a4          //段要存放的目标物理地址
```

```
      nop 2
 [!b0] b copy_done          //判断是否复制完毕
      nop 5
copy_loop:
      ldb * b4 + + , b5
      sub b0, 1, b0
 [b0] b copy_loop           //判断该段是否复制完毕
 [!b0] b copy_section_top
      zero a1
 [!b0] and 3, a3, a1
      stb b5, * a4 + +
 [!b0] and - 4, a3, a5
 [a1] add 4, a5, a3
copy_done:                  //复制完毕,跳转至 c_int00()函数入口
     mvkl. S2 _c_int00, B0
     mvkh. S2 _c_int00, B0
     b. S2 B0
     nop 5
```

7.6.2　Flash 烧写程序

　　Flash 烧写程序要根据不同的 Flash 硬件来编写。

　　烧写内容包括 Boot 程序写入 CE1 空间开始的 1KB 中,DSP 正常工作程序写入 1KB 以后的地址空间中。

　　1) TMS320C6713 DSP 板的 Flash 烧写过程

　　开发 DSP 系统应用板,最终要脱离仿真器而独立运行,这时就需要一个能在断电后保存程序及初始化数据的存储器。系统上电时,由引导程序将 DSP 的应用程序从该存储器引导到 DSP 应用板上的高速存储器(如内部 SRAM、SDRAM 等)中。由于 Flash 具有电信号删除功能, 且删除速度快,集成度高,因而已成为此种存储器的首选。

　　将用户程序代码写入 Flash 的方法有两种:第一种是用专门的 Flash 编程器实现,第二种是通过系统微处理器与 Flash 的接口来实现。第一种方法的主要优点是使用方便可靠,但要求 Flash 只能是双列直插等一些可插拔的封装形式,由于芯片制造工艺的提高,芯片的集成度越来越高,Flash 正向小型化、贴片式发展,从而使表面贴装或 PLCC 封装的 Flash 难以利用编程器编程;第二种方法克服了第一种方法的缺点,且使用灵活,因而在 DSP 系统中的应用日益广泛。

由于 Flash 的存取速度较慢,写入 Flash 的程序将在系统上电时被 DSP 装载到快速的存储器中运行,这个过程称为 Boot 引导。不同的 DSP 有不同的引导方式,CSR 系统将以 TMS320C6713 为应用,因此使用 TMS320C6000 系列的 Boot 引导方式。

2) Flash 28F128J3A、28F640J3A、28F320J3A 存储器简介

本书在工程中的 DSP 板使用 28F128J3A、28F640J3A、28F320J3A (x8/x16)、28F128J3A、28F640J3A、28F320J3A (x8/x16),它们是英特尔公司生产的 Flash 存储器,其性能主要有以下几点。

(1) 110/120/150ns 各自的初始访问速度分别是 32/64/128Mbit,异步页模式读的时间为 25ns,写缓冲的大小为 32B,写时间为 $6.8\mu s/B$。

(2) 软件方面支持程序写、擦除和悬挂,支持 Flash 数据集成(FDI),兼容普通 Flash 接口(CFI)。

(3) 安全性方面为 128 位保护寄存器,64 位唯一的设备标识符,支持单个块锁定,在电源变换时,块擦除/编写自动锁定。

(4) 体系结构为采用多层的单晶体技术、低价高密度对称的 128KB 块。

(5) 可靠性方面为工作温度 $-40\sim+85^{\circ}C$ BGA 封装,工作电压为 2.7～3.6V。

3) Flash 的工作方式及系统编程

对 Flash 在系统中编程就是通过一定的编程命令序列来控制 Flash 的工作方式,这些命令序列是一些特定字符的组合,只要向 Flash 中的特定寄存器或者地址以特定的顺序输入这些字符即可进入相应的编程模式。该 Flash 支持两种不同的烧写方式:字烧写和块烧写。成功的烧写要求被写地址解除锁定状态。试图写到锁定的块中的操作会导致操作悬挂,并且设置 SR1 和 SR4,表示烧写失败。以下部分描述的是烧写细节。

在对 Flash 进行编程时,Flash 提供硬件和软件机制来获得 Flash 的状态,以确定数据写入或擦除操作是否完成。硬件方法主要是利用 Flash 的外部引脚的输出信号在命令序列的最后一个写脉冲(WE)的上升沿之后有效这一信息。当该输出为低电平时,表示 Flash 正在编程或擦除中,而当该输出为高电平时,即表示编程或擦除已完成。将此引脚与 TMS320C6000 系列 DSP 的 ARDY 引脚相连,即可实现对硬件的自动编程或擦除的完成判断。

在实际应用中,主要使用软件方法,也就是利用从 Flash 数据线读取的数据来判断 Flash 的状态,读取数据中的主要判断位为 SR7、SR6、SR5、SR4、SR3、SR2、SR1,它们之间的相互组合提供了几种软件判断状态的方法,应用较多且较为简便的方法是在命令序列写入后进行判断,如果写入的是编程命令,则选择一个地址,并循环读取这个地址的数据。若装置仍处于忙碌状态之中,SR7 输出为 0,而在编程完成后,SR7 输出的是 1。如果写入的是擦除命令,Flash 处于擦除状态时,则

SR6 输出为 0;若擦除完成或擦除被中断,SR6 输出为 1。Flash 处于擦除和锁定状态时,当 SR4 为 1 时,表示在锁定时发生了错误;当 SR2 为 0 时,表示成功锁定。SR2 是判断烧写悬挂状态,当 SR2 为 1 时,表示烧写悬挂;当 SR2 为 0 时,表示烧写完成。SR1 表示保护状态,当 SR1 为 1 时,表示块是锁定的,操作停止;当 SR1 为 0 时,表示块没有锁定。Flash 擦除流程如图 7-8 所示,Flash 烧写流程如图 7-9 所示。

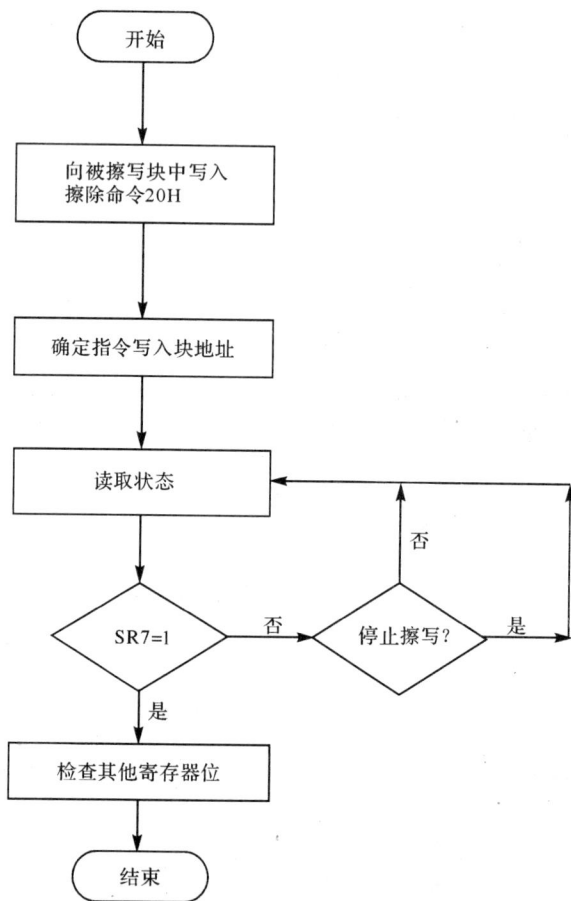

图 7-8　Flash 擦除流程

```
                        ┌──────────┐
                        │   开始    │
                        └──────────┘
                             │
                             ▼
            ┌─────────────────────────────────┐
            │        发送写块指令               │◄──────┐
            │      可以是块内任何地址            │       │
            │        指令QxE8                   │       │
            └─────────────────────────────────┘       │
                             │                         │
                             ▼                         │
            ┌─────────────────────────────────┐       │
            │        检查准备状态               │       │
            │        读状态寄存器               │       │
            │         检查D7                    │       │
            └─────────────────────────────────┘       │
                             │                         │
                             ▼            否           │ 否
                    ◇ D7=1? ◇──────────► ◇ 写超时? ◇──┘
                          │                  │
                        是│                是│
                          ▼                  ▼
            ┌─────────────────────────────────┐
            │        写入数据块的大小           │
            │     合法范围是0x0～0x1F           │
            └─────────────────────────────────┘
                             │
                             ▼
            ┌─────────────────────────────────┐
            │         向块中写入数据            │
            └─────────────────────────────────┘
                             │
                             ▼
            ┌─────────────────────────────────┐
            │        检查数据写入情况           │
            │        指令0xD0                  │
            └─────────────────────────────────┘
                             │
                             ▼
            ┌─────────────────────────────────┐
            │          读状态寄存器            │◄──────
            └─────────────────────────────────┘
                             │
                             ▼            是       ┌──────────────┐
                      ◇ 有错? ◇──────────►│  错误处理例程  │
                          │                └──────────────┘
                        否│
                          ▼
                    ┌──────────┐
                    │   结束    │
                    └──────────┘
```

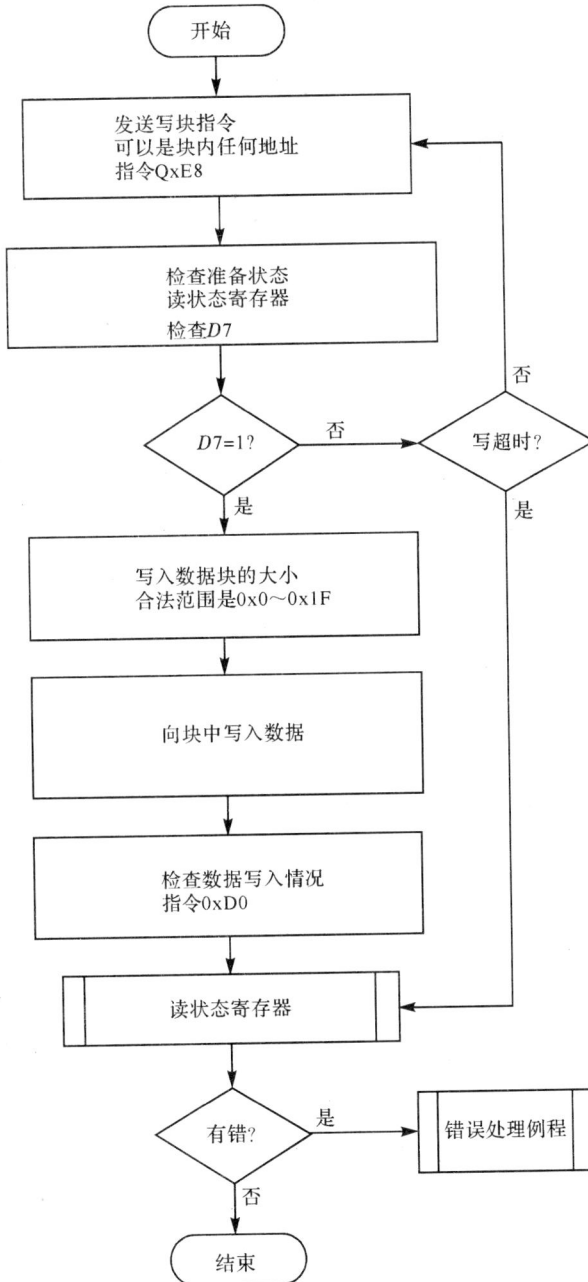

图 7-9　Flash 烧写流程图

7.6.3　Flash 烧写的 C 语言编程

对 Flash 的编程既可以用汇编语言,也可以用 C 语言,以下给出部分 C 语言代码。该程序代码可采用 TI 公司专门用于 DSP 系列编程的 CCS 编程工具进行编写。

1) 按块写入

此处通过向块内地址写入 0x00E8 指令,读取状态,然后写入该块地址数据,最后通过 0x00D0 结束写操作。

```
volatile u16  * flash_start = (volatile u16 * )Flash_START;
 * (unsigned volatile int  * )EMIF_CE1 = CE1_16;
                                     / *  EMIF CE1 control,32bit async  * /
 * bflash_next = (u16)0xE8;
 * bflash_next = (u16)0x1F;
for (i = 0;i<0x1F;i + + )
{
 * bflash_next = * memaddr;
timeout = 0;
do {timeout  +  =  1;}
while((( * bflash_next)&0x0040)  =  =  0 && timeout  <  (int)0xFF);
}
 * bflash_next = (u16)0xD0;
```

2) 按字写入

此处通过向被写地址写入 0x0040,读取状态,然后写入该地址数据,最后通过 0x00D0 结束写操作。

```
for (i = 0;i<wordCount;i + + )
{
 * bflash_next = (u16)Flash_WRITE16;
 * bflash_next = * memaddr;
timeout = 0;
do {timeout  +  =  1;}
while((( * bflash_next)&0x0080)  =  =  0 && timeout  <  (int)0xFF);
 * bflash_next = (u16)Flash_DONE16;
```

```
bflash_next + + ;
memaddr + + ;
}
bflash_next - - ;
 * bflash_next = (u16)Flash_DONE16;
```

3）Flash 擦除

通过向块内写入 0x0020、0x00D0 完成擦写，并且通过 SR7 读取擦写时的状态。

```
 * bflash_next = 0x0020;
 * bflash_next = 0x00D0;
do {timeout + = 1;}
while((( * bflash_next)&0x0080) = = 0 && timeout < (int)0xFF);
```

4）FlashBurn 和 FBTC 实现

FlashBurn 软件是通过计算机和板上 DSP 烧写 Flash 存储的工具，连接目标板要求 CCS 安装到计算机并且合适的驱动已经安装，FlashBurn 系统由两部分组成，即 Flash 软件和 FBTC。

（1）FlashBurn 程序。

FlashBurn 是 TI 公司提供的运行于 PC 的应用程序，它提供了一个很方便的用户接口，方便于 hex 文件下载或者烧写到目标 DSP 板的 Flash 存储上。应用 CCS 时 FlashBurn 首先把 FBTC 程序下载到目标 DSP 系统板上，然后通过通信 DSP 来访问和烧写 Flash 存储，FlashBurn 是一个可执行的程序。

（2）FBTC 目标组件程序。

FBTC 即 FlashBurn 的目标组件（FlashBurn target component）程序，是为特定的目标 DSP 板建立的，用来实现 Flash 存储的烧写算法和初始化，存储的映射在不同的 DSP 目标板中是不同的。

（3）FBTC 的运行条件。

FlashBurn 运行于 Windows 操作系统的 PC，而且它通过 CCS 和目标 DSP 通信，FBTC 是 DSP 程序，它是由 TI 公司提供的，但是需要根据不同的 DSP 板硬件细节进行修改，它是 C 语言的 CCS 编译出的 .out 文件，是一个主和从的通信协议，FlashBurn 应用程序运行于客户 PC，它把 FBTC 下载到目标板上，然后通过协议发送命令给目标板，FBTC 必须及时处理这些命令并且返回主机所需要的信息。

图 7-10 列举了 FlashBurn 和 FBTC 关系图。图 7-11 列举了 FBTC 程序结构图。

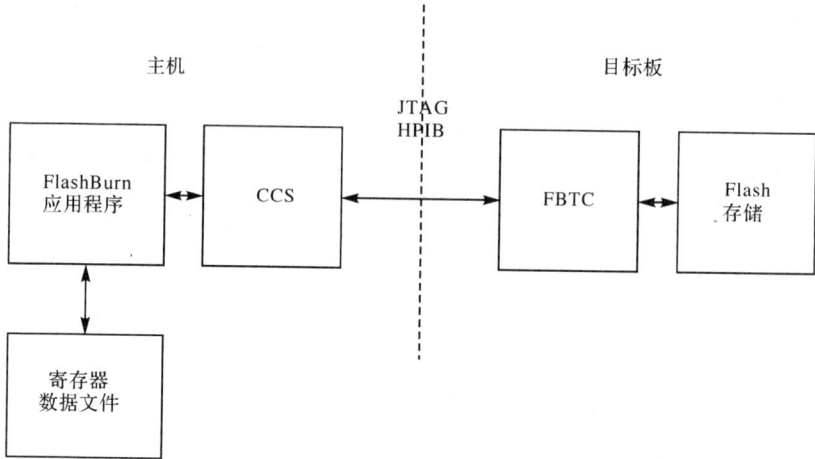

图 7-10　FlashBurn 和 FBTC 关系图

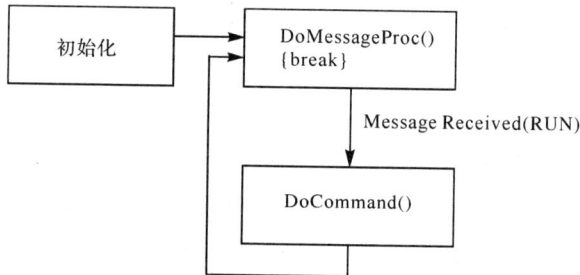

图 7-11　FBTC 程序结构

（4）改变擦写和烧写算法。

改变擦写和烧写算法都写在 FBURNCMD.C 中。其中 FlashBurn 函数读一个.hex 文件，然后发送该文件的地址和数据到 FBTC67，直到快达到块所要求的字节数量。

EraseFlash()函数发送给 Flash 28F128J3A、28F640J3A、28F320J3A 片去擦除，然后返回确定擦除完成了。其内核的程序代码是本章相关小节所描述的擦除 Flash 部分。擦除是否完成的检测是通过 CheckFlashErase()函数来实现或完成的，该函数包含在 FBURNCMD.C 中，这个函数测试 Flash 片以确定它擦除完成了，如果完成了，它就设置 ErsStatus 标志位。

7.7　本章小结

本章主要介绍了实际工程中应用自制的以 TMS320C6711 为核心的控制信号的传输过程,在实际应用中面临的问题包括装载过程和 Flash 的烧写过程,针对不同的外设需要进行有区别的设计,工作繁琐。最大带宽的信号处理可行性取决于 DSP 的处理速度和板上各种器件的工作频率,现场的干扰会对可靠性产生严重的影响。为了方便测试,采用低频率的载波信号进行调制,在实际应用过程中,对于频率较高的原始信号在实现中的传送误差率,还需要做进一步的分析。

第8章　基于势函数的移动多智能体系统

8.1　概　　述

协同控制是复杂动态网络及移动多智能体系统研究中最先关注的几个热点问题之一,同时在生物、物理、社会经济及众多人造系统等方面也具有非常重要的现实意义。本章中以势函数为研究方法研究复杂动态网络的拓扑结构特征和环境对移动多智能体系统集体行为的影响,以及网络在有 leader 和无 leader 时对移动多智能体系统集体行为的影响。

有很多研究者在研究移动多智能体系统时将环境信息的势函数用于设计多智能体协调控制的算法。考虑一类具有群体 leader 并且智能体只是利用局部信息更新其状态的移动多智能体系统。研究表明,该模型表示的两种智能体最终将以相同的速度收敛在以平均位置为球心的一个邻域中。贾秋玲等在研究移动多智能体系统时也将势函数用于设计多智能体协调控制的算法,提出了一种基于势函数的、能够有效地对多机器人系统的编队队形进行稳定性分析和分布控制的方法。

本章提出了基于图论和李雅普诺夫稳定性理论的控制算法,实现了控制移动多智能体系统向目标位置聚集或进行编队的目的。通过选择适当的、与目标和结构相关的结构势函数,给出了能够使多智能体有效跟踪目标或稳定移动多智能体系统编队队形的分布控制律。

首先考虑有 leader 的移动多智能体系统。移动多智能体系统的主要运动目的是向目标位置移动,每个 leader 智能体的控制输入由环境势能场力以及相邻智能体之间的吸引力和排斥力组成,而 follower 智能体的控制输入中不直接包含环境势能场力。主要采用计算机仿真的方法,研究移动多智能体系统的运动变化规律。

接下来考虑另一类无 leader 的移动多智能体系统。移动多智能体系统的主要运动目的是在运动过程中进行编队并向目标位置移动,每个智能体所接受的控制律都受到势函数的影响,每个智能体的势函数都受相邻节点的间距等元素影响。通过计算机仿真,验证移动多智能体系统是否达到预期编队效果和到达预定目标。

8.2 基于势函数的具有多 leader 的移动多智能体系统的运动控制

本节主要讨论了基于势函数的具有多 leader 的移动多智能体系统的运动控制问题,控制的目的是使系统到达预期的目标。采用仿真分析验证了所设计控制律的有效性。

8.2.1 模型描述

在 n 维欧几里得空间中,设移动多智能体系统有 N 个智能体,M 个 leader,其余为 follower。单个智能体的运动方程设为二阶系统,即

$$\begin{cases} \dot{q}_i = p_i \\ \dot{p}_i = u_i \end{cases} \tag{8-1}$$

式中,$i=1,2,\cdots,N$;$q_i \in \mathbf{R}^n$ 表示第 i 个个体的位置;$p_i \in \mathbf{R}^n$ 表示第 i 个个体的速度;u_i 为个体 i 的控制律。

令 q_r 表示智能体系统的预期位置,p_r 表示智能体系统的预期速度,分散控制的目的是在控制律 u_i 的作用下,使群体的位置向 q_r 靠拢,使速度向 p_r 收敛。因此,误差系统为 $e_{q_i}=q_i-q_r$,$e_{p_i}=p_i-p_r$。

8.2.2 智能体系统的控制律设计及稳定性分析

下面我们首先给出如下的定义和假设:

定义 8.1(邻居) 对于任意两个智能体 i、j,$i \neq j$,$i,j=1,2,\cdots,N$,如果 $\| q_i - q_j \| \leqslant d_0$,则称智能体 i、j 为邻居。其中,$\| q_i - q_j \|$ 为两智能体之间的欧拉距离。

假设 8.1 由 N 个智能体构成的图是连通的无向图。

假设 8.2 记 $V(\cdot)$ 为整个系统的势函数,$\nabla_{q_i} V(q_i)$ 为智能体 i 所在位置的势能场梯度,假设满足以下有界性条件

$$\| \nabla_{q_i} V(q_i) \| \leqslant \bar{\sigma}, \quad \forall q_i \in \mathbf{R}^n \tag{8-2}$$

1. 控制律设计

每个 leader 的控制律由环境势能场力及邻居智能体的排斥力、吸引力和目标的吸引力组成,而 follower 的控制律中不直接包含环境势能场力和目标的吸引力。

我们选择智能体间的排斥力为

$$f(q_i - q_j) = k_b(q_i - q_j)\exp\left(-\frac{\| q_i - q_j \|^2}{c}\right) \tag{8-3}$$

式中，k_b 和 c 为大于零的常数。

目标的吸引力是我们选择由重力势函数产生的力

$$\begin{cases} U(q) = k_y\rho(q) \\ f_1(q) = -\operatorname{grad}(U(q)) = k_y \end{cases} \tag{8-4}$$

式中，k_y 为引力势场常量；$\rho(q)$ 为个体与目标的距离，引力的方向指向目标。

对于 leader 智能体按照下面的方式构造控制律

$$u_i = -k_c\,\nabla_{q_i}F(q_i) - k_qq_i - k_pp_i + \sum_{j\in N_i}f(q_i - q_j) + k_y \tag{8-5}$$

式中，$i = 1, \cdots, M$。

对于 follower 智能体按照下面的方式构造控制律

$$u_i = -k_qq_i - k_pp_i + \sum_{j\in N_i}f(q_i - q_j) \tag{8-6}$$

式中，$i = M+1, \cdots, N$。

式(8-5)和式(8-6)中，k_c、k_q、k_p 均为大于零的常数。

2. 稳定性分析

对于 leader 智能体，有以下等式成立

$$\begin{aligned}
e_{p_i} &= \dot{p}_i - \dot{p}_r \\
&= -k_c\,\nabla q_iF(q_i) - k_q(q_i - q_r) - k_p(p_i - p_r) \\
&\quad + \sum_{j\in N_i}k_b(q_i - q_j)\exp\left(-\frac{\|q_i - q_j\|^2}{c}\right) + k_y + k_c\,\nabla q_rF(q_r) \\
&\quad - \sum_{j\in N_i}k_b(q_r - q_j)\exp\left(-\frac{\|q_r - q_j\|^2}{c}\right) - k_y \\
&= -k_qe_{q_i} - k_pe_{p_i} - k_c\,\nabla q_iF(q_i) + k_c\,\nabla q_rF(q_r) \\
&\quad + \sum_{j\in N_i}k_b(q_i - q_j)\exp\left(-\frac{\|q_i - q_j\|^2}{c}\right) \\
&\quad - \sum_{j\in N_i}k_b(q_r - q_j)\exp\left(-\frac{\|q_r - q_j\|^2}{c}\right)
\end{aligned} \tag{8-7}$$

令 $E_i = [e_{q_i}^{\mathrm{T}}\quad e_{p_i}^{\mathrm{T}}]$，则

$$\dot{E}_i = \underbrace{\begin{bmatrix} 0 & I \\ -k_qI & -k_pI \end{bmatrix}}_{A_i}E_i + \underbrace{\begin{bmatrix} 0 \\ I \end{bmatrix}}_{B_i}[f_i^l(E_i) + g_i^l(E_i)]$$

$$f_i^l(E_i) = -k_c\,\nabla q_iF(q_i) + k_c\,\nabla q_rF(q_r)$$

$$g_i^l(E_i) = \sum_{j\in N_i}k_b(q_i - q_j)\exp\left(-\frac{\|q_i - q_j\|^2}{c}\right)$$

$$-\sum_{j\in N_i}k_b(q_r-q_j)\exp\left(-\frac{\|q_r-q_j\|^2}{c}\right) \tag{8-8}$$

式中，$i=1,\cdots,M$。

由于 $k_q>0,k_b>0$，所以矩阵 A_i 是 Hurwitz 矩阵。对每个 leader，对于给定的矩阵 $Q_i=Q_i^T>0$，李雅普诺夫方程 $A_i^T P_i+P_i A_i=-Q_i$ 总有正定解 $P_i+P_i^T>0$。

对于 follower 智能体，采用类似的方法分析

$$\dot{E}_i=\underbrace{\begin{bmatrix}0 & I \\ -k_q I & -k_p I\end{bmatrix}}_{A_i}E_i+\underbrace{\begin{bmatrix}0 \\ I\end{bmatrix}}_{B_i}\left[f_i^l(E_i)+g_i^l(E_i)\right]$$

$$f_i^l(E_i)=0$$

$$g_i^l(E_i)=\sum_{j\in N_i}k_b(q_i-q_j)\exp\left(-\frac{\|q_i-q_j\|^2}{c}\right)$$

$$-\sum_{j\in N_i}k_b(q_r-q_j)\exp\left(-\frac{\|q_r-q_j\|^2}{c}\right) \tag{8-9}$$

式中，$i=M+1,\cdots,N$。

对每个智能体我们取李雅普诺夫函数为 $V_i(E_i)=E_i^T P_i E_i$，其中 $P_i=P_i^T>0$ 是李雅普诺夫方程的解，首先我们对 leader 的稳定性进行分析

$$\begin{aligned}\dot{V}_i(E_i)&=\dot{E}_i^T P_i E_i+E_i^T P_i\dot{E}_i \\ &=E_i^T(A_i^T P_i+P_i A_i)E_i+2E_i^T P_i B_i\left[f_i^l(E_i)+g_i^l(E_i)\right] \\ &=-E_i^T Q_i E_i+2E_i^T P_i B_i\left[-k_c\nabla q_i F(q_i)+k_c\nabla q_r F(q_r)\right. \\ &\quad\left.+\sum_{j\in N_i}k_b(q_i-q_j)\exp\left(-\frac{\|q_i-q_j\|^2}{c}\right)-\sum_{j\in N_i}k_b(q_r-q_j)\exp\left(-\frac{\|q_r-q_j\|^2}{c}\right)\right] \\ &\leqslant-\lambda_{\min}(Q_i)\|E_i\|^2+4\lambda_{\max}(P_i)k_c\bar{\sigma}\|E_i\|+2k_b(N-1)\lambda_{\max}(P_i)\sqrt{\frac{2c}{e}}\|E_i\| \\ &=-\lambda_{\min}(Q_i)\|E_i\|\left\{\|E_i\|-\frac{2\lambda_{\max}(P_i)}{\lambda_{\min}(Q_i)}\left[2k_c\bar{\sigma}+k_b(N-1)\sqrt{\frac{2c}{e}}\right]\right\}\end{aligned}$$

$$\tag{8-10}$$

式中，$\lambda_{\min}(Q_i)>0,\lambda_{\max}(P_i)>0$ 是正定矩阵 Q_i、P_i 的最小和最大特征值，由式 (8-10)可知，要使 $\dot{V}_i(E_i)<0$，只要使

$$\|E_i\|>\frac{2\lambda_{\max}(P_i)}{\lambda_{\min}(Q_i)}\left[2k_c\bar{\sigma}+k_b(N-1)\sqrt{\frac{2c}{e}}\right],\quad i=1,\cdots,M$$

接下来我们对 follower 的稳定性进行分析

$$\begin{aligned}\dot{V}_i(E_i)&=\dot{E}_i^T P_i E_i+E_i^T P_i\dot{E}_i \\ &=E_i^T(A_i^T P_i+P_i A_i)E_i+2E_i^T P_i B_i\left[f_i^l(E_i)+g_i^l(E_i)\right]\end{aligned}$$

$$= -E_i^{\mathrm{T}} Q_i E_i + 2E_i^{\mathrm{T}} P_i B_i \Big[-k_c \, \nabla q_i F(q_i) + k_c \, \nabla q_r F(q_r)$$

$$+ \sum_{j \in N_i} k_b (q_i - q_j) \exp\Big(-\frac{\| q_i - q_j \|^2}{c} \Big) - \sum_{j \in N_i} k_b (q_r - q_j) \exp\Big(-\frac{\| q_r - q_j \|^2}{c} \Big) \Big]$$

$$\leqslant -\lambda_{\min}(Q_i) \| E_i \|^2 + 4\lambda_{\max}(P_i) k_c \bar{\sigma} \| E_i \| + 2k_b (N-1) \lambda_{\max}(P_i) \sqrt{\frac{2c}{e}} \| E_i \|$$

$$= -\lambda_{\min}(Q_i) \| E_i \| \left\{ \| E_i \| - \frac{2\lambda_{\max}(P_i)}{\lambda_{\min}(Q_i)} \Big[2k_c \bar{\sigma} + k_b (N-1) \sqrt{\frac{2c}{e}} \Big] \right\}$$

$$\tag{8-11}$$

要使 $\dot{V}_i(E_i) < 0$，只要使

$$\| E_i \| > \frac{2\lambda_{\max}(P_i)}{\lambda_{\min}(Q_i)} k_b (N-1) \sqrt{\frac{2c}{e}}, \quad i = M+1, \cdots, N$$

则所有的智能体最终会收敛到以 q_r 为中心的某一区域，速度也会趋向 p_r，从而 E_i、$V_i(E_i)$ 是最终有界的，因而 $V(E) = \sum_i^N V_i(E_i)$ 也是最终有界的。所以我们可以得出结论：在 n 维欧几里得空间中，由式（8-1）描述的系统，在式（8-5）、式（8-6）控制律的作用下，所有的智能体最终会收敛到以 q_r 为中心的某一区域，速度也会趋向 p_r。

8.2.3　数值仿真与结果分析

　　下面给出仿真实例，取仿真环境为平面，梯度方向为 $[-0.3, -0.3]^{\mathrm{T}}$，其他仿真参数为 $k_c = 2, k_q = 10, k_p = 1, k_b = 2.5, c = 1$。设系统有 4 个 leader 智能体，6 个 follower 智能体，智能体的邻居半径 d_0 为 5cm，智能体的初始位置在 10cm×10cm 的平面上随机生成，初始速度在 $[-1, 1]$ 间随机生成。

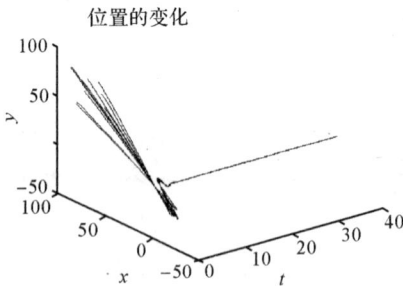

图 8-1　k_y 取 $[0,0]^{\mathrm{T}}$ 时智能体位置
变化过程

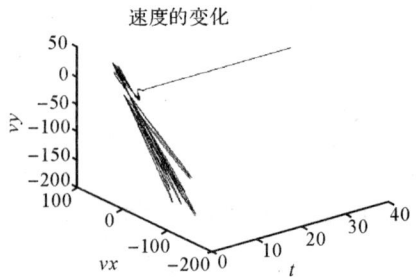

图 8-2　k_y 取 $[0,0]^{\mathrm{T}}$ 时智能体速度
变化过程

图 8-1、图 8-2 表示 k_y 取 $[0,0]^{\mathrm{T}}$ 时智能体位置和速度的变化过程，从图中可

以看出,所有智能体最终都向目标位置和速度收敛。图 8-3、图 8-4 表示 k_y 取 $[-10,-10]^T$ 时智能体位置和速度的变化过程,也可以看到向目标收敛的现象。

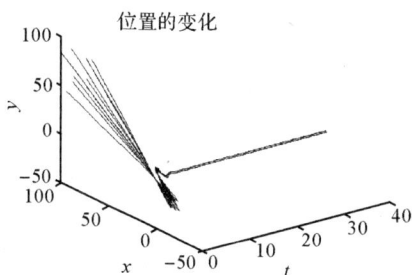

图 8-3　k_y 取 $[-10,-10]^T$ 时智能体
位置变化过程

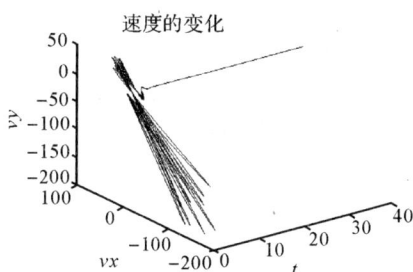

图 8-4　k_y 取 $[-10,-10]^T$ 时智能体
速度变化过程

8.3　基于势函数的移动多智能体系统的编队控制

近年来,随着计算机技术和无线通信技术的发展,多个无人自主式机构协同地工作已经成为可能,而且得到了越来越多的应用,多个无人自主式的机构协同地工作可以完成单一自主体难以完成的任务。这样,就产生了多智能体的编队控制的问题。目前,多智能体协同是移动多智能体系统研究的一个热点问题,其中编队控制又是移动多智能体系统中一种常见的协同控制问题。

这里将描述基于图论知识和李雅普诺夫稳定理论的控制方法来控制移动多智能体系统以达到进行队形编制的目的。通过选择适当的、与目标和结构相关的结构势函数,给出了能够使其进行多智能体编队且稳定移动多智能体系统编队队形的分布控制律。

在上节研究中考虑了具有能够接收环境信息的 leader 群体的移动多智能体系统,在本节中所研究的移动多智能体系统不具有 leader 群体,每个智能体通过邻居范围内的其他智能体感知信息,其势函数受相邻节点的间距和智能体间预期的间距影响。

8.3.1　模型描述

在 n 维欧几里得空间中,设移动多智能体系统有 N 个智能体。单个智能体的运动方程设为二阶系统

$$\begin{cases} \dot{q}_i = p_i \\ \dot{p}_i = u_i \end{cases} \tag{8-12}$$

式中,$I_n = \{1,2,\cdots,n\}$,$i \in I_n$;$q_i \in \mathbf{R}^n$ 为第 i 个个体的位置;$p_i \in \mathbf{R}^n$ 为第 i 个个体

的速度;u_i 为个体 i 的控制律。

1. 几何图论

在移动多智能体系统中,每个智能体可以和其他一些智能体进行通信,这些智能体称为其邻居。我们使用加权的图 $g(A)=(v,\varepsilon,A)$ 来表达邻居之间的通信拓扑,其中 $A=[a_{ij}]$ 是一个 $n\times n$ 的非负定的对称矩阵,$v=\{v_i:i\in I_n\}$ 是节点集,而 ε 是边集。节点 v_i 对应着智能体 i。$g(A)$ 中的一条边用 (v_i,v_j) 表示,它是一个无顺序的节点对。$(v_i,v_j)\in\varepsilon\Leftrightarrow a_{ij}>0\Leftrightarrow$ 智能体 i 和智能体 j 可以彼此相互通信,也就是说它们是连接的。而且,我们假设对于所有 $i\in I_n$ 有 $a_{ii}=0$。A 称作权值矩阵,其中 a_{ij} 是每个边 (v_i,v_j) 的权值。联系到每个智能体邻居的定义,节点 v_i 的邻居集合表示为 $N_i=\{v_j:(v_j,v_i)\in\varepsilon\}$。

具有一定辐射范围的无线传感网络是一个邻接网络,如果所有智能体的交互范围是相同的,邻接网络就变成了无向图。邻接网络的节点是有向图时应满足以下任一假设:①智能体的邻居球体不具有相同的半径。②每个智能体具有一个圆锥形的邻居范围。

2. 智能体间的几何位置关系

为了表示现实生活中移动多智能体系统的空间位置关系,我们使用以上的加权图 $g(A)=(v,\varepsilon,A)$ 去描述智能体之间预期的几何位置关系。最终,我们希望在智能体邻居的邻接图中,实现相互位置达到预期的间距。

v、ε、A 和上述含义相同,D 是智能体间预期的间距矩阵,其中的元素值表示了邻居智能体间最终预期的间距

$$d_{ij}=\begin{cases}q_{d_{ij}}, & j\in N_i \\ \infty, & 其他\end{cases} \tag{8-13}$$

式中,$q_{d_{ij}}$ 表示智能体 i 和智能体 j 之间预期的间距。

式(8-13)中的约束集在智能体的预期队形中起到核心的作用。

3. 势函数

群体智能体的势函数是一个非负的函数。在本节中,智能体的势函数是平滑后的梯度函数,这个特性是智能体控制算法可调的根源。

定义 8.2(势函数)　势函数 V_{ij} 是智能体 i 和智能体 j 之间距离 $q_{ij}=\|q_i-q_j\|$ 的非负函数,并且有:

(1) 当 $q_{ij}\to\infty$ 时,$V_{ij}(q_{ij})\to\infty$。

(2) 当智能体 i 和智能体 j 的位置关系达到预期间距时,V_{ij} 达到唯一的最小值。

智能体 i 和智能体 j 之间的势函数 V_{ij} 以及产生的排斥力或吸引力 ∇V_{ij} 在

图 8-5 中进行了示例。当 $q_{ij} < q_{d_{ij}}$ 时，$\nabla V_{ij} < 0$，意味着智能体 i 会排斥智能体 j；当 $q_{ij} > q_{d_{ij}}$ 时，$\nabla V_{ij} > 0$，意味着智能体 i 会吸引智能体 j；当 $q_{ij} = q_{d_{ij}}$ 时，$\nabla V_{ij} = 0$，意味着智能体 i 和智能体 j 之间的作用力均衡，也就是说，智能体间的吸引力和排斥力以及 V_{ij} 在相同时间达到最小值。

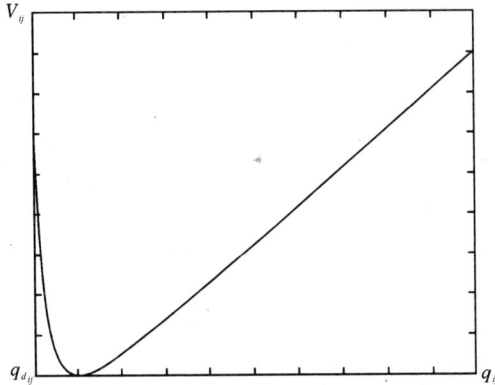

图 8-5　势函数变化趋势图

8.3.2　控制律的设计及稳定性分析

在本节中，我们提出了在自由空间中移动多智能体系统的分布控制律。每个智能体具有式(8-12)的运动规律。每个智能体的目标是与邻居智能体之间的间距达到预期间距，并且达到预定目标位置。

1. 势函数的选择

针对预定的目标，智能体 i 和智能体 j 之间的势函数选择为

$$V_{ij}(q) = \frac{1}{2} \, | q_i - q_j - q_{d_{ij}} |^2 \tag{8-14}$$

式中，q_i 和 q_j 是智能体 i 和智能体 j 之间的实际间距；$q_{d_{ij}}$ 是智能体 i 和智能体 j 之间的预期间距。智能体 i 和智能体 j 之间的势函数 $V_{ij}(q)$ 如图 8-5 所示。

智能体之间除了势函数外，智能体还应受到吸引力以向目标位置移动。这个吸引力区别于智能体之间的吸引力。当智能体距离目标位置较远时，这个吸引力应该较大，反之较小，所以这里我们选择以智能体距离目标位置的间距构造目标吸引势函数 V_f，具体选择如下

$$V_f(q_i) = k_f \frac{d^2}{2} \tag{8-15}$$

式中，$V_f(q_i)$ 是智能体 i 当前位置与目标位置间的吸引势函数；$d = | q_i - q_d |$ 是当前位置 q_i 和目标位置 q_d 间的间距；k_f 是标量参数。

综上所述,智能体 i 总体的势函数可以写成如下形式

$$V_i = \sum_{j \in N_i} V_{ij}(q) + V_f(q_i) + \frac{1}{2}\dot{q}_i^{\mathrm{T}}\dot{q}_i \tag{8-16}$$

式(8-16)中的第一项表示智能体 i 与其邻居之间的总体结构势函数,第二项表示智能体 i 受目标位置吸引的势函数,第三项是智能体 i 的动能函数。

2. 控制律设计和稳定性分析

基于上述分析,我们选择李雅普诺夫函数如下

$$V = \frac{1}{2}\sum_{i \in I_n}\Big[\dot{q}_i^{\mathrm{T}}\dot{q}_i + \sum_{j \in N_i} V_{ij}(q) + 2V_f(q_i)\Big] \tag{8-17}$$

对智能体 i,有

$$\dot{V} = \sum_{i \in I_n}\dot{q}_i^{\mathrm{T}}\Big[u_i + \sum_{j \in N_i}\nabla_{q_i}V_{ij}(q) + \nabla_{q_i}V_f(q_i)\Big]$$

如果存在正定的参数 k_i,那么我们选择如下的控制输入

$$u_i = \ddot{q}_i = -\sum_{j \in N_i}\nabla_{q_i}V_{ij}(q) - \nabla_{q_i}V_f(q_i) - k_i\dot{q}_i$$

$$= -\sum_{j \in N_i}\mathrm{sgn}(q_i - q_j - q_{d_{ij}})\,|q_i - q_j - q_{d_{ij}}| - k_f\mathrm{sgn}(q_i - q_d)\,|q_i - q_d| - k_i\dot{q}_i$$

$$\tag{8-18}$$

然后可以得出

$$\dot{V} = \sum_{j \in N_i} -k_i\dot{q}_i^{\mathrm{T}}\dot{q}_i$$

所以有 $\dot{V} \leqslant 0$,也就是说,系统在式(8-18)的控制律输入作用下是稳定的。

定理 8.1　对于由 n 个智能体所组成的移动多智能体系统,如果预期的编队队形已知,选择正定的参数 k_f、k_i,并且每个智能体使用式(8-18)作为控制律输入,移动多智能体系统可以实现预定的队形并且到达预期的目标位置。

8.3.3　数值仿真与结果分析

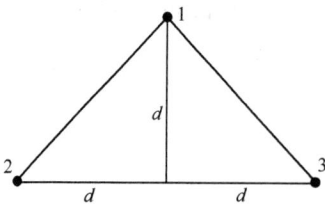

图 8-6　预期队形图

在本节中我们给出在设计控制律作用下系统运动变化规律的数值仿真,假设移动多智能体系统由三个智能体组成,需要将这三个智能体进行编队。预期的移动多智能体系统的队形如图 8-6 所示,其中 $d=25$。我们的目标是使具有初始位置的智能体们在控制律式(8-18)的输入作用下实现预期队形和到达预定的目标位置。

对于智能体 i,如果智能体 j 满足 $j \in N_i$,则智能体 j 是智能体 i 的邻居,并且在邻接矩阵 A 中的元素 A_{ij} 等于 1,预期间距矩阵中的元素 d_{ij} 等于 $q_{d_{ij}}$;如果不是邻居,则 $A_{ij}=0$,$d_{ij}=\infty$。

智能体初始状态和初始速度是随机集合。正定的参数 $k_f=[0.1,0.1]^{\mathrm{T}}$,$k_i=[1,1]^{\mathrm{T}}$。智能体系统预期的目标位置矩阵为

$$M_t=\begin{bmatrix}50 & 25 & 75\\75 & 50 & 50\end{bmatrix}$$

智能体系统编队过程的仿真结果如图 8-7 所示。从图 8-7 中可以明显看出,经过较短的时间三个智能体可以形成预期的编队队形并且保持队形稳定,智能体间的相对位置达到了预定值,经过 28.7s 后智能体系统到达了预期的目标位置。

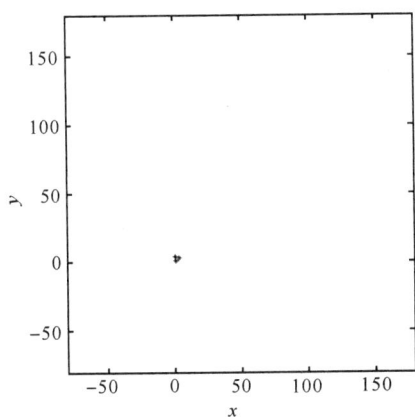

(a) $t=0$s

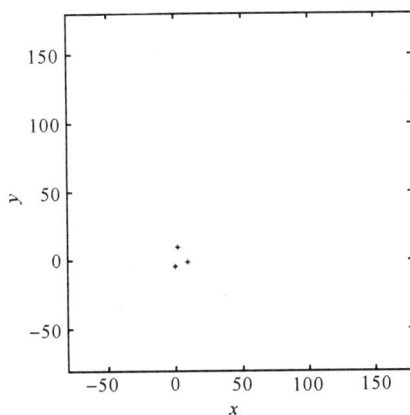

(b) $t=0.6$s

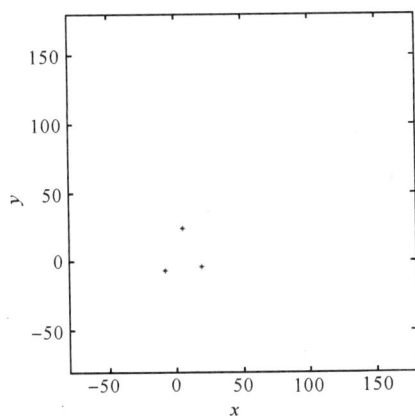

(c) $t=1.3$s

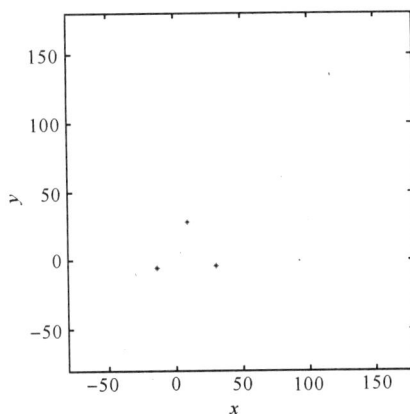

(d) $t=2.0$s

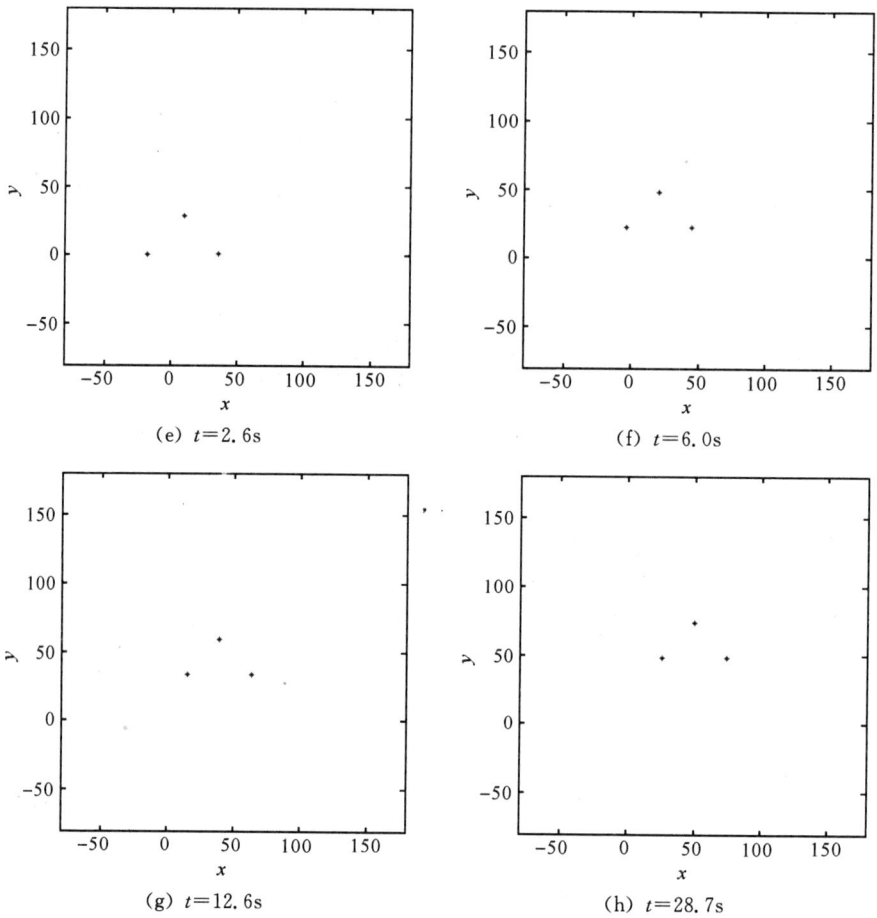

(e) $t=2.6s$　　　　　　　　　　　　(f) $t=6.0s$

(g) $t=12.6s$　　　　　　　　　　　(h) $t=28.7s$

图 8-7　智能体系统的编队过程图

8.4　本章小结

　　本章以移动多智能体系统控制算法为基础,利用势函数的方法研究移动多智能体系统的协同控制。首先考虑移动多智能体系统为有 leader 群体的情况,移动多智能体系统的运动目的是向预期位置聚集;其次考虑移动多智能体系统为无 leader 群体的情况,系统进行编队并向目标位置移动。在势函数的构造中引入目标位置及环境信息对智能体的吸引能量,对预定运动目的的实现起到了积极的作用。

　　主要研究内容如下:

　　(1) 研究了基于势函数的具有多 leader 的移动多智能体系统的运动控制问

题,给出了控制模型,并进行了稳定性分析。研究表明,在给定的模型下,智能体能够实现位置和速度的收敛,并且通过在势函数的构造中引入目标位置对智能体的吸引能量,改变相关的参数可以实现向预期目标的聚集,为以后在本方向的研究提供了思路。

（2）研究了基于势函数的无 leader 的移动多智能体系统的编队控制问题,给出了控制模型,并进行了稳定性分析。研究表明,通过在势函数的构造中引入目标位置对智能体的吸引能量,智能体能够实现预期的运动目标,即通过改变相关的参数可以实现预期队形的编制和向预期目标的聚集。

移动多智能体系统的协同控制问题是复杂动态网络研究领域中最先关注的几个重要方向之一,而且对复杂系统的抗干扰以及制定相应策略提高系统鲁棒性问题的研究更是由来已久,具有重要的工程应用意义。本章中以势函数为方法进行的移动多智能体系统协同控制的研究还存在一些不足,这里基于对不足的认识,列出未来研究中要注意的几个问题。

（1）本章所研究的智能体系统运动在自由空间中,但是在很多实际的智能群体中,由于系统环境中存在干扰或通信设备的问题等原因使上述理想状态不能实现。应进一步研究如何利用势函数的方法在更复杂的运动环境中进行协同控制。

（2）本章没有考虑智能体的感知误差,即环境和邻居智能体的位置信息都是确知的。同时环境势能对 follower 智能体的影响还取决于 leader 群体和 follower 群体之间的连接关系。这些均为进一步研究如何使得环境势能场能够主导群体运动尤其是决定 follower 智能体的运动提供了思路。

（3）书中仅以具有特定拓扑结构的移动多智能体系统为特例,没有考虑更复杂的通信拓扑,如随机通信拓扑及转换拓扑等。研究的对象仅涉及无向网络,对有向网络的协同控制的研究是今后研究的重点。

第9章 移动多智能体示例系统的相关设计技术

9.1 概　　述

针对移动多智能体系统的协同控制问题,需要考虑智能体的感知误差,即环境和邻居智能体的位置信息都是确知的。但是在很多实际的智能群体中,由于系统环境中存在干扰或通信设备的问题等原因使上述理想状态不能实现。

在许多实际移动多智能体系统中,多智能体间存在通信时延。在相关文献中,Olfati-Saber 等考虑了具有转换拓扑和通信时延的移动多智能体系统的一致问题,在文章中介绍了两种控制协议分别用于无通信时延的系统和有通信时延的系统并且提供了收敛性分析。有作者介绍了具有二阶运动规律且具有通信时延的移动多智能体系统的一致问题。

另外,许多实际移动多智能体系统的运动环境并不是理想的自由空间,这些运动环境往往比较复杂,如环境中存在障碍物。对障碍物的躲避是实际运动系统应具备的基本特性,在相关文献中,对移动多智能体系统的避障进行了研究。例如,在某些文献中,为了实现智能体系统的避障功能,将具有一定形状的障碍物看作一点,并应用了转换交互势能函数进行控制律的设计;而在某些文献中,智能体系统具有避障功能,但所设计的控制算法仅限用于具有 leader 和 follower 的系统模型;此外,在某些文献中介绍的避障方法不仅能使智能体避免环境障碍还能使智能体重新组合成整体。

与此同时,在很多移动多智能体系统一致问题的研究中,智能体的收敛速度是衡量所设计算法的一个重要指数。有的文献给出了保证线性一致性收敛的协议,并且研究了智能体系统拉普拉斯图几何连通度(智能体系统拉普拉斯矩阵的第二最小特征根)对一致性算法收敛速度的影响。有的文献通过使用半限定凸集解决了权值设计的问题,以便使移动多智能体系统的几何连通度是增加的。

因此,如何使智能体在有限时间达到稳定状态或预期状态越来越成为近年来的研究热点,并且在相关文献中进行了一些基础的研究。虽然通过最大化移动多智能体系统拉普拉斯矩阵第二最小特征根的方法,可以使控制协议的收敛速度提高,但不能确保系统在有限时间内状态一致。但在很多实际情况中,需要移动多智能体系统在有限时间达到一致状态。一些研究结果已经可以使移动多智能体系统在有限时间获得一致状态。例如,在相关文献中,Cortes 等使用非连续协议实现了有限时间协议的设计,肖彩和王莉给出了两个一致协议去解决不具有时延问题的移动多智能体系统的有限时间一致性问题。

本章提出了基于图论和李雅普诺夫稳定理论的控制方法来实现在两种复杂环境中运动的移动多智能体系统在有限时间内达到预期状态的目的。首先考虑在多智能体之间存在通信时延,我们主要是进行移动多智能体系统一致性算法的设计,保证移动多智能体系统在有限时间内实现状态一致,研究了移动多智能体系统的运动变化规律。接下来考虑在多智能体的运动环境中存在障碍物的情况,移动多智能体系统的主要运动目的是能有效地避免与障碍物发生碰撞,并且绕过障碍物之后进行队形编制。最后通过计算机仿真验证移动多智能体系统是否达到预期编队效果和避障的目的。

9.2　带时延的移动多智能体系统有限时间一致协议设计

本节中主要考虑在多智能体之间存在通信时延,我们主要是进行移动多智能体系统一致性算法的设计,以保证移动多智能体系统在有限时间内实现状态一致。

9.2.1　模型描述

在本节中所研究的移动多智能体系统由 n 个智能体组成,如粒子群或机器人,标记为从 1 到 n。所有智能体分享共同的状态空间 R。$I_n = \{1, 2, \cdots, n\}$,$x_i$ 表示智能体 i 的状态,$i \in I_n$,智能体 i 具有如下运动规律

$$\dot{x}_i(t) = f(x_{it}, u_i(t)) \tag{9-1}$$

式中,$u_i(t)$ 是状态反馈,即控制算法,它是基于智能体 i 从其邻居智能体所接收的状态信息进行设计的;$x_{it}(s) = x_i(t+s)$。

1. 几何图论

在移动多智能体系统中,每个智能体可以和其他一些智能体进行通信,这些智能体称为其邻居。我们使用加权的图 $g(A) = (v, \varepsilon, A)$ 来表达邻居之间的通信拓扑,其中 $A = [a_{ij}]$ 是一个 $n \times n$ 的非负定的对称矩阵,$v = \{v_i : i \in I_n\}$ 是节点集,而 ε 是边集。节点 v_i 对应着智能体 i。$g(A)$ 中的一条边用 (v_i, v_j) 表示,它是一个无顺序的节点对。$(v_i, v_j) \in \varepsilon \Leftrightarrow a_{ij} > 0 \Leftrightarrow$ 智能体 i 和智能体 j 可以彼此相互通信,也就是说它们是连接的。而且,我们假设对于所有 $i \in I_n$ 有 $a_{ii} = 0$。A 称作权值矩阵,其中 a_{ij} 是每个边 (v_i, v_j) 的权值。联系到每个智能体邻居的定义,节点 v_i 的邻

居集合表示为 $N_i = \{v_j : (v_j, v_i) \in \varepsilon\}$。

2. 定义和标注

为了完成控制算法的设计,我们需要以下的定义和标注。

$x_i(t)$ 称作系统式(9-1)的解,在初始时具有初始状态 φ, x_e 是系统式(9-1)的平衡点,如果 $x_i(t)$ 被定义在区间 $[h, b)$,同时 $b \in \bar{R}$,那么

(1) $x_i(0) \equiv \varphi$。

(2) $x_i(t)$ 在 $[0, b)$ 上是连续的。

(3) 对所有 $t \in [0, b)$, $x_i(t)$ 满足方程式(9-1)。

如果对于所有 $\varepsilon > 0$,存在 $\delta(\varepsilon) > 0$,使得 $\varphi \in C_{\delta(\varepsilon)}$,并且有以下结论成立,则称系统式(9-1)是稳定的。

(1) 对于所有 $t \geqslant 0$, $x_i(t)$ 有定义。

(2) 对于 $t \geqslant 0$, $\| x_i(t) \| < \varepsilon$。

如果系统是稳定的并且有 $\lim\limits_{t \to \infty} \| x_i(t) - x_e \| = 0$,则系统式(9-1)被称作是渐近稳定的。

注释:

(1) C^0 是连续函数 $\varphi : [-\tau, 0] \to \mathbf{R}^n$ 的状态空间,其中 $\tau > 0$。

(2) $C_\varepsilon = \{\varphi \in C^0 : \| \varphi \|_{C^0} < \varepsilon\}$,其中 $\| \varphi \|_{C^0} = \sup\limits_{-\tau \leqslant s \leqslant 0} \| \varphi(s) \|$。

对于给定的控制协议 u_i, $i \in I_n$,如果对任意给定的初始状态和任意的 j、$k \in I_n$,随着 $t \to \infty$,有 $|x_j(t) - x_k(t)| \to 0$,那么 u_i 或移动多智能体系统被称作具有解决一致性问题的能力。如果存在一个时间 t^* 和一个真实值 k,对于 $t \geqslant t^*$ 和所有的 $j \in I_n$,有 $x_j(t) = k$,那么 u_i 或移动多智能体系统被称作具有解决有限时间一致性问题的能力。如果最后的一致状态是智能体初始状态的平均值,即对所有的 $j \in I_n$,当 $t \to \infty$ 时,有 $x_j(t) \to \dfrac{\sum\limits_{k=1}^{n} x_k(0)}{n}$,那么智能体系统被称作具有解决平均一致性问题的能力。

3. 引理

为了完成控制算法的设计,我们首先给出以下引理。

引理 9.1　如果 $y_1, y_2, \cdots, y_n \geqslant 0$ 并且 $0 < p \leqslant 1$,那么有

$$\sum_{i=1}^{n} y_i^p \geqslant \left(\sum_{i=1}^{n} y_i\right)^p$$

引理 9.2　$L[A] = [l_{ij}] \in \mathbf{R}^{n \times n}$ 表示 $g(A)$ 的拉普拉斯矩阵,其具有如下定义

$$l_{ij} = \begin{cases} \sum_{k=1,k\neq i}^{n} a_{ik}, & j = i \\ -a_{ij}, & j \neq i \end{cases}$$

$L[A]$ 具有如下特性：

（1） 0 是 $L[A]$ 矩阵的特征值，e 是相应的特征向量，且 $e = [1,1,\cdots,1]^{\mathrm{T}} \in \mathbf{R}^n$。

（2） $x^{\mathrm{T}} L[A] x = \dfrac{1}{2} \sum\limits_{i,j=1}^{n} a_{ij} (x_j - x_i)^2$。

（3） $L[A]$ 矩阵是半正定的并且表示 $L[A]$ 的所有特征值是实数并且不小于零。

（4） 如果 $g(A)$ 是连通的，则 $L[A]$ 的第二最小特征值表示为 $\lambda_2(L_A)$，称作 $g(A)$ 的几何连通度，其值是大于零的。

（5） 如果 $e^{\mathrm{T}} x = 0$，并且 $g(A)$ 的几何连通度达到最小值 $\min_{x\neq 0, e^{\mathrm{T}} x=0} \dfrac{x^{\mathrm{T}} L(A) x}{x^{\mathrm{T}} x}$，那么有 $x^{\mathrm{T}} L(A) x \geqslant \lambda_2(L_A) x^{\mathrm{T}} x$。

引理 9.3 考虑如下的系统

$$\dot{x}(t) = \tilde{A} x(t) + \sum_{i=0}^{k} B_i u(t - h_i), \quad t \geqslant 0 \tag{9-2}$$

式中，$x(t) \in \mathbf{R}^n$，$u(t) \in \mathbf{R}^n$；$\tilde{A}$ 是 $n \times n$ 的矩阵；B_i 是一些 $n \times m$ 的矩阵；h_i 是一些正的参数。

如果

$$y(t) = x(t) + \sum_{i=0}^{k} L_{(\tilde{A},C_i)}^{h_i} u_t$$

式中，$L_{(\tilde{A},C_i)}^{h_i} f = \int_{-h_i}^{0} e^{\tilde{A}(-h_i-s)} C_i f(s) \mathrm{d}s$，$C_i = B_i e^{-\tilde{A} h_i}$，那么有

$$\dot{y}(t) = \tilde{A} y(t) + B u(t) \tag{9-3}$$

式中，$B = \sum\limits_{i=0}^{k} C_i$。

如果系统式（9-3）在控制输入 $u(t) = k(t) f(y(t))$（其中，$k(t)$ 是有界的并且 f 是连续的）的作用下是有限时间稳定的，那么系统式（9-2）在控制输入的作用下也是有限时间稳定的。

9.2.2　主要算法设计和分析

现在系统式（9-1）被表示成如下形式

$$\dot{x}_i(t) = a x_i(t) + \sum_{k=1}^{n} b_k u_i(t - \tau_k) \tag{9-4}$$

我们设计如下的一致协议以使移动多智能体系统在有限时间达到一致

$$u_i(t) = -\frac{1}{b} \left[a y_i(t) + \mathrm{sgn}\left(\sum_{v_j \in N_i} a_{ij}(y_j - y_i)\right) \left| \sum_{v_j \in N_i} a_{ij}(y_j - y_i) \right|^a \right] \tag{9-5}$$

$$u_i(t) = -\frac{1}{b}\Big[ay_i(t) + \sum_{v_j \in N_i} a_{ij} \operatorname{sgn}(y_i - y_j) \mid y_j - y_i \mid^\alpha \Big] \qquad (9\text{-}6)$$

式中

$$y_i(t) = x_i(t) + \sum_{k=1}^{n} L_{(a,c_k)}^{\tau_k} u_i$$

并且有

$$L_{(a,c_k)}^{\tau_k} f = \int_{-\tau_k}^{0} e^{a(-\tau_k - s)} c_k f(s) \mathrm{d}s, \quad c_k = b_k e^{-a\tau_k}, \quad b = \sum_{k=1}^{n} c_k$$

定理 9.1　如果智能体系统的通信拓扑 $g(A)$ 是连通的,那么控制协议式(9-5)可以保证系统在有限时间一致性收敛。

证明　由引理 9.3,可以看出如果如下系统

$$\dot{y}_i(t) = ay_i(t) + bu_i \qquad (9\text{-}7)$$

是有限时间稳定的,那么定理 9.1 得证。

所以现在我们证明系统式(9-7)是有限时间稳定的,选择控制输入如下

$$u_i = -\frac{1}{b}\Big\{ ay_i(t) + \operatorname{sgn}\Big[\sum_{v_j \in N_i} a_{ij}(y_j - y_i) \Big] \Big| \sum_{v_j \in N_i} a_{ij}(y_j - y_i) \Big|^\alpha \Big\} \qquad (9\text{-}8)$$

选择半正定方程

$$V(t) = \frac{1}{4} \sum_{i,j=1}^{n} a_{ij} \big[y_j(t) - y_i(t) \big]^2$$

由于 $g(A)$ 是连通的,$V(t)=0$ 表示对于任意 i、$j \in I_n$,有 $y_i = y_j$。

$$\frac{\mathrm{d}V(t)}{\mathrm{d}t} = \sum_{i=1}^{n} \frac{\partial V(t)}{\partial y_i} \dot{y}_i = -\sum_{i=1}^{n} \Big\{ \Big[\sum_{v_j \in N_i} a_{ij}(y_j - y_i) \Big]^2 \Big\}^{\frac{1+\alpha}{2}}$$

由引理 9.1,有

$$\frac{\mathrm{d}V(t)}{\mathrm{d}t} \leqslant -\Big\{ \sum_{i=1}^{n} \Big[\sum_{v_j \in N_i} a_{ij}(y_j - y_i) \Big]^2 \Big\}^{\frac{1+\alpha}{2}}$$

如果 $V(t) \neq 0$,那么有

$$\frac{\sum\limits_{i=1}^{n} \sum\limits_{v_j \in N_i} a_{ij}(y_j - y_i)^2}{V(y(t))} = \frac{y^{\mathrm{T}} L(A)^{\mathrm{T}} L(A) y}{\frac{1}{2} y^{\mathrm{T}} L(A) y}$$

假设系统式(9-7)的权值矩阵是 A。$L(A)$ 的特征值按升序表示为 $\lambda_1(L_A)$, $\lambda_2(L_A), \cdots, \lambda_n(L_A)$。由于 $g(A)$ 是连通的,由引理 9.2,有 $\lambda_1(L_A)=0$,$\lambda_2(L_A)>0$。因此

$$\frac{y^{\mathrm{T}} L(A)^{\mathrm{T}} L(A) y}{\frac{1}{2} y^{\mathrm{T}} L(A) y} \geqslant 2\lambda_2(L_A)$$

进而

$$\frac{\mathrm{d}V(t)}{\mathrm{d}t} \leqslant -\left[2\lambda_2(L_A)\right]^{\frac{1+\alpha}{2}} V(t)^{\frac{1+\alpha}{2}}$$

令 $K = \left[2\lambda_2(L_A)\right]^{\frac{1+\alpha}{2}}$，并且

$$T(y) = \frac{\left[2V(0)\right]^{\frac{1+\alpha}{2}}}{(1-\alpha)\lambda_2(L_A)^{\frac{1+\alpha}{2}}}$$

给定初始状态 $y(0)$，如果 $V(0) \neq 0$，运用差分比较定理，有

$$V(t) \leqslant \left[-K\frac{1-\alpha}{2}t + V(0)^{\frac{2}{1-\alpha}}\right]^{\frac{2}{1-\alpha}}, \quad t < T(y)$$

并且有

$$\lim_{t \to T(y)} V(t) = 0$$

所以，系统式(9-7)是有限时间稳定的。我们称 $T(y)$ 为系统式(9-7)的调整时间。

由于 $y_i(t) = x_i(t) + \sum\limits_{k=1}^{n} L_{(a,c_k)}^{\tau_k} u_i$，系统式(9-4)的调整时间 $T(x)$ 随着 $y_i(t)$ 到达平衡点而增加，同时还加上 $\sum\limits_{k=1}^{n} L_{(a,c_k)}^{\tau_k} u_i$ 到达平衡点的时间。

对于 $\sum\limits_{k=1}^{n} L_{(a,c_k)}^{\tau_k} u_i$，有

$$T\left(\sum_{k=1}^{n} L_{(a,c_k)}^{\tau_k} u_i\right) \leqslant \sum_{k=1}^{n} T(L_{(a,c_k)}^{\tau_k} u_i) \leqslant \sum_{k=1}^{n} c_k \tau_k$$

因此，我们可以得出

$$T(x) \leqslant T(y) + \sum_{k=1}^{n} c_k \tau_k$$

如果智能体系统是在移动的，我们不难想象由于智能体运动环境中存在障碍物或超出智能体的传感范围而导致智能体之间的通信失效。所以我们有理由假设智能体间的通信拓扑是动态转换的。

对于具有转换通信拓扑的移动多智能体系统，a_{ij} 被表示为 $a_{ij}(t)$，其在有限集合范围内取值，动态转换的拓扑被表示为 $g(A(t))$。

定理 9.2　对于具有转换通信拓扑的智能体系统，如果在所有时间内智能体系统的通信拓扑都是连通的，那么控制协议式(9-6)可以保证系统在有限时间一致性收敛。

证明　由引理 9.3 可以看出，如果系统式(9-7)具有转换拓扑时是有限时间稳定的。那么定理 9.2 即得证。

所以现在我们证明具有转换拓扑的系统式(9-7)是有限时间稳定的。选择

$$u_i = -\frac{1}{b}\left[ay_i(t) + \sum_{v_j \in N_i} a_{ij} \operatorname{sgn}(y_i - y_j)|y_j - y_i|^{\alpha}\right] \tag{9-9}$$

选择李雅普诺夫函数为

$$V'(t) = \frac{1}{2} \parallel \delta \parallel^2$$

式中,δ 指的是群集一致向量,$\delta = [\delta_1, \delta_2, \cdots, \delta_n]^T$。群集一致函数不依赖于智能体的网络拓扑结构 g。因此,$V'(t)$ 不随着转换拓扑系统而增加。在分析转换拓扑智能体系统稳定性时,$V'(t)$ 的这个特性使其成为李雅普诺夫函数的一个最佳候选函数。然后有

$$\frac{dV'(t)}{dt} \leqslant -2^a \lambda^{\frac{1+a}{2}} V'(t)^{\frac{1+a}{2}}$$

式中,$\lambda = \min_{t \geqslant 0} \lambda_2(t)$,$\lambda > 0$,其中 $\lambda_2(t)$ 是 $g([a_{ij}^{\frac{2}{1+a}}(t)])$ 的几何连通度。因此,在有限时间 $T'(y) = \dfrac{2^{1-a} V'(0)^{\frac{1-a}{2}}}{(1-a)\lambda^{\frac{1+a}{2}}}$ 时,$V'(t)$ 会等于零。

同定理 9.1 的证明,我们可以得出

$$T'(x) \leqslant T'(y) + \sum_{k=1}^{n} c_k \tau_k$$

9.2.3 数值仿真与结果分析

在本节中给出基于上述控制算法作为输入的带时延的移动多智能体系统的计算机仿真。移动多智能体系统由 10 个智能体组成,对于所涉及的控制算法我们选择 a 等于 0.8,初始状态是一个随机集合。智能体间的通信拓扑如图 9-1 所示。图 9-1 中给出了四种不同的拓扑连接结构图,并且每个拓扑图中边的权值为 1。图 9-1(a)的几何连通度是 0.0979,图 9-1(b)的几何连通度是 0.3820,图 9-1(c)的几何连通度是 0.4158,图 9-1(d)的几何连通度是 0.4038。

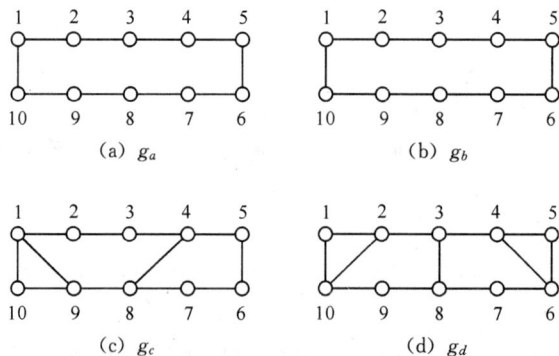

图 9-1　智能体系统的通信拓扑

为了保证算法对有限时间一致的有效性,初始时我们设定智能体系统的通信拓扑分别为 g_b 和 g_d。图 9-2 和图 9-3 显示了在控制算法式(9-5)的作用下智能体状态轨迹的变化情况,其中延时时间选择为 $\tau = 0.18$。预计的调整时间分别为 20.402 和 17.068。从图 9-2 和图 9-3 中我们可以观察出所有智能体的状态在有限时间内达到一致。

如果状态集 $\{g_a, g_b, g_c, g_d\}$ 表示的是一个具有转换拓扑的系统不同的离散拓扑状态,那么智能体系统的通信拓扑从 g_a 开始,接着转换到 g_b,然后转换到 g_c,再转换到 g_d,最后再回到 g_a,每隔 $T = 1$s 转换一次。

智能体系统在控制算法式(9-6)的作用下的状态轨迹的变化情况如图 9-4 所示,预计的调整时间为 15.171s。从图 9-4 中我们可以观察出具有切换拓扑时所有智能体的状态在有限时间内达到一致。

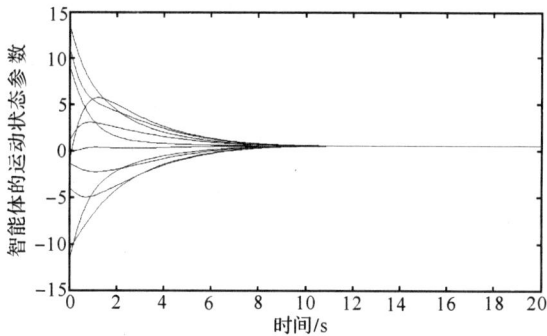

图 9-2 智能体具有 g_b 通信拓扑时的运动状态轨迹

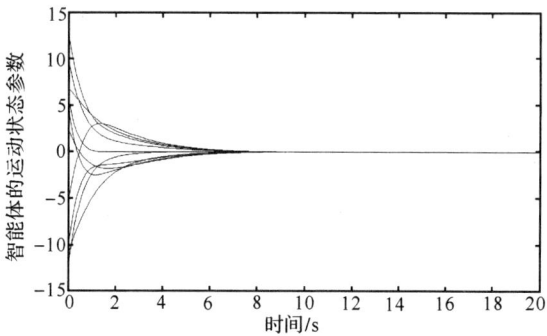

图 9-3 智能体具有 g_d 通信拓扑时的运动状态轨迹

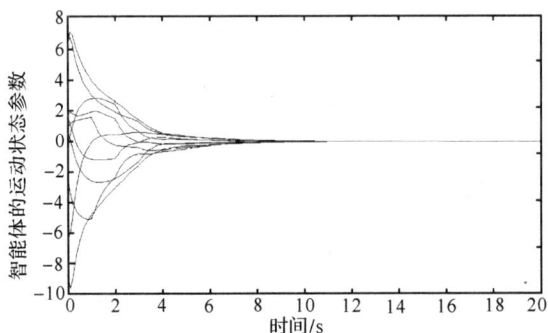

图 9-4　智能体具有切换通信拓扑时的运动状态轨迹

9.3　在干扰环境下的有限时间稳定性分析
及编队控制设计

本节研究了在干扰环境中移动多智能体系统的有限时间稳定问题。考虑了在智能体的运动环境中存在障碍物的干扰,设计了移动多智能体系统有限时间稳定的控制算法,并且进行了稳定性分析和计算机仿真验证。

9.3.1　预备知识

在本节中所研究的移动多智能体系统由 n 个智能体组成,如粒子群或机器人,标记为从 1 到 n。所有智能体分享共同的状态空间 $\mathbf{R}^m$, m 是空间维数。$I_n = \{1, 2, \cdots, n\}$, x_i 表示智能体 i 的状态, $i \in I_n$, 智能体 i 具有如下运动规律

$$\ddot{x}(t) = f(x(t)), \quad x(0) = x_0, \quad \dot{x}(0) = \dot{x}_0 \tag{9-10}$$

式中, $x(t) \in D \in \mathbf{R}^m$。

为了完成控制算法的设计,我们需要引入以下的定义和命题。

定义 9.1　如果系统式(9-10)的一个平衡点 $x \in D$ 是李雅普诺夫稳定的并且存在一个 x 的开放子集 $U \in D$, 以致对于 U 内的所有初始状态,系统式(9-10)的轨迹收敛到一个李雅普诺夫稳定平衡点,即 $\lim_{t \to \infty} x(t) = y$, 其中 $y \in D$ 是系统式(9-10)的一个李雅普诺夫平衡点并且有 $x \in U$, 那么平衡点 $x \in D$ 是半稳定的。如果另外有 $U = D = \mathbf{R}^m$, 那么平衡点 $x \in D$ 是一个广义半稳定平衡点。如果系统式(9-10)的每一个平衡点是半稳定的,则系统式(9-10)被称作是半稳定的。最后,如果系统式(9-10)是半稳定的并且 $U = D = \mathbf{R}^m$, 则系统式(9-10)被称作是广义半稳定的。

定义 9.2　$f^{-1}(0) \triangleq \{x \in D : \ddot{x}(t) = 0\}$, 如果对于系统式(9-10)的一个平衡点

$x_e \in f^{-1}(0)$被称作是有限时间半稳定的,存在一个x_e的开放子集U属于D,以及一个调整时间函数$T:U\backslash f^{-1}(0)\rightarrow(0,\infty)$,则有以下状态成立:

(1) 对于每一个$x\in U\backslash f^{-1}(0)$,所有的$t\in[0,T(x)]$,$\lim\limits_{t\rightarrow T(x)}x(t)$存在并且包含在$U\bigcap f^{-1}(0)$内。

(2) x_e是半稳定的,那么平衡点x_e被称作是有限时间半稳定的。

如果系统式(9-10)的一个平衡点$x_e \in f^{-1}(0)$是有限时间稳定的并且有$U=D=\mathbf{R}^m$,那么平衡点x_e被称作是广义有限时间半稳定的。如果在$f^{-1}(0)$内的每个平衡点是有限时间半稳定的,那么系统式(9-10)被称作是有限时间半稳定的。最后,如果在$f^{-1}(0)$内的每个平衡点是有限时间半稳定的,那么系统式(9-10)被称作是广义有限时间半稳定的。

为了给出定理9.3,我们考虑在空间$\mathbf{R}^m$上完整的向量场ν,差分方程$\ddot{y}(t)=\nu(y(t))$的解定义了一个连续全局流$\tilde{\psi}:\mathbf{R}\times\mathbf{R}^m\rightarrow\mathbf{R}^m$,其中$\nu^{-1}(0)\subseteq f^{-1}(0)$。

命题9.1 假设f与ν同质,度为$k<0$。而且,假设存在一个连续的函数$V:\mathbf{R}^m\rightarrow\mathbf{R}$,$V$定义在空间$\mathbf{R}^m$上并且满足对于所有$x\in\mathbf{R}^m$,有$V(x)\leqslant 0$。如果在$V^{-1}(0)$的最大不变子集中的每个点是系统式(9-10)的李雅普诺夫稳定平衡点,那么系统式(9-10)是有限时间半稳定的。

9.3.2 主要算法设计和分析

现在系统式(9-10)被表示成如下形式

$$\ddot{x}_i(t) = u_i(t), \quad x_i(0) = x_{i0}, \quad \dot{x}_i(0) = \dot{x}_{i0} \tag{9-11}$$

式中,$x(t)\in D\in\mathbf{R}^m$,$u_i(t)$表示状态反馈控制输入。

我们选择连续分布反馈控制算法,控制算法的设计利用了智能体的状态信息如x_i和$\dot{x}_i$以及用于在干扰环境下进行导航的智能体之间的势函数,算法设计的目的是使智能体系统在有限时间内既能躲避障碍物又能实现队形编制,即智能体i的速度$\dot{x}_i$在有限时间内达到稳定值,$i\in I_n$,并且智能体间的相对位置在有限时间内达到稳定值。

$u_i(t)$可表示为如下形式

$$u_i = u_{iswarm} + u_{iobs} \tag{9-12}$$

式中,u_{iswarm}表示智能体i与邻居个体间的控制作用;u_{iobs}表示智能体i与障碍物间的控制作用。

在本节研究内容中我们约定所涉及的环境中的障碍物为在空间$\mathbf{R}^m$上连贯的凸区域,并且边界平滑。我们假设障碍物为球形,具体形状及与智能体的位置关系如图9-5所示。

我们设计如下一致算法以解决在干扰环境中移动多智能体系统的有限时间稳定问题

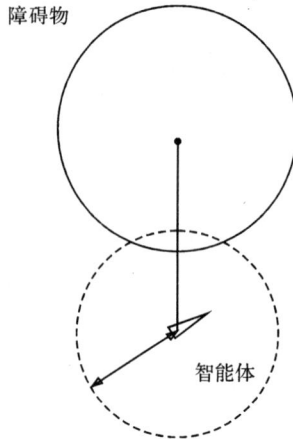

图 9-5　障碍物与智能体的位置关系图

$$u_i = \sum_{j=1,j\neq i}^{n} \Phi_{ij}(\dot{x}_i, \dot{x}_j) - \sum_{j=1,j\neq i}^{n} A(i,j) \mathrm{sgn}(\psi_a(x_i, x_j)) \left| \psi_a(x_i, x_j) \right|^{\frac{a}{2-a}} - \sum_{l=1}^{p} \nabla\sigma(x_i)$$

(9-13)

$$\Phi_{ij}(x_i, x_j) = A(i,j) \mathrm{sgn}(x_j - x_i) \left| x_j - x_i \right|^a \tag{9-14}$$

$$\psi_a(x_i, x_j) = x_i - x_j - d_{ij}, \quad d_{ij} = -d_{ji} \tag{9-15}$$

$$\nabla\sigma(x_i) = \frac{k_\sigma}{(x_i - n_\sigma) - R_\sigma} \tag{9-16}$$

式中，d_{ij} 是智能体 i 和智能体 j 之间的预期间距；k_σ 是排斥力的系数；n_σ 是障碍物中心的位置；R_σ 是障碍物的半径。

定理 9.3　考虑由式(9-11)表示的智能体系统，假设 $A = A^{\mathrm{T}}$，那么在式(9-13)的分布控制算法作用下，在存在障碍物的环境中多智能体能实现有限时间的避障和编队。

证明　对于分布控制算法式(9-13)，使 $z_{ij} \triangleq \psi_a(x_i, x_j), i \in I_n, i \neq j$，那么

$$\dot{z}_{ij}(t) \triangleq \dot{x}_i(t) - \dot{x}_j(t), \quad z_{ij}(0) = z_{ij0}, \quad t \geqslant 0$$

$$\ddot{x}_i = \sum_{j=1,j\neq i}^{n} \Phi_{ij}(\dot{x}_i, \dot{x}_j) - \sum_{j=1,j\neq i}^{n} A(i,j) \mathrm{sgn}(z_{ij}(t)) \left| z_{ij}(t) \right|^{\frac{a}{2-a}} - \sum_{l=1}^{p} \nabla\sigma(x_i)$$

$$\dot{x}_i(0) = \dot{x}_{i0}$$

选择李雅普诺夫函数为

$$V(z, \dot{x}) = \frac{1}{2} \sum_{i=1}^{n} \dot{x}_i + \frac{2-a}{4} \sum_{i=1}^{n} \sum_{j=1,j\neq i}^{n} A(i,j) \left| z_{ij}(t) \right|^{\frac{2}{2-a}} + \sum_{i=1}^{n} \sum_{l=1}^{p} \sigma(x_i)$$

(9-17)

V 对智能体状态的差分为

$$\dot{V}(z,\dot{x}) = \sum_{i=1}^{n} \dot{x}_i \sum_{j=1,j\neq i}^{n} \Phi_{ij}(\dot{x}_i,\dot{x}_j)$$

$$- \sum_{i=1}^{n} \dot{x}_i \sum_{j=1,j\neq i}^{n} A(i,j)\mathrm{sgn}(\psi_a(x_i,x_j))\,|\psi_a(x_i,x_j)|^{\frac{a}{2-a}} - \sum_{i=1}^{n} \dot{x}_i \sum_{l=1}^{p} \nabla\sigma(x_i)$$

$$+ \frac{1}{2} \sum_{i=1}^{n} \sum_{j=1,j\neq i}^{n} A(i,j)\mathrm{sgn}(\psi_a(x_i,x_j))\,|\psi_a(x_i,x_j)|^{\frac{a}{2-a}} \bullet (\dot{x}_i - \dot{x}_j)$$

$$+ \sum_{i=1}^{n} \sum_{l=1}^{p} \nabla\sigma(x_i)\dot{x}_i$$

$$= \sum_{i=1}^{n-1} \sum_{j=i+1}^{n} (\dot{x}_i - \dot{x}_j)\Phi_{ij}(\dot{x}_i,\dot{x}_j)$$

由式(9-14)可以得出 $\sum_{i=1}^{n-1}\sum_{j=i+1}^{n}(\dot{x}_i-\dot{x}_j)\Phi_{ij}(\dot{x}_i,\dot{x}_j)\leqslant 0$,即 $\dot{V}(z,\dot{x})\leqslant 0$。

使

$$R \triangleq \{(z,\dot{x}):\dot{V}(z,\dot{x})=0\} = \{(z,\dot{x}):\sum_{i=1}^{n-1}\sum_{j=i+1}^{n}(\dot{x}_i-\dot{x}_j)\Phi_{ij}(\dot{x}_i,\dot{x}_j)=0,i=1,$$

$2,\cdots,n-1\}$

$$R \triangleq \{(z,\dot{x}):\dot{x}_1=\cdots=\dot{x}_n\}$$

因为 $\dot{x}_1=\cdots=\dot{x}_n$,由此可以得到

$$\dot{z}_{ij}(t)=0, \quad i\in I_n, \quad i\neq j$$

使 M 表示空间 R 的最大不变子集

$$\frac{1}{2}\frac{\mathrm{d}}{\mathrm{d}t}\sum_{i=1}^{n}\dot{x}^2 = \dot{V} - \frac{2-\alpha}{4}\sum_{i=1}^{n}\sum_{j=1,j\neq i}^{n}A(i,j)\frac{\mathrm{d}}{\mathrm{d}t}|z_{ij}(t)|^{\frac{2}{2-\alpha}} - \sum_{i=1}^{n}\sum_{l=1}^{p}\frac{\mathrm{d}}{\mathrm{d}t}\sigma(x_i) = 0$$

上式表示出 $\dot{x}_1=\cdots=\dot{x}_n=c$。

最后,对于每个 $i\in I_n$,$z_{ij}=-z_{ji}$ 且 $\dot{z}_{ij}=0$,那么可以得出 $z_{ij}=0$。

为了证明 $\dot{x}(t)=c_e$ 的李雅普诺夫稳定性及 $z(t)=0$,可以选择如下的备选李雅普诺夫函数

$$\widetilde{V}(z,\dot{x}) = \frac{1}{2}\sum_{i=1}^{N}(\dot{x}_i-c)^2 + \frac{2-\alpha}{4}\sum_{i=1}^{N}\sum_{j=1,j\neq i}^{N}A(i,j)|z_{ij}(t)|^{\frac{2}{2-\alpha}} + \sum_{i=1}^{N}\sum_{l=1}^{p}\sigma(x_i)$$

接下来的证明过程同上叙述,不再赘述。$\widetilde{V}$ 对智能体状态的差分 $\dot{\widetilde{V}}\leqslant 0$,表示在 M 中的每个点是系统式(9-11)的李雅普诺夫稳定平衡点。因此,由命题9.1可以得出系统式(9-11)是有限时间半稳定的。也就是说,移动多智能体系统能够在有限时间内实现避障和队形编制。

9.3.3 数值仿真与结果分析

本节给出上述控制算法用于移动多智能体系统的一些计算机仿真。系统由五个智能体组成,控制算法中的 α 取 0.6,初始位置和初始速度是随机集合。在许多实际的智能体系统中,智能体间的通信拓扑是动态变化的,从对自然智能体的观察我们可以发现一个群体中的智能体较多和邻近的智能体通信,距离越远的越少联系。从这个角度考虑,对任意的智能体 i,我们与它类型一致并且距离最近的智能体进行通信。最终智能体间的预期编队队形如图 9-6 所示。

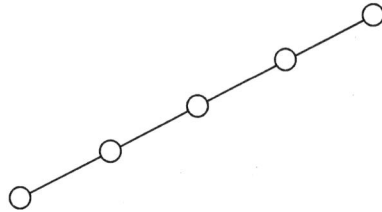

图 9-6　预期的编队队形

障碍物位置的矩阵为

$$M_s = \begin{bmatrix} 16 & 10 & 7 \\ 8 & 12 & 7 \\ 1 & 1 & 1 \end{bmatrix}$$

智能体系统在控制算法式(9-14)的作用下的运动过程如图 9-7 所示。预计的调整时间是 6.0s。从图 9-7 中可以看出,所有智能体在运动过程中可以躲避障碍物,五个智能体在有限时间后可以实现预期队形的编制并保持编队队形的稳定性,并且智能体间的相对位置保持稳定。

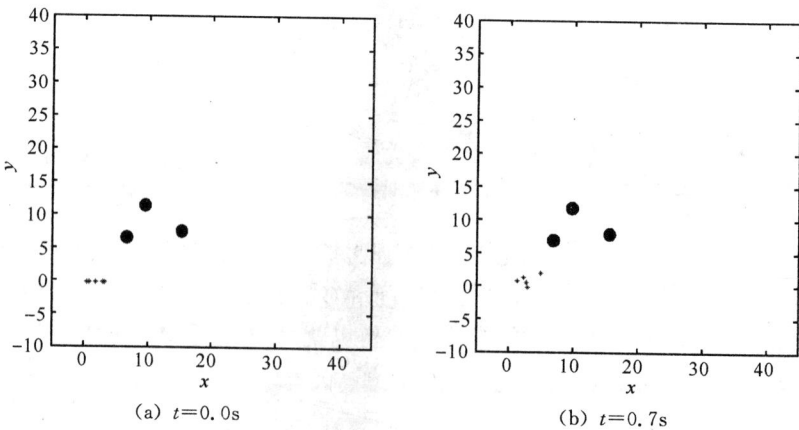

(a) $t=0.0$s

(b) $t=0.7$s

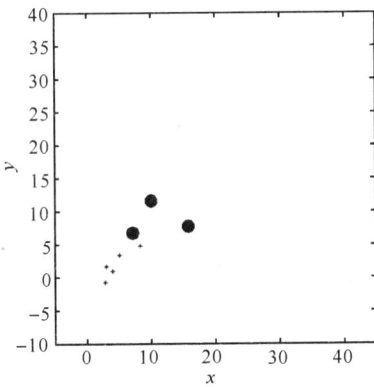

(c) $t=1.5\text{s}$

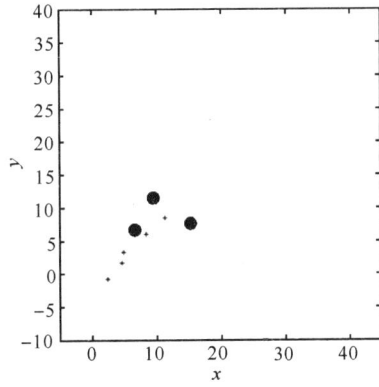

(d) $t=2.2\text{s}$

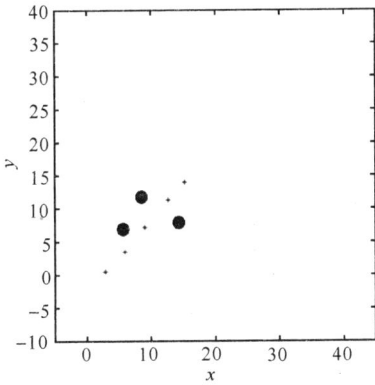

(e) $t=3.0\text{s}$

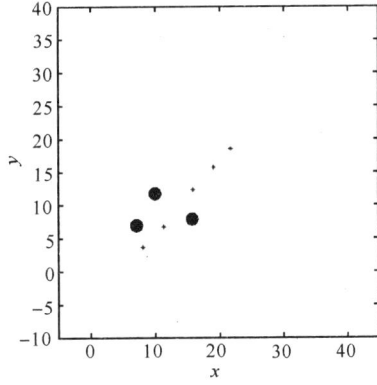

(f) $t=3.7\text{s}$

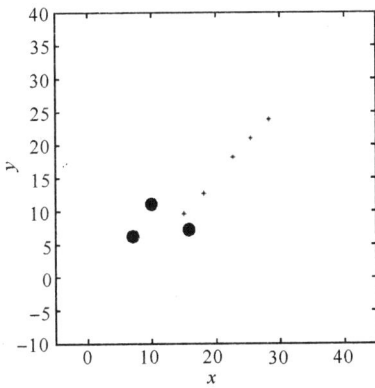

(g) $t=4.5\text{s}$

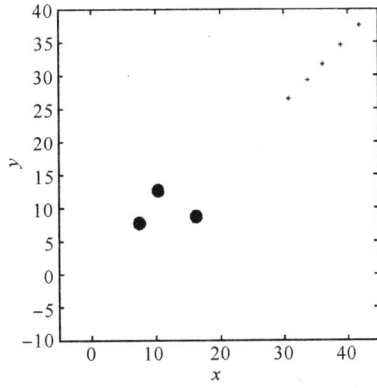

(h) $t=6.0\text{s}$

图 9-7　在干扰环境中智能体的运动过程

9.4　本章小结

如何使智能体在有限时间内达到稳定状态或预期状态越来越成为近年来的研究热点,本章提出了基于图论知识和李雅普诺夫稳定理论的控制方法来实现在两种复杂环境中运动的移动多智能体系统在有限时间内达到预期状态的目的。首先考虑在多智能体之间存在通信延时,我们主要是进行移动多智能体系统一致性算法的设计,保证移动多智能体系统在有限时间内实现状态一致。我们主要采用计算机仿真的方法,研究移动多智能体系统的运动变化规律;接下来考虑在多智能体的运动环境中存在障碍物的情况,移动多智能体系统的主要运动目的是能有效地避免与障碍物发生碰撞,并且绕过障碍物之后进行队形编制。通过计算机仿真,验证移动多智能体系统是否达到预期编队效果和避障的目的。

研究的主要结论为:

(1) 研究了具有通信延时的移动多智能体系统有限时间一致的运动控制问题,给出了控制模型,并进行了稳定性分析。通过计算机仿真表明,在给定控制模型下,智能体能够实现状态的有限时间收敛。在计算机仿真中,分别对移动多智能体系统设定了不同的固定拓扑及转换拓扑,并且通过与理论分析的对比,可以看出选择不同的通信拓扑时移动多智能体系统的调整时间长短不同,进而为今后在移动多智能体系统的有限时间协同控制方向的研究提供了思路。

(2) 研究了在干扰环境中移动多智能体系统的有限时间稳定问题。考虑了在智能体的运动环境中存在障碍物的干扰,设计了移动多智能体系统有限时间稳定的控制算法,并且我们进行了稳定性分析。通过计算机仿真可以看出,移动多智能体系统可以有效地躲避运动环境中的障碍物并且经过有限时间实现了预期队形的编制,验证了理论分析结果。

关于复杂动态网络中有限时间一致控制问题是本研究领域的一个关键问题,在实际系统的应用中具有非常重要的意义。从已有的文献上看,有较多文献对非线性系统的有限时间控制进行了方方面面的研究。有较少文献对移动多智能体系统的有限时间的协同控制进行研究。在本章中,以智能体特定的网络通信延时或环境中特定的障碍物为基础进行的系统有限时间协同控制的研究还存在一些不足,这里基于对不足的认识,列出未来研究中要注意的几个问题。

(1) 以特定的网络通信延时为例,讨论复杂动态网络中移动多智能体系统有限时间协同控制的研究,进行仿真和分析,不具有普遍性和一般性。在真实世界中,移动多智能体系统的网络通信延时受到环境的复杂度和通信设备的性能等影响,是动态变化的,具有随机性。另外,不同的通信延时对智能体系统调整时间的影响也是需要深入关注和进一步探讨的问题。

（2）移动多智能体系统在具有障碍物环境中进行有限时间协同控制时,将障碍物假设为球形。下一步将障碍物设置成实际的复杂形状,调整算法,同样实现移动多智能体系统的避障。

第 10 章 基于卡尔曼滤波的移动多智能体系统协同计算技术

10.1 概 述

卡尔曼滤波是一种高效率的递归滤波器（自回归滤波器），它能够从一系列不完全的包含噪声的测量中估计动态系统的状态。

卡尔曼滤波的一个典型实例是从一组有限的包含物体位置信息和噪声的观察序列中预测出物体的坐标位置及速度。在很多工程应用（雷达、计算机视觉）中都可以找到它的身影。同时，卡尔曼滤波也是控制理论以及控制系统工程中的一个重要话题。

目前，卡尔曼滤波已经有很多不同的实现。卡尔曼最初提出的形式现在一般称为简单卡尔曼滤波器。除此以外，还有施密特扩展滤波器、信息滤波器以及很多 Bierman、Thornton 开发的平方根滤波器的变种。最常见的卡尔曼滤波器是锁相环，它在收音机、计算机和几乎任何视频或通信设备中广泛存在。

此外，应用系统的线性数学模型可以推得不同情况下的滤波算法，的确能反映出很多实际系统和过程的实际性能和情况。但是，实际系统总是存在不同程度的非线性，有些系统可以近似看成线性系统，但大多数系统则不能仅用线性微分方程描述，如飞机的飞行状态、导弹的制导系统、卫星导航系统等，其中的非线性因素不能忽略，或为了更好地分析综合结果，必须应用反映实际系统的非线性数学模型，随机非线性系统的卡尔曼滤波问题也就相应产生了。

处理随机非线性系统的卡尔曼滤波问题将会遇到本质上的困难，主要表现在：

（1）即使系统初始状态和噪声均为高斯分布，由于系统的非线性性质，状态和输出也不再是高斯分布，因此，有关分布为高斯分布估计的结论不再适用。

（2）由于非线性性质，任一时刻系统状态关于信息的条件均值和条件协方差阵，有可能依赖于信息的高阶矩，因而不能建立简单的递推关系式或用简单的微分方程表示。

（3）叠加原理不再成立，所以控制输入对状态估计将会产生十分重要的影响。因此，在非线性情况下，实时信息中将包括输入和输出数据。

对于一般的非线性系统，在理论上难以找到严格的递推滤波公式，因此目前大都采用近似方法来研究。效果较好也较常用的形式为扩展卡尔曼滤波(EKF)。

对于需要解决的大部分问题,卡尔曼滤波是最优、效率最高甚至是最有用的。它的广泛应用已经超过 30 年,包括机器人导航、控制、传感器数据融合甚至军事方面的雷达系统以及导弹追踪等。近年来,卡尔曼滤波更被应用于计算机图像处理,如人脸识别、图像分割、图像边缘检测等。

例如,在雷达中,人们感兴趣的是跟踪目标,但目标的位置、速度、加速度的测量值往往在任何时候都有噪声。卡尔曼滤波利用目标的动态信息,设法去掉噪声的影响,得到一个关于目标位置的较好估计。这个估计可以是对当前目标位置的估计(滤波),也可以是对目标将来位置的估计(预测),还可以是对目标过去位置的估计(插值或平滑)。

基于卡尔曼滤波的一些经典应用,在移动多智能体系统协同控制的研究中,我们初次尝试将卡尔曼滤波应用于部分智能体控制算法的设计中。

前面我们分别研究了在自由运动环境空间中和复杂运动环境空间中移动多智能体系统的协同控制,没有考虑智能体的感知误差,即环境或障碍物的位置信息都是确知的。但是在很多实际情况中,信号在传输与检测过程中不可避免地要受到外来干扰与传感设备内部噪声的影响,使接收端收到的信号具有随机性。为获取所需要的信号,排除干扰,就要对信号进行滤波。所谓滤波,即指从混合在一起的诸多信号中提取出所需要信号的过程。

本章从卡尔曼滤波的角度出发,研究了移动多智能体系统的运动控制问题。移动多智能体系统中具有一个单一的 leader,其余智能体为 follower,多智能体的运动目的是向某一目标方向移动,系统中仅有 leader 智能体具有对环境和目标方向的感知能力,但由于干扰与传感设备内部噪声的影响而存在感知误差,因而利用扩展卡尔曼滤波方法,依据过去直至现在的观测量来预测未来的状态。每个 follower 智能体利用从其邻居智能体所获得的局部信息,判断下一步迁移到哪一个位置,以实现动态迁移的目的,这种预测方式在经济、社会系统中普遍存在,利用这种机制可以缩短实现目标的时间,对我们研究的移动多智能体系统的运动迁移具有现实意义。

10.2　leader 智能体的滤波器结构及模型分析

10.2.1　滤波器结构

在本章研究的智能体系统中,设定 leader 智能体具有感知、监测、控制环境和目标方向的能力。但是,在感知、监测、控制过程中,会存在传感设备内部噪声等各种干扰的影响,而导致误差存在。通过利用扩展的卡尔曼滤波方法,能够依据过去和现在的观测量来预测未来的状态,从而减少误差。卡尔曼滤波器的结构图如图 10-1 所示。

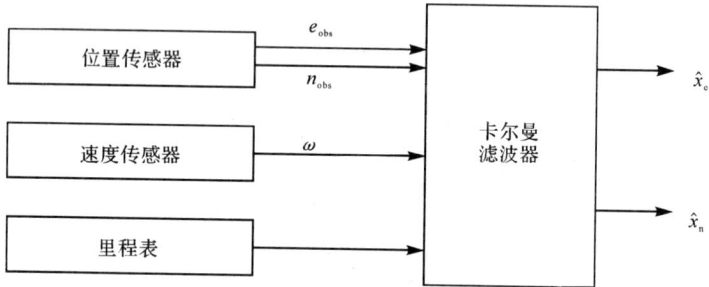

图 10-1　卡尔曼滤波器结构图

10.2.2　模型分析与数学描述

1. 离散的状态方程

leader 智能体具有如下离散的状态方程

$$X_k = \Phi_{k,k-1} X_k + U_k + W_k \tag{10-1}$$

$$X_k = [x_{e(k)}, v_{e(k)}, a_{e(k)}, x_{n(k)}, v_{n(k)}, a_{n(k)}]^T$$

式中,x_e、x_n 分别为 leader 智能体 x 方向和 y 方向的位置信息;v_e、v_n 分别为 leader 智能体 x 方向和 y 方向的速度信息;a_e、a_n 分别为 leader 智能体 x 方向和 y 方向的加速度信息。

$\Phi_{k,k-1} = \mathrm{diag}[\Phi_{e(k,k-1)}, \Phi_{n(k,k-1)}]$ 为状态转移矩阵,并且有

$$\Phi_{e(k,k-1)} = \begin{bmatrix} 1 & T & a_e^{-2}(-1 + a_e T + e^{-a_e T}) \\ 0 & 1 & (1 - e^{-a_e T}) a_e^{-1} \\ 0 & 0 & e^{-a_e T} \end{bmatrix}$$

$$\Phi_{n(k,k-1)} = \begin{bmatrix} 1 & T & a_n^{-2}(-1 + a_n T + e^{-a_n T}) \\ 0 & 1 & (1 - e^{-a_n T}) a_n^{-1} \\ 0 & 0 & e^{-a_n T} \end{bmatrix}$$

$$U_k = [u_1, u_2, u_3, u_4, u_6, u_7]^T$$

式中

$$u_1 = [-T + 0.5 a_e T^2 + (1 - e^{-a_e T}) a_e^{-1}] a_e^{-1} \bar{a}_e$$

$$u_2 = [T - (1 - e^{-a_e T}) a_e^{-1}] \bar{a}_e$$

$$u_3 = (1 - e^{-a_e T}) \bar{a}_e$$

$$u_4 = [-T + 0.5 a_n T^2 + (1 - e^{-a_n T}) a_n^{-1}] a_n^{-1} \bar{a}_n$$

$$u_5 = \left[T - (1 - e^{-a_n T}) a_n^{-1} \right] \bar{a}_n$$

$$u_6 = (1 - e^{-a_n T}) \bar{a}_n$$

$W_k = [0_1, 0, w_{a_e}, 0, 0, w_{a_n}]^T$ 为激励噪声，w_{a_e}、w_{a_n} 分别为 $(0, \sigma_{a_e}^2)$、$(0, \sigma_{a_n}^2)$ 的高斯白噪声。$a_e = \dfrac{1}{\tau_{a_e}}$，$a_n = \dfrac{1}{\tau_{a_n}}$，$\tau_{a_e}$ 和 τ_{a_n} 分别为 leader 智能体 x 方向和 y 方向加速度变化率的相关时间常数。

2. 离散的观测方程

$$Z(k) = \begin{bmatrix} e_{\mathrm{obs}}(k) \\ n_{\mathrm{obs}}(k) \\ w(k) \\ s(k) \end{bmatrix} = \begin{bmatrix} x_e(k) \\ x_n(k) \\ \dfrac{v_n a_e^k - v_e a_n^k}{v_n^2(k) + v_n^2(k)} \\ T \sqrt{v_n^2(k) + v_n^2(k)} \end{bmatrix} + \begin{bmatrix} v_1(k) \\ v_2(k) \\ \varepsilon_1(k) \\ \varepsilon_2(k) \end{bmatrix} \tag{10-2}$$

式中，$e_{\mathrm{obs}}(k)$、$n_{\mathrm{obs}}(k)$ 分别为位置传感器输出的智能体 x 方向和 y 方向的位置信息；$w(k)$ 为速度传感器的输出；$s(k)$ 为里程表在一个采样周期内输出的距离；$v_1(k)$、$v_2(k)$ 分别是位置传感器输出的 x 方向和 y 方向的位置的观测噪声，可以近似为 $(0, \sigma_1^2)$、$(0, \sigma_2^2)$ 的高斯白噪声；$\varepsilon_1(k)$ 为速度传感器的漂移误差，近似为 $(0, \sigma_w^2)$ 高斯白噪声；$\varepsilon_2(k)$ 为里程表的观测噪声，近似为 $(0, \sigma_s^2)$ 的高斯白噪声。

观测方程可以表示为 $Z(k) = h(X_k) + V_k$，是非线性的，将 $h(X_k)$ 在 $X_k = \hat{X}_{k, k-1}$ 附近展为泰勒级数，只保留一阶小量，化简得到

$$Z(k) = h(\hat{X}_{k, k-1}) + H_k(X_k - \hat{X}_{k, k-1}) + V_k \tag{10-3}$$

式中

$$H_k = \frac{\partial h(X_k)}{\partial X_k} = \begin{bmatrix} 1 & 0 & 0 & 0 & 0 & 0 \\ 0 & 0 & 0 & 1 & 0 & 0 \\ 0 & h_1 & h_2 & 0 & h_3 & h_4 \\ 0 & h_5 & 0 & 0 & h_6 & 0 \end{bmatrix}$$

以下用 v_1 表示 $\hat{v}_{n(k, k-1)}$，v_2 表示 $\hat{v}_{e(k, k-1)}$，a_1 代表 $\hat{a}_{n(k, k-1)}$，a_2 代表 $\hat{a}_{e(k, k-1)}$，则

$$h_1 = \frac{a_1 v_1 - 2 v_1 v_2 a_2 - a_1 v_1^2}{(v_1^2 + v_2^2)^2}, \quad h_2 = \frac{v_1}{v_1^2 + v_2^2}$$

$$h_3 = \frac{a_2 v_1 + 2 v_2 v_1 a_1 - a_2 v_1^2}{(v_1^2 + v_2^2)^2}, \quad h_4 = \frac{-v_1}{v_1^2 + v_2^2}$$

$$h_5 = \frac{T v_2}{\sqrt{v_1^2 + v_2^2}}, \quad h_6 = \frac{T v_1}{\sqrt{v_1^2 + v_2^2}}$$

3. 扩展的卡尔曼滤波方程

(1) 滤波估计方程：$X_k = X_{k, k-1} + K_k [Z_k - h(X_{k, k-1})]$。

（2）预测方程：$X_{k,k-1}=\Phi_{k,k-1}X_{k-1}+U_{k-1}$。

（3）卡尔曼增益方程：$K_k=P_{k,k-1}H_k^{\mathrm{T}}(H_kP_{k,k-1}H_k^{\mathrm{T}}+R_k)^{-1}$。

（4）预测误差协方差：$P_{k,k-1}=\Phi_{k,k-1}P_{k-1}\Phi_{k,k-1}^{\mathrm{T}}+Q_{k-1}$。

（5）估计误差协方差阵：$P_k=(I-K_kH_k)P_{k,k-1}$。

其中，R_k 为观测噪声协方差

$$R_k=\mathrm{diag}[\sigma_1^2,\sigma_2^2,\sigma_{\mathrm{w}}^2,\sigma_{\mathrm{s}}^2]$$

Q_k 为模型噪声协方差

$$Q_k=\mathrm{diag}[2Q_{\mathrm{e}(k)},2Q_{\mathrm{e}(k)}]$$

$$Q_{\mathrm{e}(k)}=\begin{bmatrix} q_1 & q_2 & q_3 \\ q_4 & q_5 & q_6 \\ q_7 & q_8 & q_9 \end{bmatrix}$$

$$q_1=0.5a_{\mathrm{e}}^{-5}(1-\mathrm{e}^{-2a_{\mathrm{e}}T}+2a_{\mathrm{e}}T+2a_{\mathrm{e}}^3T^33^{-1}-2a_{\mathrm{e}}^2T^2-4a_{\mathrm{e}}T\mathrm{e}^{-a_{\mathrm{e}}T})$$

$$q_2=q_4=0.5a_{\mathrm{e}}^{-4}(1+\mathrm{e}^{-2a_{\mathrm{e}}T}-2\mathrm{e}^{-a_{\mathrm{e}}T}-2a_{\mathrm{e}}T+a_{\mathrm{e}}^2T^2+2a_{\mathrm{e}}T\mathrm{e}^{-a_{\mathrm{e}}T})$$

$$q_3=q_7=0.5a_{\mathrm{e}}^{-3}(1-\mathrm{e}^{-2a_{\mathrm{e}}T}-2a_{\mathrm{e}}T\mathrm{e}^{-a_{\mathrm{e}}T})$$

$$q_6=q_8=0.5a_{\mathrm{e}}^{-2}(1+\mathrm{e}^{-2a_{\mathrm{e}}T}-2\mathrm{e}^{-a_{\mathrm{e}}T})$$

$$q_5=0.5a_{\mathrm{e}}^{-3}(-3-\mathrm{e}^{-2a_{\mathrm{e}}T}+4\mathrm{e}^{-a_{\mathrm{e}}T}+2a_{\mathrm{e}}T)$$

$$q_9=0.5a_{\mathrm{e}}^{-1}(1-\mathrm{e}^{-2a_{\mathrm{e}}T})$$

注意：若把加速度一般预测为"当前"加速度的均值，即 $\bar{a}_{\mathrm{e}(k)}=\hat{a}_{\mathrm{e}(k,k-1)}$，$\bar{a}_{n(k)}=\hat{a}_{n(k,k-1)}$，则一步预测方程可以简化为 $X_{k,k-1}=\Phi_{1(k,k-1)}\hat{X}_{k-1}$，其中

$$\Phi_{1(k,k-1)}=\mathrm{diag}[\Phi_{1\mathrm{e}}(T),\Phi_{1n}(T)]$$

$$[\Phi_{1\mathrm{e}}(T),\Phi_{1n}(T)]=\begin{bmatrix} 1 & T & \dfrac{T}{2} \\ 0 & 1 & T \\ 0 & 0 & 1 \end{bmatrix}$$

10.3　移动多智能体系统的运动模型

系统中的 leader 智能体对环境和目标方向进行感知，利用扩展卡尔曼滤波方法，依据过去直至现在的观测量来预测未来的状态。每个 follower 智能体利用从其邻居智能体所获得的局部信息，实现整个智能体系统向预期方向动态迁移的目的。

我们假设任一 follower 智能体 i 的运动模型如下

$$x_i(k+1)=x_i(k)+u_i(k) \tag{10-4}$$

式中，$u_i(k)$ 是控制输入，我们希望 follower 智能体在它的作用下，能够实现一致收敛，并且实现跟随 leader 智能体向预期方向移动。

因此,选择算法具有如下形式

$$u_i(k) = -\sum_{j=1}^{N} a_{ij} \Delta x_{ij}(k) \tag{10-5}$$

式中,$\Delta x_{ij}(k) = [x_i(k) - x_j(k)]^{\frac{h}{2-h}}$ 表示智能体 i 和 j 之间的间距,智能体 j 是移动多智能体系统通信拓扑上与智能体 i 有信息交互的邻居,$0 < h < 1$。

首先由 leader 智能体对环境信息及预期运动方向进行观测,经卡尔曼滤波得到预测估计值,同时 leader 智能体与 follower 智能体构成某种通信拓扑,与 leader 智能体能够进行通信的 follower 智能体通过 leader 智能体的引导向预期方向移动,与 leader 智能体不能够进行通信的 follower 智能体也可以通过其邻居智能体的引导向预期方向移动。

10.4　数值仿真与结果分析

本节通过采用计算机仿真的方法,验证上述章节中涉及的基于卡尔曼滤波的移动多智能体系统的协同控制。在仿真中,我们设智能体系统共运行 100s,采样周期 $T = 1s$。对于 leader 智能体选择初始值,即参数为 $X_0 = [10, 10, 0, 10, 0, 0]$,$P_0 = [100, 1, 0.04, 100, 1, 0.04]$,$\sigma_1^2 = 15^2$,$\sigma_2^2 = 16^2$,$\sigma_w^2 = 0.005^2$,$\sigma_s^2 = 0.7^2$,$a_e = a_n = 1$,$a_{a_e}^2 = a_{a_n}^2 = 0.3^2$。

所研究的系统包含 10 个 follower 智能体,其初始位置是[30, 10, 50, 15, 70, 50, 95, 95, 120, 120, 145, 145, 170, 270, 195, 295, 200, 300, 210, 310],初始速度随机。智能体间的通信拓扑结构如图 10-2 所示,移动多智能体系统的运动过程如图 10-3 所示。

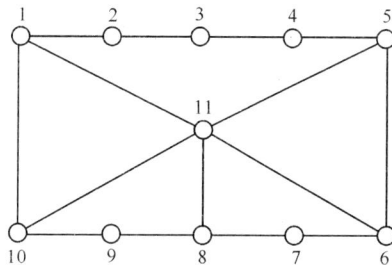

图 10-2　智能体间的通信拓扑图

从图 10-3 中可以看出,leader 智能体利用扩展卡尔曼滤波方法,依据过去直至现在的观测量来预测未来的状态。每个 follower 智能体利用从其邻居智能体所获得的局部信息,实现了跟随 leader 智能体向预期方向动态迁移的目的,利用这种机制可以缩短实现目标的时间。

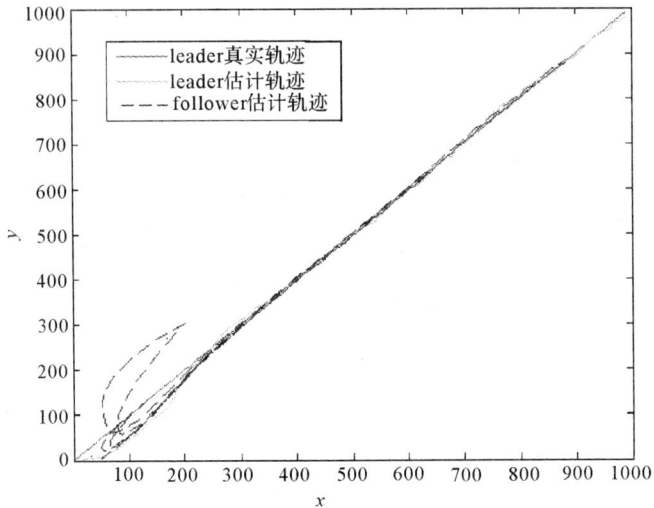

图 10-3　智能体系统的运动轨迹图

10.5　本章小结

在本章中考虑智能体对环境信息的感知误差,从卡尔曼滤波的角度出发,研究了移动多智能体系统的运动控制问题。

将卡尔曼滤波方法引入多智能体的协同控制是一种新的认识角度和分析方法,本章进行了初步尝试性研究,分析了仅有 leader 智能体具有预测与滤波功能的移动多智能体系统,存在的缺陷及在下一步的研究中需要深入研究的方向包括:

(1) 基于卡尔曼滤波的移动多智能体系统的运动控制,仅有 leader 智能体具有滤波预测功能。下一步将调整算法,扩展多数或每个智能体都具有预测能力。

(2) 以特定的网络拓扑结构为例进行研究,不具有普遍性和一般性。在真实世界中,移动多智能体系统的网络拓扑结构受到环境的复杂度和通信设备的性能等影响,是动态变化的,具有随机性,是需要深入关注和进一步探讨的问题。

参 考 文 献

曹俊,宗平. 2008. Chord算法的研究和改进. 科技咨询,10(3):233~236

曹志刚,钱亚生. 1992. 现代通信原理. 北京:清华大学出版社,5~158

樊昌信. 通信原理. 1992. 北京:国防工业出版社,10~182

方锦清,汪小帆. 2004. 略论复杂性问题和非线性复杂网络系统的研究. 科技导报,10(2):50~64

冯新宇,吕建,曹建农. 2003. 通用的移动Agent通信框架设计. 软件学报,14(5):985~990

冯新宇,陶先平,吕建. 2002. 一种改进的移动Agent通信算法. 计算机学报,25(4):357~364

韩红彦,张西红. 2007. WSN的关键问题及军事应用. 科学技术与工程,10(2):182~189

胡寿松. 1988. 自动控制原理. 北京:国防工业出版社,5~160

贾松浩,杨彩. 2007. Web服务在移动服务系统中的应用. 微计算机信息,8(6):81~90

焦长兵,金勇杰. 2006. 无线传感器网络及其军事应用. 信息科学,6(8):59~65

李福东,吴伟明. 2008. 移动办公平台架构及关键技术. 办公自动化杂志,9(3):23~28

李建新,刘乃按,刘继平. 2000. 现代通信系统分析与仿真. 西安:西安电子科技大学出版社,5~152

李梦辉,樊瑛,狄增如. 2006. 加权网络. 上海:科教出版社,27~47

林红红,赵跃龙. 2004. 可穿戴计算机军事应用研究. 计算机时代,5(7):56~62

刘红梅,李玉忱. 2006. 基于GPRS和WAP的移动办公系统解决方案. 信息技术与信息化,6(8):65~73

毛雁华. 2004. 智能空间的软件平台及其资源管理系统的研究. 北京:清华大学硕士学位论文,20~79

裴云彰. 2001. 支持大规模交互式应用的可靠多播协议. 北京:清华大学博士学位论文,10~102

沈允春. 1995. 扩谱技术. 北京:国防工业出版社,20~179

孙学军,王秉军. 2001. 通信原理. 北京:电子工业出版社,10~190

陶先平,冯新宇,吕建. 2000. Mogent系统的通信机制. 软件学报,11(8):1060~1065

田建学,张然. 2007. 无线电导航系统的发展前景与军事应用. 技术研发,6(3):62~69

王京辉,刘彩红. 2005. 基于PVM的启发式搜索的并行计算模型设计和实现. 计算机工程,31(1):487~491

王京辉,乔卫民. 2005. 基于PVM的博弈树的网络并行搜索模型设计与实现. 计算机工程,31(9):923~931

王京辉,乔卫民. 2005. 线性整数规划的分支限界解法及其MATLAB实现. 计算机工程,31(6):794~799

王京辉,袁红辉. 2005. 一种基于PVM的并行BP神经网络的设计和实现. 计算机工程,31(6):782~793

王京辉. 2005. CSR数字射频系统的同步算法研究与应用. 北京:中国科学院博士学位论文,1~121

王莉. 2009. 基于群集智能的复杂动态网络协同控制研究. 天津:南开大学博士学位论文,10~95

王玫,朱云龙,何小. 2005. 群体智能研究综述. 计算机工程,31(22):194~196

王晓晔,王正欧. 2004. 神经网络和粗集理论相结合的数据挖掘技术. 电子与信息学报,26(4):625~631

王晓晔,王正欧. 2005. k-最近邻分类技术的改进算法. 电子与信息学报,27(3):487~491

王晓晔,徐晓颖,孙济洲. 2006. 多维时间序列的符号化表示方法. 计算机工程,32(12):52~54

邢小良. 2008. P2P技术及其应用. 北京:人民邮电出版社,20~169

徐凌魁. 2007. WAP技术在交通移动办公自动化系统中的应用. 广东科技,6(10):58~67

杨小牛,楼才义,许建良. 2001. 软件无线电原理与应用. 北京:电子工业出版社,10~112

曾宇,查杰民. 2006. 基于Web服务的应用程序集成的研究. 计算机工程与设计,9(12):26~35

张德干,班晓娟,曾广平. 2005. 普适计算中的任务迁移策略. 控制与决策,20(1):6~11

张德干,王晓晔. 2008. 规则挖掘技术. 北京:科学出版社,5~150

张德干,徐光祐,史元春. 2004. 面向普适计算的扩展的证据理论方法. 计算机学报,27(7):918~927

张德干,赵海. 2002. 基于信息融合思想的通用仿真系统. 系统仿真学报,10(9),987~995

张德干. 2006. 构件化无缝主动迁移机制中的资源调度策略. 计算机学报, 29(11):2026~2037

张德干. 2006. 普适服务中基于模糊神经网络的信任测度方法. 控制与决策, 21(2):32~41

张德干. 2006. 移动多媒体技术及其应用. 北京:国防工业出版社, 20~220

张德干. 2007. 针对主动服务的情境计算方法比较研究. 自动化学报, 8:1562~1569

张德干. 2009. 移动计算. 北京:科学出版社, 10~230

张德干. 2010. 虚拟企业联盟构建技术. 北京:科学出版社, 10~210

张世兵, 刘强. 2006. 基于 Web 服务的应用集成框架的研究和应用. 管控一体化, 5(6):35~42

张永康. 2006. 移动游戏平台的设计与实现. 开发研究与设计技术, 7(1):26~31

章森, 吴建平, 林闯. 2002. 互联网端到端拥塞控制研究综述. 软件学报, 20(3):23~28

赵文明. 2006. 基于移动 Agent 的无线移动计算模型及应用. 网络通信与安全, 3(2):52~61

郑君里, 应启珩, 杨为理. 2000. 信号与系统. 北京:高等教育出版社, 10~210

中国科学院近代物理研究所. 2000. HIRFL-CSR 工程简介. 兰州:兰州出版社, 10~60

Adilson E, Motter A E, Zhou C, et al. 2005. Enhancing complex-network synchronization. Euro Physics Letters, 69:334~340

Barabási A L, Albert R. 1999. Emergence of scaling in random networks. Science, 289:509~512

Cortes J. 2006. Finite-time convergent gradient flows with applications to network consensus. Automatica, 42:1993~2000

Dorogvtsev S N, Mendes J F. 2002. Evolution of networks. Advances in Physics, 51(4):1079~1187

Gazi V, Passino K M. 2004. Stability analysis of social foraging swarms. IEEE Transactions on Systems, Man, and Cybernetics-Part B:Cybernetics, 34(1):539~557

Gazi V, Passino K M. 2005. Stability of a one dimensional discrete time asynchronous swarm. IEEE Transactions on Systems, Man, and Cybernetics-Part B:Cybernetics, 35(4):834~841

Jeong H. 2003. Complex scale-free networks. Physical A, 321:226~237

Jia Q L, Li G. 2007. Formation control and obstacle avoidance algorithm of multiple autonomous underwater vehicles (AUVs) based on potential function and behavior rules//Proceedings of the IEEE International Conference on Automation and Logistics, 569~573

Kassabalidis M A. 2001. Swarm intelligence for routing in communication networks//Proceedings of the IEEE Conference on Global Telecommunications, 3613~3617

Leonard N, Friorelli E. 2001. Virtual leader, artificial potentials and coordinated control of groups//Proceedings of the 40th IEEE Conference on Decision Control, 2968~2976

Li W, Cai X. 2004. Statistical analysis of airport network of China. Physical Review E, 69(46):106~126

Lü J, Leung H, Chen G. 2004. Complex dynamical networks:modeling, synchronization and control. Dynamics of Continuous, Discrete and Impulsive Systems, Series B:Applications & Algorithms, 11a:70~77

Olfati-Saber R, Murray R M. 2004. Consensus problems in networks of agents with switching topology and time-delays. IEEE Transactions on Automatic Control, 49(9):1520~1533

Olfati-Saber R. 2006. Flocking for multi-agent dynamic systems:algorithms and theory. IEEE Transactions on Automatic Control, 51(3):401~420

Ren W, Beard R W, Atkins E M. 2005. A survey of consensus problems in multi-agent coordination//Proceedings of the American Control Conference, 1859~1864

Ren W, Beard R W, Kingston D B. 2005. Multi-agent Kalman consensus with relative uncertainty//Proceedings of the American Control Conference, 1865~1870

Roumeliotis S I,Bekey G A. 2000. Collective localization:a distributed Kalman filter approach to localization of groups of mobile robots//Proceedings of the IEEE International Conference on Robotics Automation, 2958~2965

Schneider F E,Wildermuth D. 2004. Using an extended kalman filter for relative localization in a moving robot formation//Proceedings of the Fourth International Workshop on Robot Motion and Control,85~90

Tanner H,pappas G J,Kumar V. 2005. Leader-to-formation stability. IEEE Transactions on Automatic Control,20(3):443~455

Wang L,Chen Z Q. 2007. Movement control of multi-agent system with multiple leader based on potential function//Proceedings of the 26th Chinese Control Conference,2:801~806

Wang L,Chen Z Q. 2008. Formation control of multi-agent system based on potential function. //Proceedings of the 2008 Asia Simulation Conference,1:108~112

Wang L,Chen Z Q. 2009. Dynamic movement control of components of complex internet-ware system based on multi-agent//Proceedings of the 5th International Conference on Natural Computation,8:335~342

Wang L,Chen Z Q. 2009. Dynamic transfer control of components of complex Internet ware system based on multi-agent. Frontiers of Computer Science in China,3(8):167~176

Wang L,Chen Z Q. 2009. Finite time agreement protocol design of multi-agent systems with communication delays. Asian Journal of Control,11(3):1~6

Wang L,Chen Z Q. 2009. Finite-time stability of multi-agent system in disturbed environment. Journal of Systems Science and Complexity,5(5):367~375

Wang L,Chen Z Q. 2009. Formation control of multi-agent system based on potential function in complex environment. International Journal on Systems,Control and Communications,1(4):525~537

Watts D J,Strogatz S H. 1998. Collective dynamics of 'small-world' networks. Nature,393:440~442

Xiao L S. 1992. Optimal incentive strategy for leader-follower games. IEEE Transactions on Automatic Control,37(12):1957~1967

Zhang D G,Zeng G P,Yin Y X. 2006. Web-based seamless migration for task-oriented nomadic service. International Journal of Distance E-Learning Technology (JDET),4(3):108~115

Zhang D G,Shi Y C,Xu G Y. 2004. Context-aware computing during seamless transfer based on random set theory for active space//Proceedings of the 2004 International Conference on Embedded and Ubiquitous Computing,692~701

Zhang D G,Zeng G P,Yin Y X. 2005. Approach of context-aware computing with uncertainty for ubiquitous active service. International Journal of Pervasive Computing and Communication,1(3):217~225

Zhang D G,Zeng G P. 2005. A kind of context-aware approach based on fuzzy-neural for proactive service of pervasive computing//Proceedings of the 2nd IEEE International Conference on Embedded Software and Systems,554~563

Zhang D G,Zhang H,Ning H Y. 2009. A kind of new approach of context-aware computing for ubiquitous application. International Journal of Modeling,Identification &. Control,8(1):10~17

Zhang D G,Zhang H. 2008. A kind of new approach of context-aware computing for active service. Journal of Information and Computational Science,5(1):171~187

Zhang D G. 2008. A kind of transferring computing strategy//Proceedings of the International Conference on Nature Computing,1(1):333~337

Zhang D G. 2009. Research of decision support approach based on context-aware computing. International Journal of Factory Automation,Robotics and Soft Computing,3(1):66~76